对接世界技能大赛技术标准创新系列教材
技工院校一体化课程教学改革服装设计与制作专业教材

传统中式服装制版

人力资源社会保障部教材办公室　组织编写

姚俊慧　主编

中国劳动社会保障出版社

序

世界技能大赛由世界技能组织每两年举办一届，是迄今全球地位最高、规模最大、影响力最广的职业技能竞赛，被誉为“世界技能奥林匹克”。我国于 2010 年加入世界技能组织，先后参加了五届世界技能大赛，累计取得 36 金、29 银、20 铜和 58 个优胜奖的优异成绩。第 46 届世界技能大赛将在我国上海举办。2019 年 9 月，习近平总书记对我国选手在第 45 届世界技能大赛上取得佳绩作出重要指示，并强调，劳动者素质对一个国家、一个民族发展至关重要。技术工人队伍是支撑中国制造、中国创造的重要基础，对推动经济高质量发展具有重要作用。要健全技能人才培养、使用、评价、激励制度，大力发展技工教育，大规模开展职业技能培训，加快培养大批高素质劳动者和技术技能人才。要在全社会弘扬精益求精的工匠精神，激励广大青年走技能成才、技能报国之路。

为充分借鉴世界技能大赛先进理念、技术标准和评价体系，突出“高、精、尖、缺”导向，促进技工教育与世界先进标准接轨，完善我国技能人才培养模式，全面提升技能人才培养质量，人力资源社会保障部于 2019 年 4 月启动了世界技能大赛成果转化工作。根据成果转化工作方案，成立了由世界技能大赛中国集训基地、一体化课改学校，以及竞赛项目中国技术指导专家、企业专家、出版集团资深编辑组成的对接世界技能大赛技术标准深化专业课程改革工作小组，按照创新开发新专业、升级改造传统专业、深化一体化专业课程改革三种对接转化原则，以专业培养目标对接职业描述、专业课程对接世界技能标准、课程考核与评价对接评分方案等多种操作模式和路径，同时融入健康与安全、绿色与环保及可持续发展理念，开发与世界技能大赛项目对接的专业人才培养方案、教材及配套教学资源。首批对接 19 个世界技能大赛项目共 12 个专业的成果将于 2020—2021 年陆续出版，主要用于技工院校日常专业教学工作中，充分发挥世界技能大赛成果转化对技工院校技能人才的引领示范作用。在总结经验及调研的基础上选择新的对接项目，陆续启动第二批等世界技能大赛成果转化工作。

希望全国技工院校将对接世界技能大赛技术标准创新系列教材，作为深化专业课程建设、创新人才培养模式、提高人才培养质量的重要抓手，进一步推动教学改革，坚持高端引领，促进内涵发展，提升办学质量，为加快培养高水平的技能人才作出新的更大贡献！

2020 年 11 月

目　录

学习任务一

中式男装制版

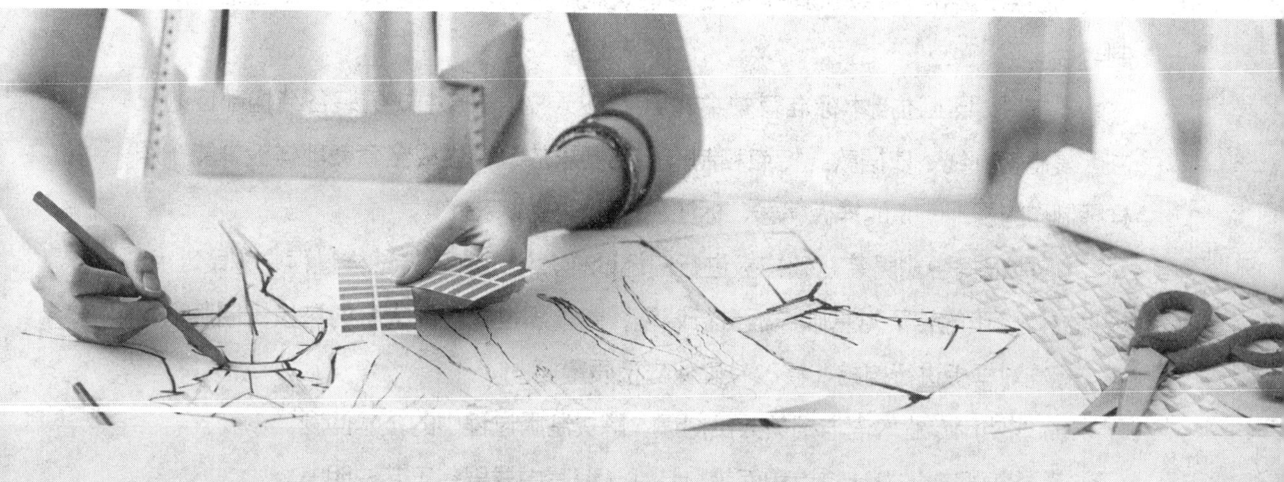

学习目标

1. 能遵守工作制度，服从工作安排，按要求准备好制版工具、设备、材料及各项技术文件，并能按照生产安全防护规定执行安全操作规程。

2. 能识读中式男装制版任务书（版单），明确制版内容及具体要求。

3. 能依据国家标准 GB/T 29863—2013《服装制图》和企业标准要求，分析中式男装款式结构特点及面辅料特性，设定制版规格，完成中式男装平面结构图绘制。

4. 能按照上述技术标准有关中式男装的要求，复核中式男装各结构部位的尺寸；复制轮廓线，依据款式特点和制作工艺要求放缝、生成全套裁剪样板；能按照样板制作的规范，完成样板编号、标注、打孔、分类等工作。

5. 能根据中式男装基础样板进行白坯试样，记录制版、试样过程中的疑难点，根据立体修正的结果对基础样板进行调整；能参照世界技能大赛时装技术制版项目考核标准对样板进行自检、修改，确保样板质量。

6. 能使用专业术语与相关人员沟通，解决制版过程中的技术问题。

7. 能根据款式设计特点和面辅料特性，编写中式男装工艺说明书。

8. 能按照归档要求及时将合格样板、样衣和相关技术资料进行整理并妥善保管。

9. 能清扫场地和工作台，归置物品，填写设备使用记录。

10. 能遵守 8S 管理规定，养成认真负责、规范有序、严谨细致、注重质量的良好职业素养。

建议学时

28 学时。

学习任务描述

中式男装制版是传统服饰生产企业的常见任务。制版师从技术部门接受任务后，查阅相关资料，根据任务书（版单）的具体要求，确认款式，设定制版规格，制作基础样板并制成白坯，再在人台或者试衣模特身上进行立体修正，完成样衣样板，然后交给样衣师制成样衣。各部门相关人员对样衣效果进行审核，制版师根据各部门的反馈意见对基础样板进行修正，完成样板制作并交付部门主管。进入产品生产阶段，制版师要调整样衣样板，完成工业样板的基础样板制作，并参与编写工艺说明书。

学习活动

1. 男式短衫制版（10 学时）
2. 男式长袍制版（10 学时）
3. 男式马甲制版（8 学时）

学习活动 1
男式短衫制版

学习目标

1. 能遵守工作制度，服从工作安排，按要求准备好男式短衫制版所需的工具、设备、材料及各项技术文件。

2. 能识读男式短衫制版的各项技术文件，明确制版的流程、方法和注意事项。

3. 能查阅相关资料，制订男式短衫制版计划，教师对计划进行指导和确认。

4. 能依据技术文件要求，结合国家标准 GB/T 29863—2013《服装制图》的规定，独立完成男式短衫基础样板的制版、检查与复核工作。

5. 能按照企业标准（或参照世界技能大赛评分标准）对男式短衫样板进行质量检验，并依据白坯试样结果，将样板修改调整到位。

6. 能记录男式短衫制版、试样过程中的疑难点，进行小组讨论、合作探究，并在教师的指导下，提出解决问题的方案。

7. 能按有关归档要求，进行资料归类和现场整理。

8. 能展示、评价男式短衫制版各阶段的成果，清扫场地和工作台，归置物品，填写设备使用记录。

一、学习准备

1. 场地：服装样板制作一体化教室（包括制版桌、排料台、制版工具、投影仪、多媒体计算机等设备）。

2. 材料：男式短衫制版相关学材、任务单（见表 1-1）、牛皮纸、拷贝纸等。

3. 分组：划分学习小组（每组 5 ~ 6 人），分组信息填写在表 1-2 中。

4. 课前检查

（1）检查一体化教室各项设备能否正常使用。

（2）检查各学习小组课前准备情况。

（3）检查学生工作服穿戴情况。

表 1–1　　男式短衫制版任务单

<table>
<tr><td>订单号</td><td colspan="2">CTNSDS-1</td><td colspan="2">客户名称</td><td colspan="4">×××</td></tr>
<tr><td>款式号</td><td>NSDS01</td><td>样衣尺码</td><td>L 号</td><td>制作人</td><td></td><td>日期</td><td colspan="2">年　月　日</td></tr>
<tr><td>款式名称</td><td colspan="8">男式短衫</td></tr>
<tr><td>款式图</td><td colspan="8"></td></tr>
<tr><td>款式说明</td><td colspan="8">宽松直筒造型，立领，对襟，钉 5 粒一字盘扣。左前胸贴袋一个，左右大贴袋各一个，连袖，平袖口，下摆开衩。</td></tr>
<tr><td rowspan="4">规格尺寸</td><td rowspan="2">号型规格</td><td>部位</td><td>衣长</td><td>胸围</td><td>摆围</td><td>领围</td><td>腰长</td><td>通臂长</td></tr>
<tr><td>尺寸（cm）</td><td>75</td><td>116</td><td>126</td><td>42</td><td>47</td><td>186</td></tr>
<tr><td rowspan="2">175/92A</td><td>部位</td><td>袖口围</td><td>后领高</td><td>胸贴袋长 / 宽</td><td>大贴袋长 / 宽</td><td>挂肩</td><td>侧衩高</td></tr>
<tr><td>尺寸（cm）</td><td>34</td><td>4</td><td>10.5/12</td><td>16/18</td><td>56</td><td>13.5</td></tr>
</table>

续表

制版要求	1. 制版充分考虑款式特征、面料特性和工艺要求。 2. 结构造型合理，与款式吻合，尺寸符合规格要求。 3. 结构图干净整洁，各部位数据和文字说明标注清晰规范。 4. 辅助线、轮廓线界定清晰，线条平滑、圆顺、流畅，对合平顺，拼合长短一致。 5. 合理配置出相应的零部件，能够对样片进行合理放缝。净样板、毛样板、辅料样板齐全、数量准确、标注规范。 6. 样板标识正确，必须标在同一版面上，且需用水笔标识。样板标识包括产品名称、部位名称、正确的规格及样片数量序号。 7. 裁剪标识正确，包括裁剪数量、连折裁剪等。纱向线方向合理、正确，全长展示。 8. 制作标识正确，缝份标注合理，在需要的部位打有合适的剪口或对位点，为生产提供准确信息。 9. 样板轮廓光滑、顺畅，无毛刺。拼合连接后呈现出的线条平顺，所有样片拼接后长度可对准。
工艺要求	1. 领口、门襟贴边 5 ~ 6 cm。 2. 袖口、底边、开衩贴边 4 cm。 3. 袖子中缝连折，袖长拼接缝（为了排料节省，可以考虑断开袖长）。 4. 胸贴袋上口折边 2 ~ 2.5 cm，大贴袋上口折边 3 ~ 3.5 cm。 5. 前门襟有里襟条。

审批		日期	

表 1-2　小组成员表

组号	组内成员姓名	组长姓名

引导问题

（1）请同学们看一看自己的工作台面和场地是否清洁？

____

____

____

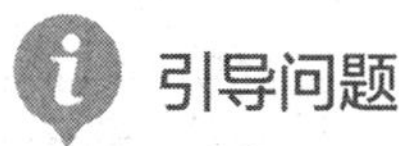

(2) 今天的课你准备了哪些制图工具?

二、学习过程

(一) 获取男式短衫工作任务的相关信息

1. 知识学习

小贴士

唐装是我国的一种传统服饰，意指唐代的服装。唐代的服装以汉服为主，特征是交领、右衽、系带、无扣。唐朝是令中国人为之骄傲的朝代，“唐”亦成为世界各国对中国的代称，海外的华人居住区被称为“唐人街”，而华侨自称唐人，华人的“中式服装”称为“唐装”。

现今常称为“唐装”的服装，是由清代的马褂演变而来的，其款式结构有四大特点：一是立领，上衣前中心开口，立式领型；二是连袖，即袖子和衣服整体没有接缝，以平面裁剪为主；三是对襟，也可以是斜襟；四是直角扣，即盘扣，扣子由纽结和纽襻两部分组成。

(1) 请同学们查阅资料，简要描述传统男式短衫的款式特征。

(2) 图 1-1 所示男式短衫按款式、面料、季节、穿着用途可以分为哪些类型？各有什么显著特征?

图 1-1 男式短衫

2. 学习检验

引导问题

（3）在教师的引导下，独立完成表 1-3 的填写。

表 1-3 学习任务与学习活动简要归纳表

本次学习任务的名称	
本次学习任务的主要目标	
本次学习任务的活动内容	

续表

本次学习活动的名称	
本次学习活动的主要目标	
传统男式短衫的款式特征	
现代男式短衫分类	
你认为本次学习活动中，哪些目标的实现难度较大？	

引导评价、更正与完善

在教师讲评引导的基础上，对本阶段的学习活动成果进行自我评分和小组评分（100 分制），之后独立用红笔对本阶段引导问题的回答进行更正和完善。

自我评分	关键能力		小组评分	关键能力	
	专业能力			专业能力	

（二）制订男式短衫制版计划并决策

1. 知识学习

介绍制订计划的基本方法、内容和注意事项，重点围绕学习活动展开。

（计划制订参考意见：整个工作的内容和目标是什么？整个工作分几步实施？过程中要注意什么？小组成员之间应该如何配合？出现问题应该如何处理？）

2. 学习检验

引导问题

（1）简要写出你们小组的男式短衫制版计划。

____

____

____

引导问题

（2）你在制订男式短衫制版计划的过程中承担了哪些工作？有什么体会？

____

____

____

引导问题

（3）对小组制订的男式短衫制版计划，教师给出了什么修改建议？为什么？

____

____

____

引导问题

（4）你认为男式短衫制版计划中哪些工作比较难实施？为什么？你有什么想法？

____

____

____

引导问题

（5）对男式短衫制版计划，小组最终做出了什么决定？是如何做出的？

____

____

____

引导评价、更正与完善

在教师讲评引导的基础上，对本阶段的学习活动成果进行自我评分和小组评分（100 分制），之后独立用红笔对本阶段引导问题的回答进行更正和完善。

自我评分	关键能力		小组评分	关键能力	
	专业能力			专业能力	

（三）男式短衫制版与检验

● 人体测量与男式短衫松量控制

1. 知识学习

学习思考

人体测量的意义

人体测量的意义有以下两点：

一是通过对某一地区、某一种族或某一群体进行人体测量调查，获取大量的人体数据，制定适用于服装工业生产的规格号型系列。

例如，我国服装统一号型标准的制定，就是建立在对全国各地不同人群的人体测量数据基础之上。通过广泛的人体测量，获取大量的人体有效数据，并对这些数据进行科学的归纳，从而产生适合我国国情并具有代表性的服装规格号型系列。

二是为了“量体裁衣”。由于自然人体与标准人体之间总是存在一定的差距，有时就不能直接套用现成的服装号型标准，尤其对于某些特殊体型，更有必要进行实际测量。通过测量，直接获取人体各部位的数据，理性把握被测量者的体型特征。只有这样，才能在制图中有目的地调整，确保制作的服装合体。

引导问题

（1）请同学们查阅资料，在国家标准 GB/T 1335.1—2008《服装号型 男子》中，男子的体型分为哪几种？分类依据是什么？具体值是多少？

引导问题

（2）在国家标准 GB/T 1335.1—2008《服装号型 男子》中，身高 175 cm、

引导问题

（4）男式短衫前、后衣片下摆起翘应如何计算？若腹部大的体型，前、后片下摆应提高多少量？

____

____

____

____

3. 学习检验

世赛链接

（5）请同学们在教师的指导下，参照世界技能大赛评分标准（见表 1-11），完成男式短衫结构图的质量检验，并将男式短衫结构图修改调整到位。

表 1-11　　结构制图考核评分表

序号	考评内容		分值	得分
1	页面呈现清晰整洁 页面干净，无皱痕，无多余线迹，姓名、学号展现清晰、位置正确	每处错误扣 5 分	10	
2	图形布局 横平纵直，基础框架线与纸边的距离误差不超过 0.1 cm	每处错误扣 5 分	10	
3	用线规范 辅助线、轮廓线、对折线使用正确规范，辅助线、轮廓线区分清楚，粗细有别	每处错误扣 5 分	15	
4	制图规格表 标明工位、制图单位、号型、技术文件中要求的尺寸名称和对应的具体尺寸	每处错误扣 5 分	15	

续表

序号	考评内容		分值	得分
5	线条质量	每处错误扣 5 分	20	
	线条清晰、圆顺、流畅，对合圆顺，拼合长短一致			
6	数据标注规范	每处错误扣 5 分	15	
	数据标注明确具体、清晰规范，无难以识读或无法确认的点位			
7	标注规范	每处错误扣 5 分	15	
	裥、褶、省、抽缩、归、拔、对合、纽扣、扣眼、布纹线等制图符号标注规范齐全			
合计			100	

评分日期：　　　　　　　　　　　　　　　　评分人：

引导评价、更正与完善

在教师讲评引导的基础上，对本阶段的学习活动成果进行自我评分和小组评分（100 分制），之后独立用红笔对本阶段引导问题的回答进行更正和完善。

自我评分	关键能力		小组评分	关键能力	
	专业能力			专业能力	

二、男式短衫样板制作

1. 知识学习

学习思考

样板的概念

样板是经过绘制纸样、制作样衣、试制并调整样衣、修正纸样，最后确认合格的型板，在服装工业中也称之为母板。

服装样板是排料、画样、裁剪及产品缝制过程中所用的标准样板，它是根据服装款式、尺寸规格、内外结构和缝制工艺的要求，运用一定的裁剪方法在软纸或硬纸上绘制的裁片平面图。通常把样板的制作称为打样板或制版。

引导问题

（1）制版时常用哪几种纸张？它们各有什么特点？

______

______

______

______

查询与收集

（2）通过查询资料，写出表 1-12 中所示服装制图符号表示的含义。

表 1-12　　服装制图常见符号

序号	名称	符号	含义
1	距离线		
2	明线号		
3	等分线		
4	经向号（布纹线）		
5	顺向号（单向线）		
6	等量号	□ ■ ○ ● △ ▲	
7	对位号（剪口）		
8	省道线（省）		
9	裥		
10	缩褶号		
11	钻孔号		

续表

序号	名称	符号	含义
12	重叠号		
13	直角号		
14	剪开号		
15	否定号		
16	扣位（纽位）		
17	扣眼位		
18	拼接号		
19	省略号		
20	归拢号		
21	拔开号		
22	拉链		
23	花边		
24	罗纹		
25	对条号		
26	对花号		
27	对格号		

小贴士

样板上的文字标注包括以下几方面内容：

（1）产品款号：同一产品的型号如有几种不同的款式，应标注清楚款号，以免混淆。

（2）产品号型：样板上必须注明产品的号型（S、M、L、XL 等）。

（3）样板种类：样板上要分别标明面料样板、衬料样板、里料样板以及净片样板。缝纫时用的净样板、熨烫时用的扣烫样板都要分别标注清楚。

（4）样板所属：如前片、后片等。左右片不对称的产品，要在样板上标明左右片。

（5）样板纱向：样板上应醒目地标上经纬方向，特别是斜向原料的样板要标明斜丝绺。

（6）部件样板：部件样板上应标明向上或向下、前或后的方向标记。

（7）裁片片数：样板上要标明该片每件应裁的片数以及每件应裁的总片数。

引导问题

（3）样板按照功能划分可以分为哪几种？裁剪标识包括哪些？制作标识包括哪些？

______

______

______

______

引导问题

（4）请写出样板布纹线上文字标识 男式短衫－衣片 ×1–8/1 面板 175/92A 的含义。

______

______

______

(5) 男式短衫一般用棉、麻面料制作，通常采取水洗的方式。请分析制版时，不同面料需要考虑哪几个方面的缩率？缩率是如何加放的？为什么？

____

____

____

2. 技能训练

(6) 在教师的指导下，根据图 1-8 和图 1-9，写出男式短衫所有样板的具体加缝情况，并独立完成男式短衫样板图绘制和检验。然后回答下列问题。

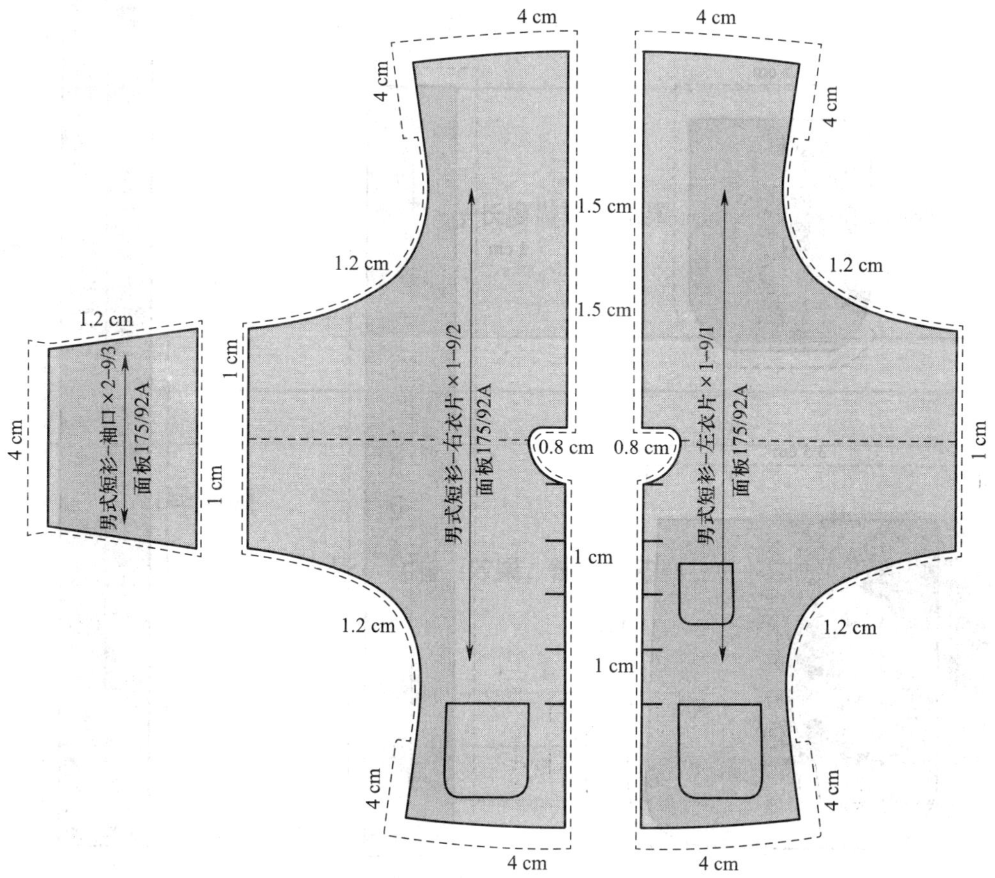

图 1-8　男式短衫衣片样板图

表 1-13　　男式短衫样板自检表

自检项目要求	是	否	修改方案
裁片的规格尺寸是否准确无误			
各细部的曲线是否圆顺、流畅			
相关结构线的大小、形状是否吻合			
样板的标记是否错漏			
丝绺标记是否遗缺			
文字说明是否准确			
样板的数量（片数）是否欠缺			
各种部件是否齐全			
样板的整体结构、各部位的比例关系是否符合款式要求			

引导评价、更正与完善

在教师讲评引导的基础上，对本阶段的学习活动成果进行自我评分和小组评分（100 分制），之后独立用红笔对本阶段引导问题的回答进行更正和完善。

自我评分	关键能力		小组评分	关键能力	
	专业能力			专业能力	

● 男式短衫样板修改与完善

1. 知识学习

引导问题

（1）样衣上身后，发现立领领圈不服帖，前领圈有涌量折痕，这是什么原因造成的？应如何调整样板？

____

____

____

引导问题

（2）样衣上身后，出现了前下摆上爬、摆衩豁开的现象，这是什么原因造成的？应如何处理？

____

____

____

2. 技能训练

实践

（3）在教师的指导下，独立完成男式短衫样衣的尺寸复核，并将测量结果填写在表 1-14 中，写出封样意见，然后对照封样意见，将结构图和样板调整到位。

表 1-14　　　　成品尺寸记录表

部位	衣长	胸围	摆围	领围	腰长	通臂长
设定尺寸（cm）	75	116	126	42	47	186
实测尺寸（cm）						
部位	袖口围	后领高	胸贴袋长 / 宽	大贴袋长 / 宽	挂肩	侧衩高
设定尺寸（cm）	34	4	10.5/12	16/18	56	13.5
实测尺寸（cm）						

封样意见

____

____

____

____

3. 学习检验

世赛链接

（4）请同学们在教师的指导下，参照世界技能大赛评分标准（见表 1-15），完成男式短衫样板的质量检验，并将男式短衫样板修改调整到位。

表 1–15　　样板制作考核评分表

序号	考评内容	评分标准	分值	得分
1	纸样呈现整洁 所有样片整洁、无污垢、没有难以阅读的文字或符号，标识必须在同一版面，需用水笔标识，不包括里布	每处错误扣 5 分	10	
2	样板标识清晰、正确、易识读 产品名称（自定义或订单上的产品名称） 部位名称（如前片、后片、领子、袖子等） 样板功能及样板尺寸（如面板、里板、衬板、净板、175/92A 等） 正确的样片数量及序号（如 1/15、2/15、3/15…15/15 等）	每处错误扣 5 分	10	
3	裁剪标识 裁剪数量（如左衣片面料 ×1，右衣片面料 ×1，袖口面料 ×2，大贴袋面料 ×2，胸贴袋面料 ×1，立领面料 ×2，领圈贴边面料 ×1，门襟贴边面料 ×2，里襟面料 ×1） 袖与大身连折裁剪，纱向线方向合理、正确，全长展示	每处错误扣 5 分	10	
4	制作标识 缝份：缝份标注合理，宽窄一致 剪口：在需要的部位打有合适的剪口或对位点，包括所有的褶、省和拼接（但边角处不得两边都打剪口） 为生产提供准确信息（如归、拔、褶的位置以及方向，明线宽窄，纽扣和扣眼的位置、大小等）	每处错误扣 5 分	25	
5	线条流畅（包括缝份画线和边缘裁剪） 所有样片线条流畅，边缘无毛刺，拼合连接后呈现出的线条平顺	每处错误扣 5 分	15	
6	所有样片可对准（长度） 所有样片拼合连接后长度可对准，必要的归、拔，松量或抽褶部位需标明准确长度	每处错误扣 5 分	10	
7	测量 尺寸需在规定的误差范围内（衣长误差不超过 ±1 cm；胸围误差不超过 ±1.5 cm；领围误差不超过 ±1 cm；袖长误差不超过 ±0.7 cm；总肩宽误差不超过 ±0.6 cm；袖口误差不超过 ±0.3 cm；大贴袋误差不超过 ±0.2 cm；胸贴袋误差不超过 ±0.2 cm）	每处错误扣 5 分	10	

续表

序号	考评内容	评分标准	分值	得分
8	样片功能（必要时可参考款式图）	每处错误扣 5 分	10	
	所有生产用样片得以呈现，样板可以做出款式图中的服装（不包括净板、里板和衬板）			
合计			100	

评分日期：　　　　　　　　　　　　　　　　　　　评分人：

引导评价、更正与完善

在教师讲评引导的基础上，对本阶段的学习活动成果进行自我评分和小组评分（100 分制），之后独立用红笔对本阶段引导问题的回答进行更正和完善。

自我评分	关键能力		小组评分	关键能力	
	专业能力			专业能力	

● 男式短衫用料计算与排料方法

1. 知识学习

查询与收集

（1）请同学们查阅资料，通过小组讨论，分析服装排料的基本原则和注意事项。

____

____

____

____

引导问题

（2）服装面料的幅宽主要有哪几种规格？在排料时，哪一种幅宽的面料便于排料，为什么？

____

____

____

____

引导问题

（3）样板排放的方法主要有哪几种？各有什么特点？在样板排放时，应如何依据面料的幅宽确定排版的宽度？

____

____

____

____

讨论

（4）样板排放时，经常会遇到倒顺毛、倒顺花、对条、对格、对花等问题。在教师的指导下，通过小组讨论，分析遇到上述几种情况时的注意事项，并把答案填写在表1-16中。

表1-16　　特殊面料排料方法

序号	面料	排料方法
1	倒顺毛	
2	倒顺花	
3	对条	
4	对格	
5	对花	

2. 技能训练

实践

（5）在教师的指导下，参考图1-11至图1-13，独立完成男式短衫不同幅宽的排料并计算用料长度。

①幅宽90 cm用料计算：______________________

②幅宽110 cm用料计算：______________________

③幅宽148 cm用料计算：______________________

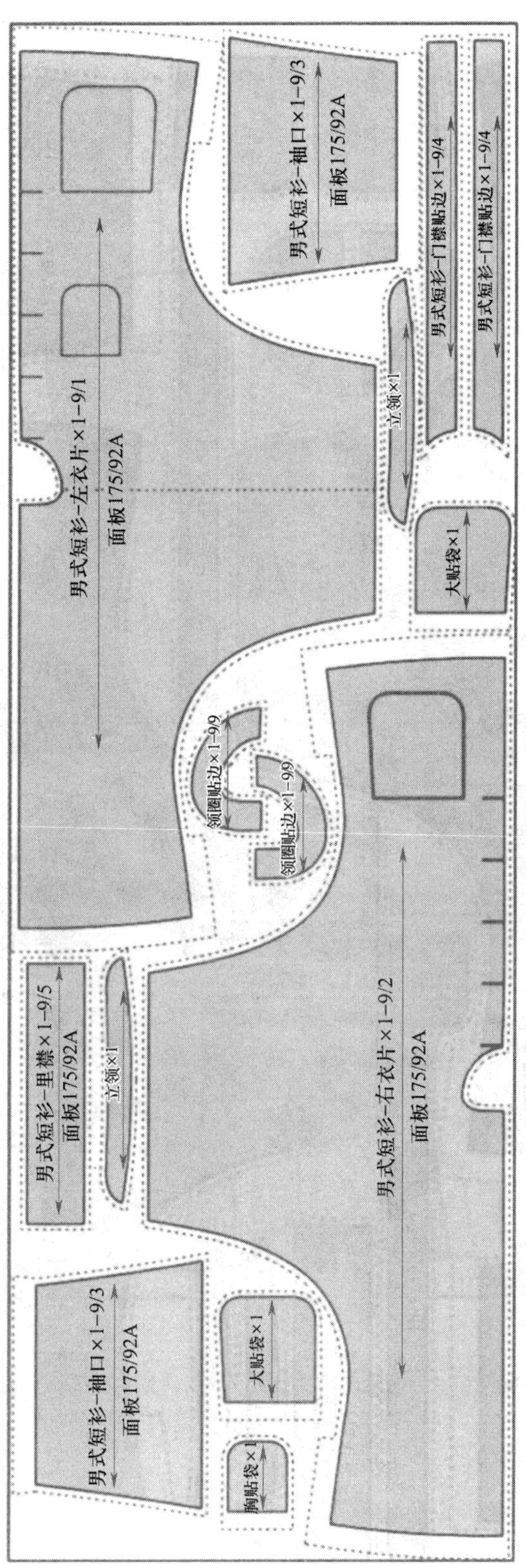

图 1-11　男式短衫幅宽 90 cm 面料排料图

讨论

（6）在教师的指导下，通过小组讨论，分析目前在服装企业用于材料核算的方法有哪些，每种方法各有什么特点？

____

____

____

3. 学习检验

世赛链接

（7）请同学们在教师的指导下，参照世界技能大赛评分标准（见表 1-17），完成男式短衫排料检验。

表 1-17　　排料考核评分表

序号	考评内容	评分标准	分值	得分
1	版面正确有效 依照要求排在材料正面，面料正反面、倒顺绒正确，画有正确的幅宽线和起止线	每处错误扣 5 分	15	
2	整体版面 整体版面平整干净、无污垢，所有版片铺排正确，直接裁剪后可以做出款式图中的服装	每处错误扣 5 分	15	
3	样片固定 样板固定平服，无交叠，别针用量适宜，便于裁剪	每处错误扣 5 分	20	
4	纱向线（测量不少于 4 片，误差需小于 0.2 cm） 以幅宽线或中心丝道为丝道评判依据	每处错误扣 5 分	20	
5	排料合理性 排料经济合理；整体排版规范，遵循直对直、弧接弧，凹凸相套，便于裁剪	每处错误扣 5 分	30	
合计			100	

评分日期：　　　　　　　　　　　　评分人：

引导评价、更正与完善

在教师讲评引导的基础上，对本阶段的学习活动成果进行自我评分和小组评分（100 分制），之后独立用红笔对本阶段引导问题的回答进行更正和完善。

<table>
<tr><td rowspan="2">自我评分</td><td>关键能力</td><td></td><td rowspan="2">小组评分</td><td>关键能力</td><td></td></tr>
<tr><td>专业能力</td><td></td><td>专业能力</td><td></td></tr>
</table>

（四）男式短衫工作任务的成果展示与评价反馈

1. 知识学习

服装制版完成后，需要进行展示和评价，并作出相应反馈。

（1）展示的方法：将男式短衫全套样板平铺在工作台上，将制作的样衣穿在人台上一起展示。

（2）评价的方法：看样衣效果，对照评分细则检查样板质量。

世赛链接

以世界技能大赛时装技术项目服装制版、排料模块的评分标准作为评价标准。

2. 技能训练

实践

（3）将男式短衫全套样板平铺在干净的工作台上进行平面展示。

（4）依据评分标准，对平铺展示的男式短衫全套样板进行自我评价和小组评价。

3. 学习检验

引导问题

（5）在教师的指导下，先在小组内进行作品展示，然后经小组讨论，推选出一组最佳作品，进行全班展示与评价，并由组长简要介绍推选的理由，小组其他成员做补充并记录。

小组最佳作品制作人：________________

推选理由：____

____

其他小组评价意见：____

____

教师评价意见：____

____

引导问题

（6）将本次学习活动出现的问题及其产生的原因和解决的办法填写在表 1-18 中。

表 1-18　　问题分析表

出现的问题	产生的原因	解决的办法
1.		
2.		
3.		
……		

自我评价

（7）本次学习活动中自己最满意的地方和最不满意的地方各写一点，并简要说明原因。然后完成表 1-19 学习活动考核评价表中相关内容的填写。

最满意的地方：________________

最不满意的地方：________________

表 1-19　　学习活动考核评价表

学习活动名称：男式短衫制版

班级：　　学号：　　姓名：　　指导教师：

评价项目	评价标准	评价依据（信息、佐证）	评价方式			权重	得分小计	总分
			自我评价	小组评价	教师（企业）评价			
			10%	20%	70%			
关键能力	1. 能穿戴劳动保护服装，执行安全操作规程 2. 能参与小组讨论，相互交流与评价 3. 能积极主动、勤学好问 4. 能清晰、准确地表达 5. 能清扫场地和工作台，归置物品，填写活动记录	1. 课堂表现 2. 工作页填写				40%		

续表

评价项目	评价标准	评价依据（信息、佐证）	评价方式			权重	得分小计	总分
			自我评价	小组评价	教师（企业）评价			
			10%	20%	70%			
专业能力	1. 能准确测量人体，制定男式短衫制版规格 2. 能制订男式短衫制版计划，准备相关制图工具与材料 3. 能识读男式短衫制版任务单，完成男式短衫平面结构制图 4. 能正确复制轮廓线，依据男式短衫款式特点和制作工艺要求，准确加放，生成全套裁剪样板制作 5. 能按照样板制作规范，完成样板编号、标注、打孔、分类等工作 6. 能记录男式短衫制版过程中的疑难点，在教师的指导下，通过小组讨论或独立思考与实践加以解决 7. 能按照企业标准（或世界技能大赛评分标准）对男式短衫样板进行检验并展示	1. 课堂表现 2. 工作页填写 3. 提交的男式短衫结构图 4. 提交的男式短衫裁剪样板 5. 提交的男式短衫全套样板				60%		
指导教师综合评价	指导教师签名：　　　　日期：							

三、学习拓展

说明：本阶段学习拓展建议学时为 8 ～ 16 学时，要求学生在课后独立完成。

教师可根据本校的教学需要和学生的实际情况，选择部分或全部进行实践，也可另行选择相关拓展内容，亦可不实施本学习拓展，将其所需学时用于强化学习过程阶段的实践内容。

拓展 1

请同学们查阅传统男式短衫和改良男式短衫结构图相关知识，参考图 1–14，开展小组讨论，回答下列问题。

图 1–14　传统和改良版男式短衫

（1）传统男式短衫结构和改良男式短衫结构有何区别？

____

____

____

（2）连袖和装袖在结构和穿着功能上各有什么特点？

____

____

____

（3）改良男式短衫运用了哪些设计元素？结构变化原理是什么？

____

____

____

拓展 2

请同学们根据提供的男式短衫成衣（见图 1-15），在教师的指导下，测量成衣的各部位尺寸，填写在表 1-20 中，并用驳样的方式完成款式图、结构图和基础样板的绘制与检验。

图 1-15　男式短衫成衣

表 1-20　男式短衫成衣尺寸

部位	衣长	胸围	肩宽	袖长	领围	背长
尺寸（cm）						
部位	前领高	后领高	袖口	大口袋	侧衩高	摆围
尺寸（cm）						

拓展 3

请同学们对图 1-16 所示男式短衫款式图的结构特征进行分析，在教师的指导下，按号型 175/92A 制定成品规格，填写在表 1-21 中，并独立完成款式图、结构图和基础样板的绘制与检验。

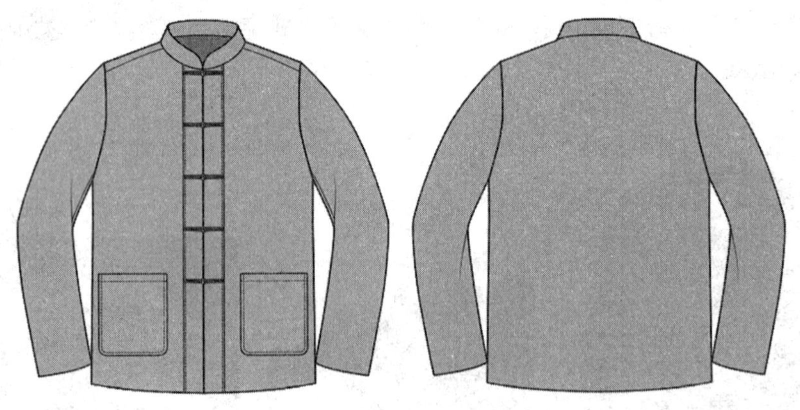

图 1-16　圆装袖男式短衫款式图

表 1-21　男式短衫号型 175/92A 成品规格

部位	衣长	胸围	肩宽	袖长	领围	背长
尺寸（cm）						
部位	前领高	后领高	袖口	大口袋	侧衩高	摆围
尺寸（cm）						

拓展 4

请同学们对图 1-17 所示男式短衫款式图的结构特征进行分析，在教师的指导下，按号型 170/88A 制定成品规格，填写在表 1-22 中，并独立完成款式图、结构图和基础样板的绘制与检验。

图 1-17 插肩袖男式短衫款式图

表 1-22 男式短衫号型 170/88A 成品规格

部位	衣长	胸围	肩宽	背长	袖长	袖口
尺寸（cm）						
部位	领围	前领高	后领高	侧衩高	摆围	
尺寸（cm）						

学习活动 2
男式长袍制版

学习目标

1. 能遵守工作制度，服从工作安排，按要求准备好男式长袍制版所需的工具、设备、材料及各项技术文件。

2. 能识读男式长袍制版的各项技术文件，明确制版的流程、方法和注意事项。

3. 能查阅相关资料，制订男式长袍制版计划，教师对计划进行指导和确认。

4. 能依据技术文件要求，结合国家标准 GB/T 29863—2013《服装制图》的规定，独立完成男式长袍基础样板的制版、检查与复核工作。

5. 能按照企业标准（或参照世界技能大赛评分标准）对男式长袍样板进行质量检验，并依据白坯试样结果，将样板修改调整到位。

6. 能记录男式长袍制版、试样过程中的疑难点，进行小组讨论、合作探究，并在教师的指导下，提出解决问题的方案。

7. 能按有关归档要求，进行资料归类和现场整理。

8. 能展示、评价男式长袍制版各阶段的成果，清扫场地和工作台，归置物品，填写设备使用记录。

一、学习准备

1. 场地：服装样板制作一体化教室（包括制版桌、排料台、制版工具、投影仪、多媒体计算机等设备）。

2. 材料：男式长袍制版相关学材、任务单（见表 1-23）、牛皮纸、拷贝纸等。

3. 分组：划分学习小组（每组 5 ～ 6 人），分组信息填写在表 1-24 中。

4. 课前检查

（1）检查一体化教室各项设备能否正常使用。

（2）检查各学习小组课前准备情况。

（3）检查学生工作服穿戴情况。

表 1-23　男式长袍制版任务单

订单号	CTNSCP-1		客户名称		×××		
款式号	NSCP01	样衣尺码	L 号	制作人		日期	年　月　日
款式名称	男式长袍						
款式图	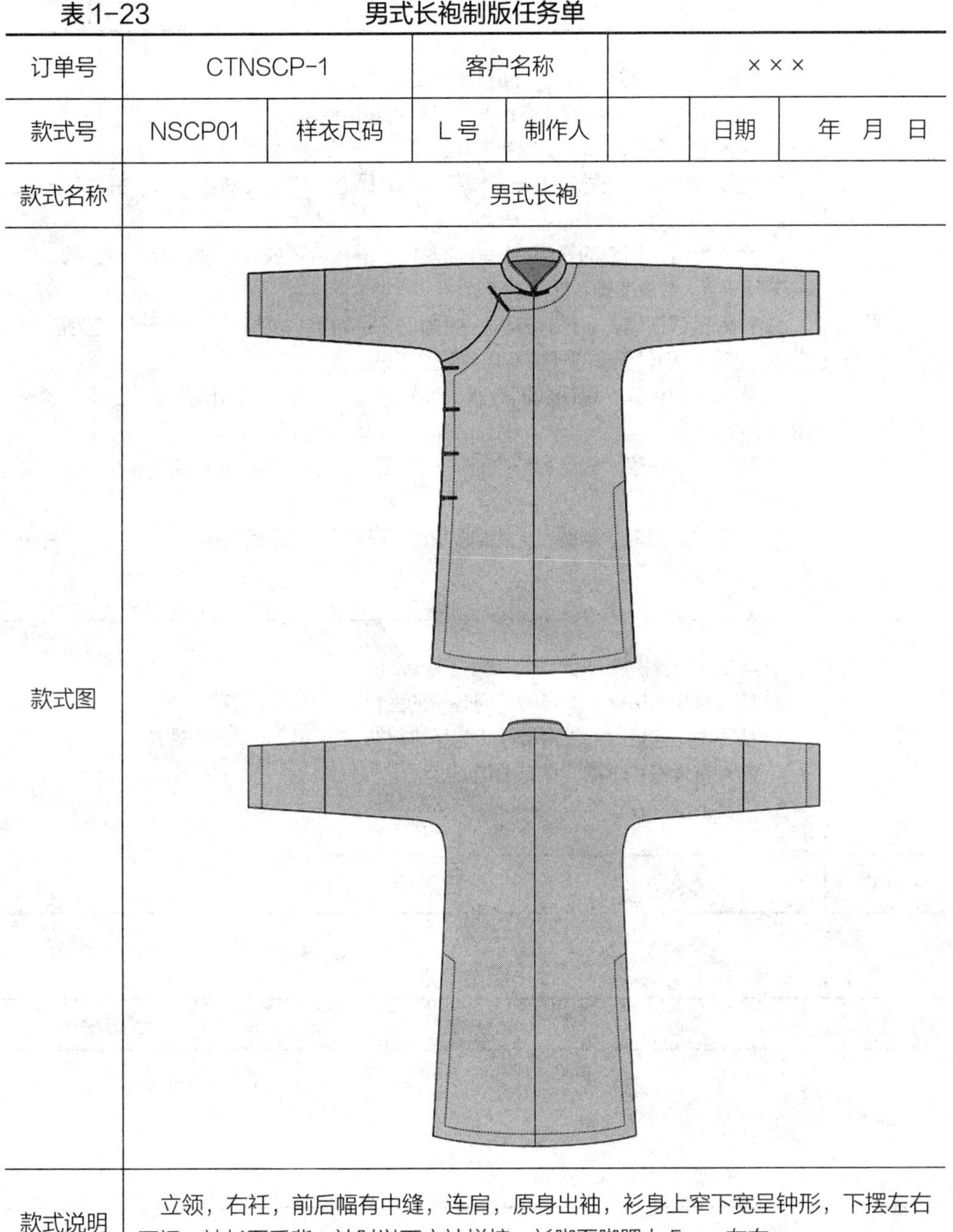						
款式说明	立领，右衽，前后幅有中缝，连肩，原身出袖，衫身上窄下宽呈钟形，下摆左右开衩，袖长至手背，袖肘以下衣袖拼接，衫脚至脚踝上 5 cm 左右。						

续表

<table>
<tr><td rowspan="4">规格尺寸</td><td rowspan="2">号型规格</td><td>部位</td><td>衣长</td><td>领围</td><td>胸围</td><td>摆围</td><td>挂肩</td><td>通臂长</td></tr>
<tr><td>尺寸（cm）</td><td>145</td><td>44</td><td>124</td><td>140</td><td>60</td><td>194</td></tr>
<tr><td rowspan="2">175/92A</td><td>部位</td><td>袖口围</td><td>腰长</td><td>臂长</td><td>侧衩高</td><td>侧袋大</td><td>后领高</td></tr>
<tr><td>尺寸（cm）</td><td>44</td><td>47</td><td>65</td><td>60</td><td>15</td><td>4</td></tr>
<tr><td>制版要求</td><td colspan="8">1. 制版充分考虑款式特征、面料特性和工艺要求。
2. 结构造型合理，与款式吻合，尺寸符合规格要求。
3. 结构图干净整洁，各部位数据和文字说明标注清晰规范。
4. 辅助线、轮廓线界定清晰，线条平滑、圆顺、流畅，对合平顺，拼合长短一致。
5. 合理配置出相应的零部件，能够对样片进行合理放缝。净样板、毛样板、辅料样板齐全、数量准确、标注规范。
6. 样板标识正确，必须标在同一版面上，且需用水笔标识。样板标识包括产品名称、部位名称、正确的规格及样片数量序号。
7. 裁剪标识正确，包括裁剪数量、连折裁剪等。纱向线方向合理、正确，全长展示。
8. 制作标识正确，缝份标注合理，在需要的部位打有合适的剪口或对位点，为生产提供准确信息。
9. 样板轮廓光滑、顺畅，无毛刺。拼合连接后呈现出的线条平顺，所有样片拼接后长度可对准。</td></tr>
<tr><td>工艺要求</td><td colspan="8">1. 前衣片中缝拼接。
2. 后衣片中缝拼接（排料时，门幅宽的面料后衣片可以裁剪成整片）。
3. 袖子中缝连折，袖长拼接缝（为了排料节省，可以考虑断开袖长）。
4. 前片有大襟和小襟，襟有贴边。
5. 两侧下摆开衩。</td></tr>
<tr><td>审批</td><td colspan="3"></td><td colspan="2">日期</td><td colspan="3"></td></tr>
</table>

表 1-24　　小组成员表

组号	组内成员姓名	组长姓名

二、学习过程

（一）获取男式长袍工作任务的相关信息

1. 知识学习

小贴士

传统男式长袍也称长衫，它历经一个世纪仍然保留传统“五身”结构，右衽，前后幅有中缝，连肩，原身出袖，衫身上窄下宽呈钟形，下摆左右开衩，袖长至手背，衣长至脚踝上约 5 cm。长衫的独特开襟方式——“厂”字襟，是从圆领长袍的肩头扣系方式演变和优化而来，有深厚的历史文化底蕴，凝聚着传统工艺的智慧结晶。

在民国影像里，长衫舒展大气。文人雅士身着长衫，或坐或立间，彰显着民国男子谦恭、内敛、含蓄的气度。独特的襟头扣系方式，符合几何构图的协调美，垂直的襟头纽不但彰显工艺的智慧，还让整件长衫看起来更挺拔，代表男子汉大丈夫顶天立地。长衫立领前方的纽扣一定要扣上，否则便是衣衫不整。著名散文家梁实秋在《衣裳》中这样说：“中装固然比较随便，但亦不可太随便，例如脖子底下的纽扣，在西装可以不扣，长袍便非扣不可。”

长衫对于文人而言，是一种身份的象征、文化的承载。正如张晓勇所言：“长衫俨然成了一道独特的景观，它承载着文人历史的文化气韵，把文人的人生命运、理想气节都浓缩在这块布上。长衫，这一标志性符号上，将有形无形的文化积淀通过器用传达出来。”

引导问题

（1）请同学们查阅资料，简要描述传统男式长袍形成的历史溯源和发展演变过程，并参考图 1-18 写出传统男式长袍的款式特征。

____

____

____

____

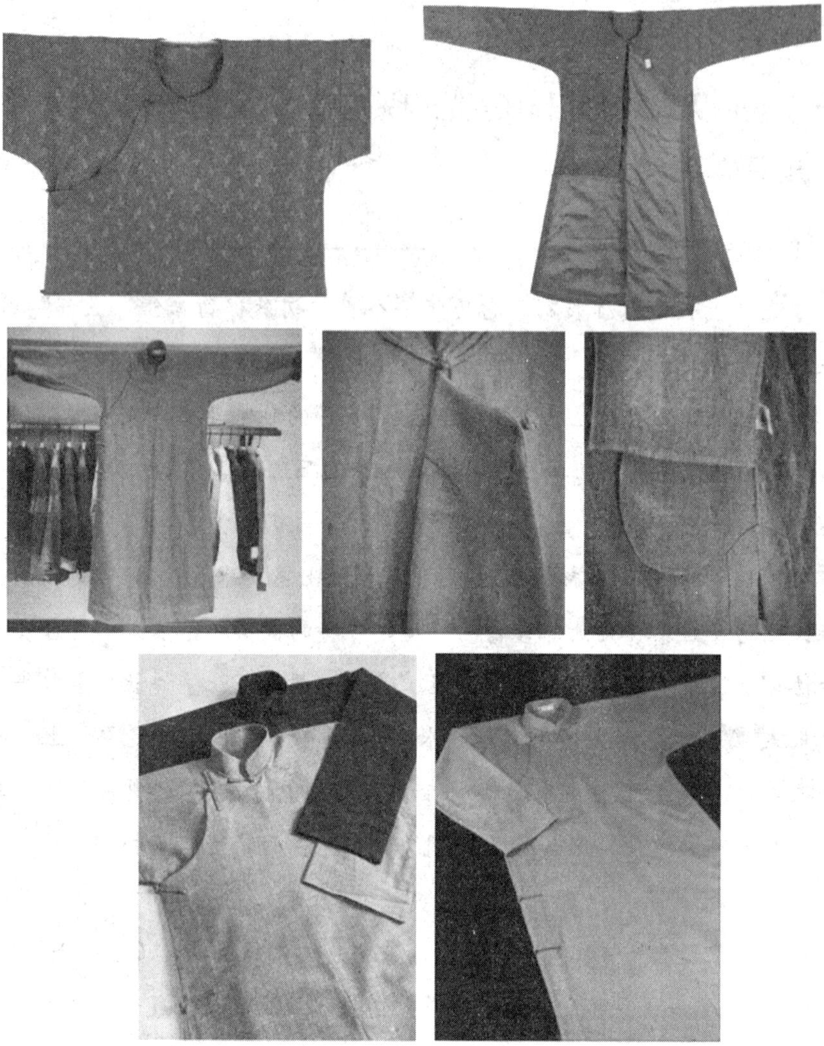

图 1-18　传统男式长袍

引导问题

（2）图 1-19 所示男式长袍按款式、面料、季节、穿着用途可以分为哪些类型？各有什么显著特征？

____

____

____

____

____

图 1-19　男式长袍

2. 学习检验

引导问题

（3）在教师的引导下，独立完成表 1-25 的填写。

表 1-25　　学习任务与学习活动简要归纳表

本次学习任务的名称	
本次学习任务的主要目标	
本次学习任务的活动内容	
本次学习活动的名称	

续表

本次学习活动的主要目标	
传统男式长袍的款式特征	
现代男式长袍分类	
你认为本次学习活动中，哪些目标的实现难度较大？	

引导评价、更正与完善

在教师讲评引导的基础上，对本阶段的学习活动成果进行自我评分和小组评分（100分制），之后独立用红笔对本阶段引导问题的回答进行更正和完善。

自我评分	关键能力		小组评分	关键能力	
	专业能力			专业能力	

（二）制订男式长袍制版计划并决策

1. 知识学习

介绍制订计划的基本方法、内容和注意事项，重点围绕学习活动展开。

（计划制订参考意见：整个工作的内容和目标是什么？整个工作分几步实施？过程中要注意什么？小组成员之间应该如何配合？出现问题应该如何处理？）

2. 学习检验

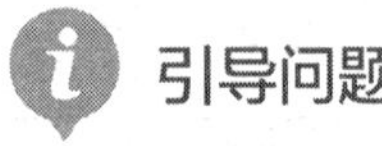

（1）简要写出你们小组的男式长袍制版计划。

____

____

____

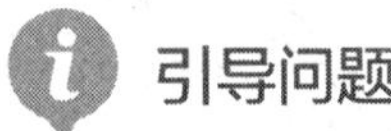

（2）你在制订男式长袍制版计划的过程中承担了哪些工作？有什么体会？

引导问题

（3）对小组制订的男式长袍制版计划，教师给出了什么修改建议？为什么？

引导问题

（4）你认为男式长袍制版计划中哪些工作比较难实施？为什么？你有什么想法？

引导问题

（5）对男式长袍制版计划，小组最终做出了什么决定？是如何做出的？

引导评价、更正与完善

在教师讲评引导的基础上，对本阶段的学习活动成果进行自我评分和小组评分（100 分制），之后独立用红笔对本阶段引导问题的回答进行更正和完善。

自我评分	关键能力		小组评分	关键能力	
	专业能力			专业能力	

（三）男式长袍制版与检验

● 人体测量与男式长袍松量控制

1. 知识学习

小贴士

男式长袍测量部位及松量

衣长：颈侧点量至地面减去 9 ～ 12 cm。

领围：水平围量颈根围一周（放二指以软尺能自然转动为宜）。

胸围：水平围量胸部最丰满处一周（以软尺能自然转动为宜），增加松量为 24 ～ 28 cm。

臀围：水平围量臀部最丰满处一周（以软尺能自然转动为宜），增加松量为 26 ～ 30 cm。

摆围：在胸围的基础上增加松量 10 ～ 20 cm。

通臂长：张开双臂，由左手腕量至右手腕的长度再增加 16 cm。

袖口围：手腕围增加 15 ～ 20 cm。

 引导问题

（1）要获得男式长袍规格尺寸需要测量哪些部位？各部位放松量应如何控制？在服装成品测量过程中，男式长袍的衣长、通臂长、领围、胸围、臀围、摆围、袖口围尺寸是如何测量的？

____

____

____

____

2. 技能训练

 实践

（2）请同学们测量并记录男式长袍制版所需要的各部位尺寸。

①衣长________ ②腰长________ ③臀长________ ④通臂长________

⑤挂肩________ ⑥胸围________ ⑦摆围________ ⑧领围________

⑨后领高________ ⑩袖口围________ ⑪侧衩高________

3. 学习检验

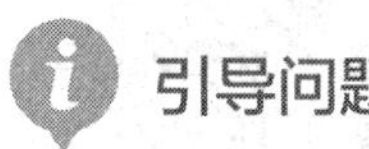

（3）请同学们通过测量人体或者人台，参考国家号型标准，独立完成表 1-26 男式长袍号型 175/92A 成品规格尺寸的填写。

表 1-26 男式长袍号型 175/92A 成品规格尺寸

部位	衣长	领围	胸围	摆围	挂肩	通臂长
尺寸（cm）						
部位	袖口围	腰长	臀长	侧衩高	侧袋大	后领高
尺寸（cm）						

引导评价、更正与完善

在教师讲评引导的基础上，对本阶段的学习活动成果进行自我评分和小组评分（100 分制），之后独立用红笔对本阶段引导问题的回答进行更正和完善。

自我评分	关键能力		小组评分	关键能力	
	专业能力			专业能力	

● 男式长袍结构制图

1. 知识学习

学习思考

传统“厂”字襟应有多宽？为何襟头纽要垂直？

传统右衽圆领（相对于交领）长袍最早是在肩头扣系。自 17 世纪起，扣系的部位逐渐由肩头下移至喉头右侧 10 ~ 12 cm 处，形成“厂”字襟。后来又增加了立领设计，形成了经典的长衫样式。连肩的大裁长衫，肩头至腋下区域容易出现皱褶，如图 1-20 所示虚线以内钉垂直一字纽最为稳固，受皱褶影响最小，能最有效利用力学原理，使外襟能紧密贴合并保持服帖。

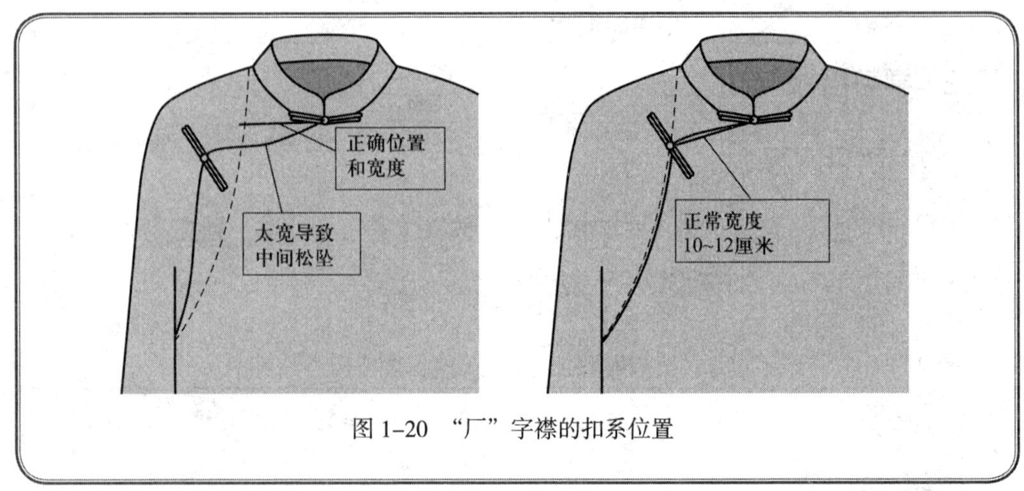

图 1-20 “厂”字襟的扣系位置

2. 技能训练

 教师指导

（1）请同学们在教师讲解的基础上，写出男式长袍结构制图的步骤及主要部位尺寸的计算公式。

____

____

____

____

 实践

（2）在教师的指导下，根据号型 175/92A 的成品尺寸，填写制版规格尺寸（见表 1-27），并参考图 1-21、图 1-22，独立完成男式长袍的结构图绘制和检验。

表 1-27 男式长袍制版规格尺寸

部位	衣长	领围	胸围	摆围	挂肩	通臂长
成品尺寸（cm）	145	44	124	140	60	194
制版规格尺寸（cm）						
部位	袖口围	腰长	臀长	侧衩高	侧袋大	后领高
成品尺寸（cm）	44	47	65	60	15	4
制版规格尺寸（cm）						

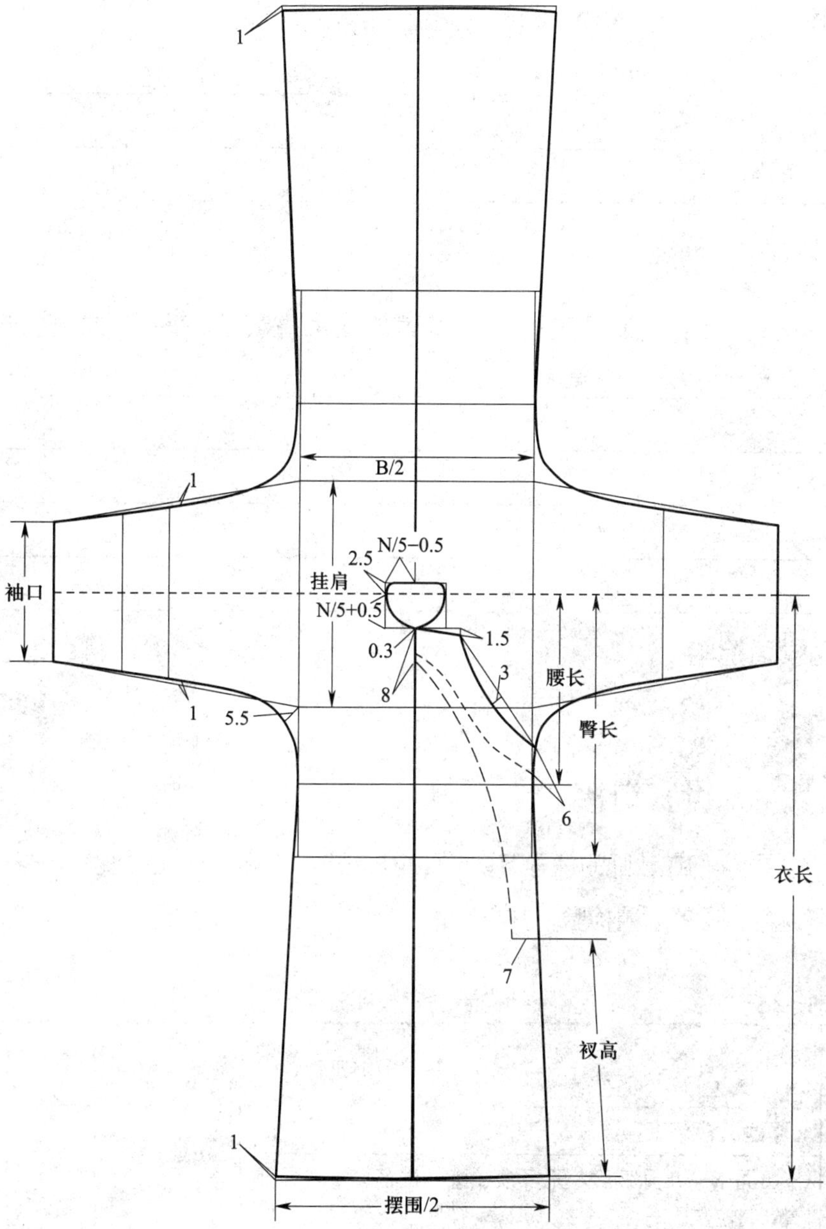

图 1–21　男式长袍大身结构图

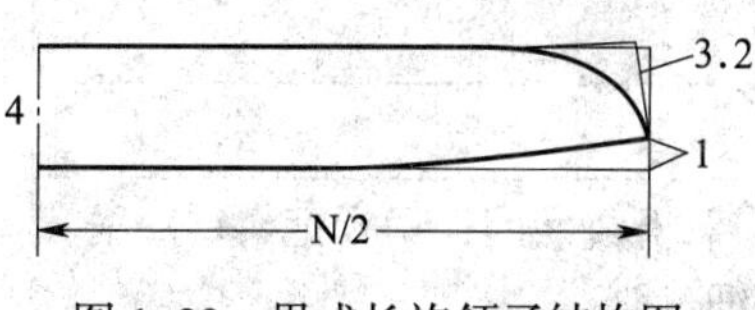

图 1–22　男式长袍领子结构图

引导问题

（3）传统“厂”字襟应有多宽？为何襟头纽要垂直？

____

____

____

引导问题

（4）男式长袍挂肩设置多大袖窿弧穿着才舒适？衩高如何设定才方便行走？

____

____

____

____

____

3. 学习检验

世赛链接

（5）请同学们在教师的指导下，参照世界技能大赛评分标准（见表 1-28），完成男式长袍结构图的质量检验，并将男式长袍结构图修改调整到位。

表 1-28　　结构制图考核评分表

<table>
<tr><th>序号</th><th colspan="2">考评内容</th><th>分值</th><th>得分</th></tr>
<tr><td rowspan="2">1</td><td>页面呈现清晰整洁</td><td rowspan="2">每处错误扣 5 分</td><td rowspan="2">10</td><td rowspan="2"></td></tr>
<tr><td>页面干净，无皱痕，无多余线迹，姓名、学号展现清晰、位置正确</td></tr>
<tr><td rowspan="2">2</td><td>图形布局</td><td rowspan="2">每处错误扣 5 分</td><td rowspan="2">10</td><td rowspan="2"></td></tr>
<tr><td>横平纵直，基础框架线与纸边的距离误差不超过 0.1 cm</td></tr>
<tr><td rowspan="2">3</td><td>用线规范</td><td rowspan="2">每处错误扣 5 分</td><td rowspan="2">15</td><td rowspan="2"></td></tr>
<tr><td>辅助线、轮廓线、对折线使用正确规范，辅助线、轮廓线区分清楚，粗细有别</td></tr>
</table>

续表

序号	考评内容		分值	得分
4	制图规格表 标明工位、制图单位、号型、技术文件中要求的尺寸名称和对应的具体尺寸	每处错误扣 5 分	15	
5	线条质量 线条清晰、圆顺、流畅，对合圆顺，拼合长短一致	每处错误扣 5 分	20	
6	数据标注规范 数据标注明确具体、清晰规范，无难以识读或无法确认的点位	每处错误扣 5 分	15	
7	标注规范 裥、褶、省、抽缩、归、拔、对合、纽扣、扣眼、布纹线等制图符号标注规范齐全	每处错误扣 5 分	15	
合计			100	

评分日期：　　　　　　　　　　　　　　评分人：

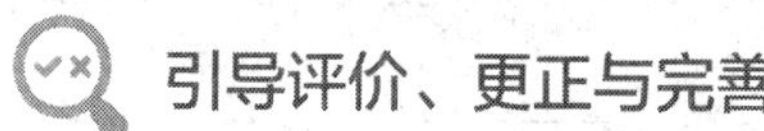

引导评价、更正与完善

在教师讲评引导的基础上，对本阶段的学习活动成果进行自我评分和小组评分（100 分制），之后独立用红笔对本阶段引导问题的回答进行更正和完善。

自我评分	关键能力		小组评分	关键能力	
	专业能力			专业能力	

● 男式长袍样板制作

1. 知识学习

学习思考

男式长袍样板具体放缝情况见表 1–29。

表 1–29　　男式长袍样板放缝

序号	放缝	要　求
1	左衣片放缝	前、后领圈 0.8 cm，前、后中缝 1.5 cm，前、后侧缝 1.2 cm，前、后底边 4 cm，袖拼接缝 1 cm

续表

序号	放缝	要　求
2	右衣片放缝	前、后领圈 0.8 cm，后中缝 1.5 cm，前、后侧缝 1.2 cm，后底边 4 cm，袖拼接缝 1 cm，前小襟 1 cm
3	右前身放缝	前中缝 1.5 cm，侧缝 1.2 cm，底边 4 cm，门襟口 1 cm
4	大襟贴边放缝	大襟贴边四周 1 cm
5	袖口放缝	袖侧缝 1.2 cm，袖口 1 cm，袖拼接口 1 cm
6	袖口贴边放缝	袖侧缝 1.2 cm，袖口 1 cm
7	领子放缝	领底 0.8 cm，领上口线 1 cm

讨论

（1）男式长袍一般用棉、麻、毛面料制作，通常采取水洗或干洗的方式。请分析制版时，不同面料需要考虑哪几个方面的缩率？缩率是如何加放的？为什么？

____

____

____

2. 技能训练

实践

（2）在教师的指导下，根据图 1-23 写出男式长袍所有样板的具体放缝情况，并独立完成男式长袍样板图绘制和检验。然后回答下列问题。

男式长袍所有样板的具体放缝情况：

①左衣片放缝：______________________________。

②右衣片放缝：______________________________。

③右前身放缝：______________________________。

④大襟贴边放缝：______________________________。

⑤袖口放缝：______________________________。

⑥袖口贴边放缝：______________________________。

⑦立领放缝：______________________________。

⑧样板上要标注哪些内容？

______

______

⑨全套样板有几套？各是什么？各有多少块？

______

______

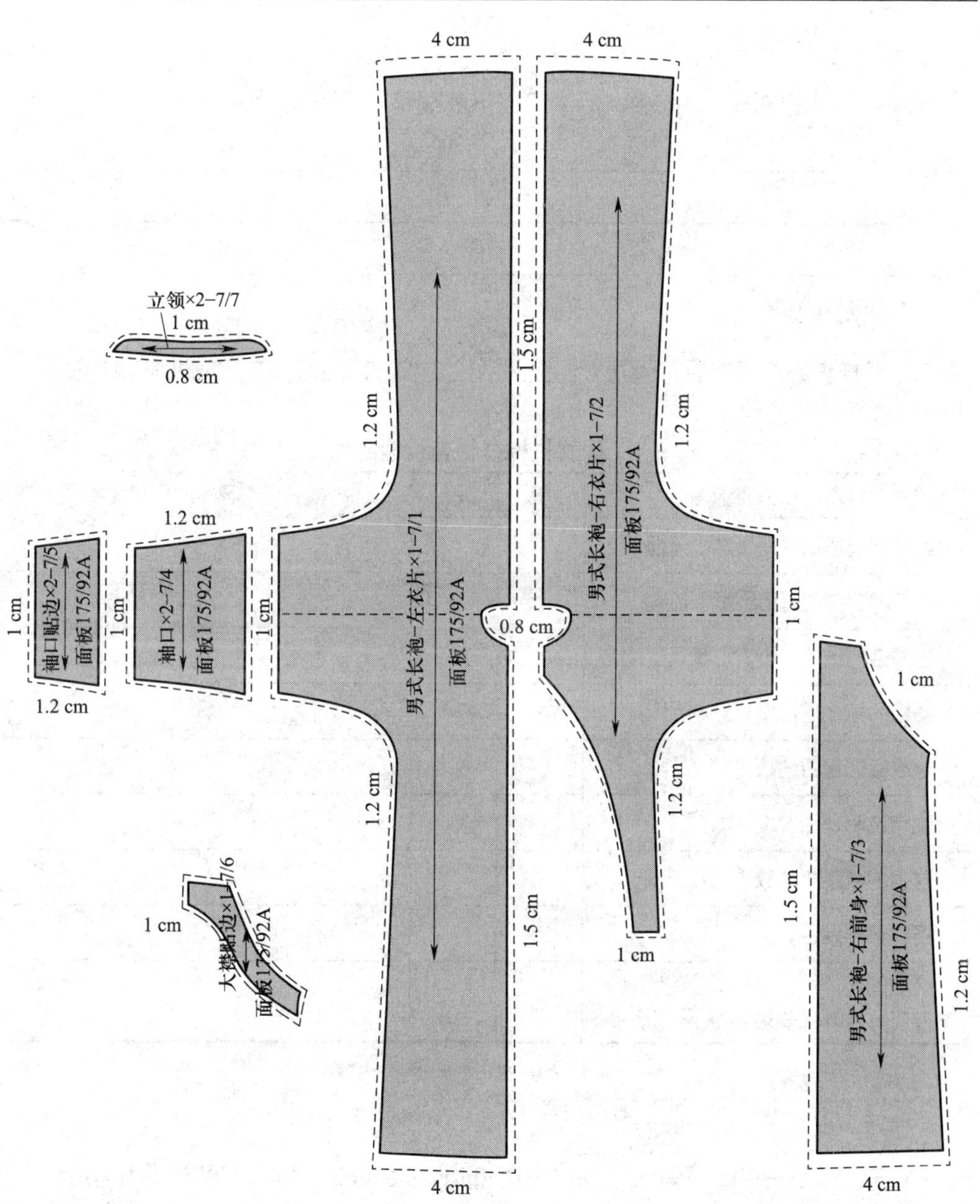

图 1–23　男式长袍样板图

引导问题

（3）男式长袍前中、后中为什么要断缝？

____

____

____

引导问题

（4）门幅宽的面料，前中、后中可以不断缝吗？ 为什么？

____

____

____

3. 学习检验

（5）样板制作完成后，请同学们按照自检要求进行自检，并完成表 1-30 的填写。

表 1-30　　男式长袍样板自检表

自检项目要求	是	否	修改方案
裁片的规格尺寸是否准确无误			
各细部的曲线是否圆顺、流畅			
相关结构线的大小、形状是否吻合			
样板的标记是否错漏			
丝绺标记是否遗缺			
文字说明是否准确			
样板的数量（片数）是否欠缺			
各种部件是否齐全			
样板的整体结构、各部位的比例关系是否符合款式要求			

引导评价、更正与完善

在教师讲评引导的基础上，对本阶段的学习活动成果进行自我评分和小组评分（100 分制），之后独立用红笔对本阶段引导问题的回答进行更正和完善。

自我评分	关键能力		小组评分	关键能力	
	专业能力			专业能力	

● 男式长袍样板修改与完善

1. 知识学习

引导问题

（1）样衣上身后，发现大襟不服帖，有松坠现象，应如何调整样板？

____

____

____

引导问题

（2）样衣上身后，出现了摆衩豁开，这是什么原因造成的？应如何处理？

____

____

____

2. 技能训练

实践

（3）在教师的指导下，独立完成男式长袍样衣的尺寸复核，并将测量结果填写在表 1-31 中，写出封样意见，然后对照封样意见，将结构图和样板调整到位。

表 1-31　　成品尺寸记录表

部位	衣长	领围	胸围	摆围	挂肩	通臂长
设定尺寸（cm）	145	44	124	140	60	194
实测尺寸（cm）						
部位	袖口围	腰长	臂长	侧衩高	侧袋大	后领高
设定尺寸（cm）	44	47	65	60	15	4
实测尺寸（cm）						

在充分利用样板形状和面料门幅的基础上，套排的基本方法可分为哪几种？

____

____

____

____

引导问题

（2）纸样排版时，一般是先排__________（大片、零部件），后排__________（大片、零部件），两头排__________（大片、零部件），中间排__________（大片、零部件）。对于零部件，在排料时有两种排法：一是与__________（大片、小片）同时套进画齐；二是对无法排进的次要零部件，可采取另外配色画样的方法。

引导问题

（3）考虑到对齐丝绺线，一般情况下，衣片上标注的布纹线的长度应控制在多长？

____

____

____

讨论

（4）男式长袍排料时，幅宽 90 cm 面料排料和幅宽 148 cm 面料排料有什么不同？样板需要如何调整？

____

____

____

2. 技能训练

实践

（5）在教师的指导下，参考图 1-24 至图 1-26，独立完成男式长袍不同幅宽的排料并计算用料长度。

①幅宽 90 cm 用料计算：______________________________

②幅宽 110 cm 用料计算：______________________________

③幅宽 148 cm 用料计算：______________________________

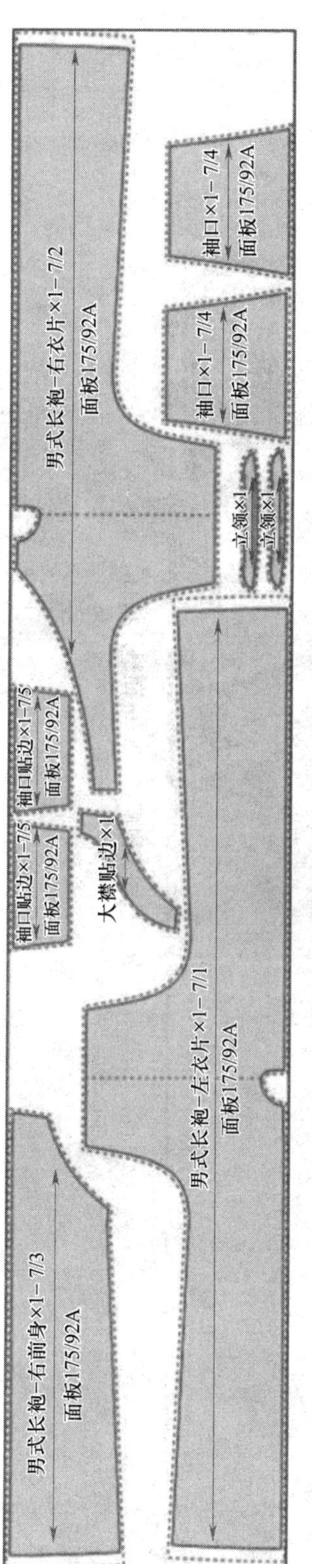

图 1-24 男式长袍幅宽 90 cm 面料排料图

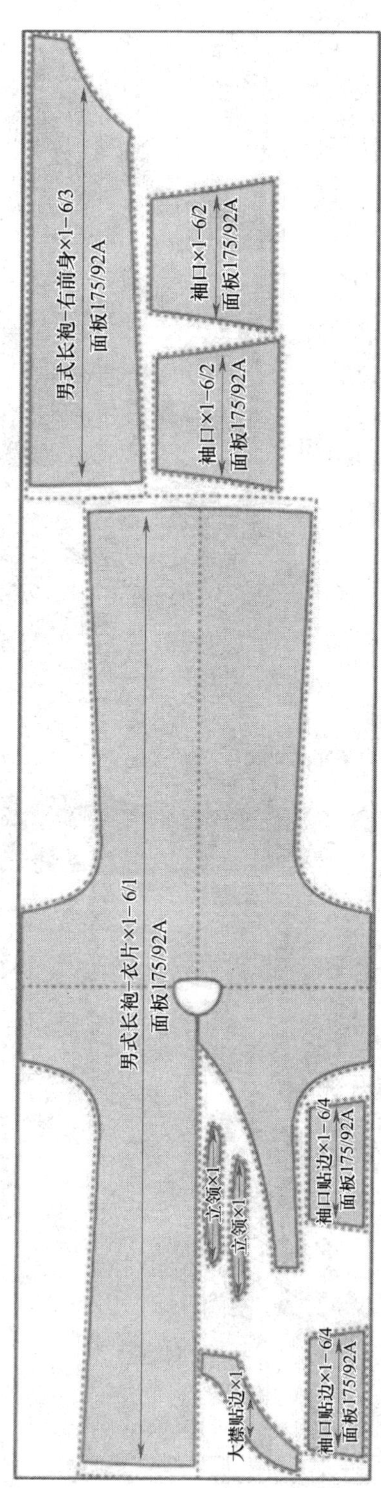

图 1-25 男式长袍幅宽 110 cm 面料排料图

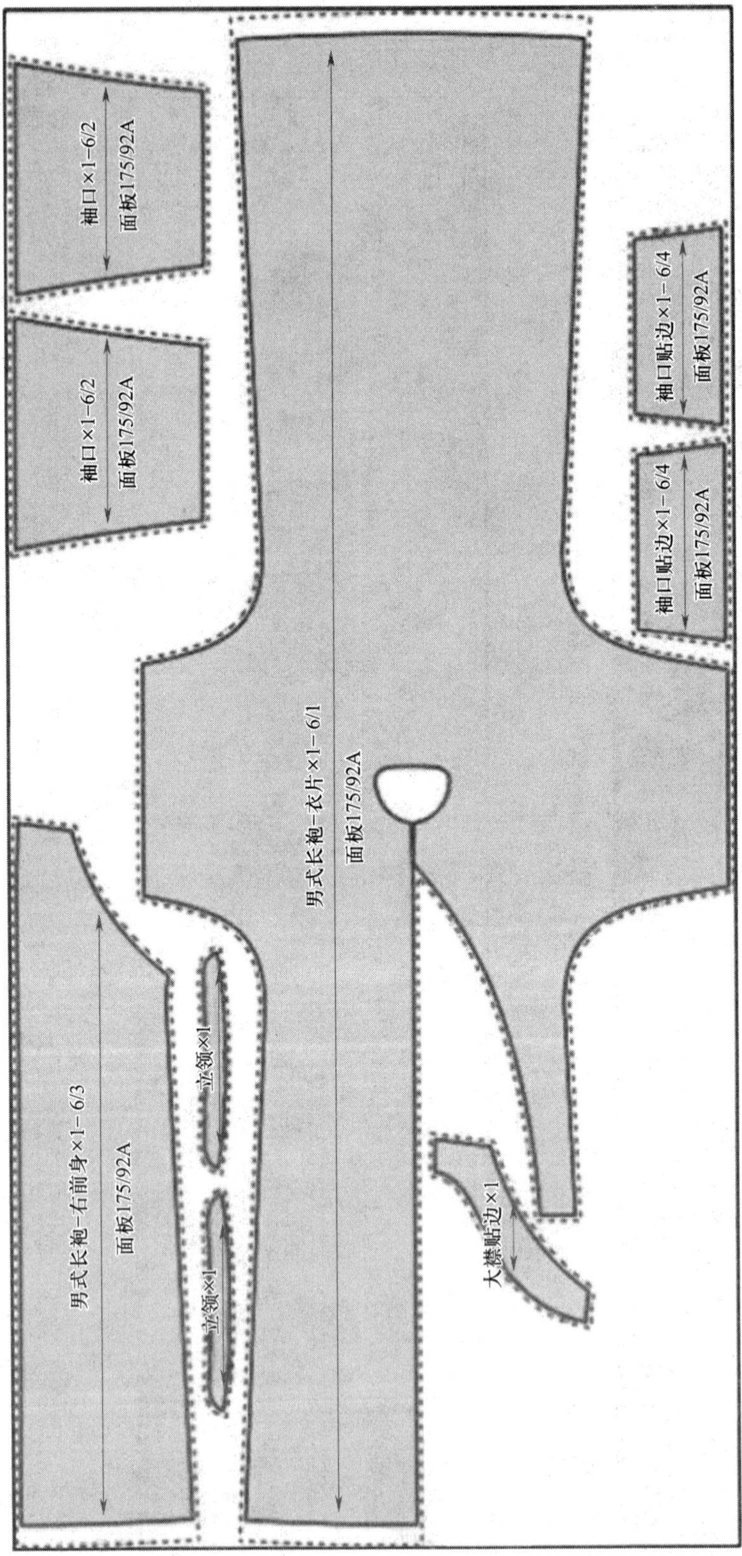

袖口×1-6/2
面板175/92A

袖口×1-6/2
面板175/92A

男式长袍-衣片×1-6/1
面板175/92A

袖口贴边×1-6/4
面板175/92A

袖口贴边×1-6/4
面板175/92A

男式长袍-右前身×1-6/3
面板175/92A

立领×1

立领×1

大襟贴边×1

图 1-26　男式长袍幅宽 148 cm 面料排料图

3. 学习检验

世赛链接

（6）请同学们在教师的指导下，参照世界技能大赛评分标准（见表1-33），完成男式长袍排料检验。

表1-33　排料考核评分表

<table>
<tr><th>序号</th><th>考评内容</th><th>评分标准</th><th>分值</th><th>得分</th></tr>
<tr><td rowspan="2">1</td><td>版面正确有效</td><td rowspan="2">每处错误扣5分</td><td rowspan="2">15</td><td rowspan="2"></td></tr>
<tr><td>依照要求排在材料正面，面料正反面、倒顺绒正确，画有正确的幅宽线和起止线</td></tr>
<tr><td rowspan="2">2</td><td>整体版面</td><td rowspan="2">每处错误扣5分</td><td rowspan="2">15</td><td rowspan="2"></td></tr>
<tr><td>整体版面平整干净、无污垢，所有版片铺排正确，直接裁剪后可以做出款式图中的服装</td></tr>
<tr><td rowspan="2">3</td><td>样片固定</td><td rowspan="2">每处错误扣5分</td><td rowspan="2">20</td><td rowspan="2"></td></tr>
<tr><td>样板固定平服，无交叠，别针用量适宜，便于裁剪</td></tr>
<tr><td rowspan="2">4</td><td>纱向线（测量不少于4片，误差需小于0.2 cm）</td><td rowspan="2">每处错误扣5分</td><td rowspan="2">20</td><td rowspan="2"></td></tr>
<tr><td>以幅宽线或中心丝道为丝道评判依据</td></tr>
<tr><td rowspan="2">5</td><td>排料合理性</td><td rowspan="2">每处错误扣5分</td><td rowspan="2">30</td><td rowspan="2"></td></tr>
<tr><td>排料经济合理；整体排版规范，遵循直对直、弧接弧，凹凸相套，便于裁剪</td></tr>
<tr><td colspan="3">合计</td><td>100</td><td></td></tr>
</table>

评分日期：　　　　　　　　　　　　　　　　评分人：

引导评价、更正与完善

在教师讲评引导的基础上，对本阶段的学习活动成果进行自我评分和小组评分（100分制），之后独立用红笔对本阶段引导问题的回答进行更正和完善。

<table>
<tr><td rowspan="2">自我评分</td><td>关键能力</td><td></td><td rowspan="2">小组评分</td><td>关键能力</td><td></td></tr>
<tr><td>专业能力</td><td></td><td>专业能力</td><td></td></tr>
</table>

（四）男式长袍工作任务的成果展示与评价反馈

1. 知识学习

服装制版完成后，需要进行展示和评价，并作出相应反馈。

（1）展示的方法：将男式长袍全套样板平铺在工作台上，将制作的样衣穿在人台上一起展示。

（2）评价的方法：看样衣效果，对照评分细则检查样板质量。

世赛链接

以世界技能大赛时装技术项目服装制版、排料模块的评分标准作为评价标准。

2. 技能训练

实践

（3）将男式长袍全套样板平铺在干净的工作台上进行平面展示。

（4）依据评分标准，对平铺展示的男式长袍全套样板进行自我评价和小组评价。

3. 学习检验

引导问题

（5）在教师的指导下，先在小组内进行作品展示，然后经小组讨论，推选出一组最佳作品，进行全班展示与评价，并由组长简要介绍推选的理由，小组其他成员做补充并记录。

小组最佳作品制作人：________________

推选理由：____

____

其他小组评价意见：____

____

教师评价意见：____

____

引导问题

（6）将本次学习活动出现的问题及其产生的原因和解决的办法填写在表 1-34 中。

表 1-34　　问题分析表

出现的问题	产生的原因	解决的办法
1.		
2.		
3.		
……		

自我评价

（7）本次学习活动中自己最满意的地方和最不满意的地方各写一点，并简要说明原因。然后完成表 1-35 学习活动考核评价表中相关内容的填写。

最满意的地方：____________________

最不满意的地方：____________________

表 1-35　　学习活动考核评价表

学习活动名称：男式长袍制版

班级：　　学号：　　姓名：　　指导教师：

<table>
<tr><th rowspan="3">评价项目</th><th rowspan="3">评价标准</th><th rowspan="3">评价依据（信息、佐证）</th><th colspan="3">评价方式</th><th rowspan="3">权重</th><th rowspan="3">得分小计</th><th rowspan="3">总分</th></tr>
<tr><th>自我评价</th><th>小组评价</th><th>教师（企业）评价</th></tr>
<tr><th>10%</th><th>20%</th><th>70%</th></tr>
<tr><td>关键能力</td><td>1. 能穿戴劳动保护服装，执行安全操作规程
2. 能参与小组讨论，相互交流与评价
3. 能积极主动、勤学好问
4. 能清晰、准确地表达
5. 能清扫场地和工作台，归置物品，填写活动记录</td><td>1. 课堂表现
2. 工作页填写</td><td></td><td></td><td></td><td>40%</td><td></td><td></td></tr>
</table>

下，按号型 175/92A 制定成品规格，填写在表 1-37 中，并独立完成款式图、结构图和基础样板的绘制与检验。

图 1-28　男式棉长袍

表 1-37　　男式长袍号型 175/92A 成品规格

部位	衣长	领围	胸围	摆围	挂肩	通臂长
尺寸（cm）						
部位	袖口围	腰长	臀长	侧衩高	侧袋大	后领高
尺寸（cm）						

拓展 3

请同学们对图 1-29 所示插肩袖男式长袍成衣的结构特征进行分析，在教师的指导下，按号型 175/92A 制定成品规格，填写在表 1-38 中，并独立完成款式图、结构图和基础样板的绘制与检验。

图 1-29　插肩袖男式长袍

表 1-38　　男式长袍号型 175/92A 成品规格

部位	衣长	领围	胸围	摆围	挂肩	通臂长
尺寸（cm）						
部位	袖口围	腰长	臀长	侧衩高	侧袋大	后领高
尺寸（cm）						

学习活动 3
男式马甲制版

学习目标

1. 能遵守工作制度，服从工作安排，按要求准备好男式马甲制版所需的工具、设备、材料及各项技术文件。

2. 能识读男式马甲制版的各项技术文件，明确制版的流程、方法和注意事项。

3. 能查阅相关资料，制订男式马甲制版计划，教师对计划进行指导和确认。

4. 能依据技术文件要求，结合国家标准 GB/T 29863—2013《服装制图》的规定，独立完成男式马甲基础样板的制版、检查与复核工作。

5. 能按照企业标准（或参照世界技能大赛评分标准）对男式马甲样板进行质量检验，并依据白坯试样结果，将样板修改调整到位。

6. 能记录男式马甲制版、试样过程中的疑难点，进行小组讨论、合作探究，并在教师的指导下，提出解决问题的方案。

7. 能按有关归档要求，进行资料归类和现场整理。

8. 能展示、评价男式马甲制版各阶段的成果，清扫场地和工作台，归置物品，填写设备使用记录。

一、学习准备

1. 场地：服装样板制作一体化教室（包括制版桌、排料台、制版工具、投影仪、多媒体计算机等设备）。

2. 材料：男式马甲制版相关学材、任务单（见表 1-39）、牛皮纸、拷贝纸等。

3. 分组：划分学习小组（每组 5 ~ 6 人），分组信息填写在表 1-40 中。

4. 课前检查

（1）检查一体化教室各项设备能否正常使用。

（2）检查各学习小组课前准备情况。

（3）检查学生工作服穿戴情况。

表 1-39　男式马甲制版任务单

<table>
<tr><td>订单号</td><td colspan="4">CTNSMJ-1</td><td colspan="2">客户名称</td><td colspan="4">×××</td></tr>
<tr><td>款式号</td><td colspan="2">NSMJ01</td><td colspan="2">样衣尺码</td><td>L 号</td><td>制作人</td><td></td><td>日期</td><td colspan="2">年　月　日</td></tr>
<tr><td>款式名称</td><td colspan="10">男式马甲</td></tr>
<tr><td>款式图</td><td colspan="10"></td></tr>
<tr><td>款式说明</td><td colspan="10">宽松直筒造型，立领，对襟，钉 5 粒一字盘扣，左右贴袋各一个，下摆开衩。</td></tr>
<tr><td rowspan="2">规格尺寸</td><td>号型规格</td><td>部位</td><td>衣长</td><td>领围</td><td>胸围</td><td>肩宽</td><td>背长</td><td>臀围</td><td>臀长</td><td>口袋长 / 宽</td></tr>
<tr><td>175/92A</td><td>尺寸（cm）</td><td>72</td><td>42</td><td>114</td><td>34</td><td>44.5</td><td>118</td><td>18.5</td><td>14.5/15</td></tr>
<tr><td>制版要求</td><td colspan="10">1. 制版充分考虑款式特征、面料特性和工艺要求。
2. 结构造型合理，与款式吻合，尺寸符合规格要求。
3. 结构图干净整洁，各部位数据和文字说明标注清晰规范。
4. 辅助线、轮廓线界定清晰，线条平滑、圆顺、流畅，对合平顺，拼合长短一致。
5. 合理配置出相应的零部件，能够对样片进行合理放缝。净样板、毛样板、辅料样板齐全、数量准确、标注规范。
6. 样板标识正确，必须标在同一版面上，且需用水笔标识。样板标识包括产品名称、部位名称、正确的规格及样片数量序号。
7. 裁剪标识正确，包括裁剪数量、连折裁剪等。纱向线方向合理、正确，全长展示。
8. 制作标识正确，缝份标注合理，在需要的部位打有合适的剪口或对位点，为生产提供准确信息。
9. 样板轮廓光滑、顺畅，无毛刺。拼合连接后呈现出的线条平顺，所有样片拼接后长度可对准。</td></tr>
</table>

续表

工艺要求	1. 领口、袖窿有贴边 5 ~ 6 cm。 2. 前衣片有门襟，右片有里襟条。 3. 贴袋缉 0.6 cm 止口线。 4. 两侧开衩。		
审批		日期	

表 1-40　　小组成员表

组号	组内成员姓名	组长姓名

二、学习过程

（一）获取男式马甲工作任务的相关信息

1. 知识学习

小贴士

马甲就是无袖的外套，中式马甲是指具有中国传统元素的马甲服饰。它的种类很多，可以从穿着对象、季节、面料、款式、结构、工艺等方面分类。

按照穿着对象分类，中式马甲可分为中式男装马甲（见图 1–30）、中式女装马甲（见图 1–31）、中式儿童马甲（见图 1–32）。

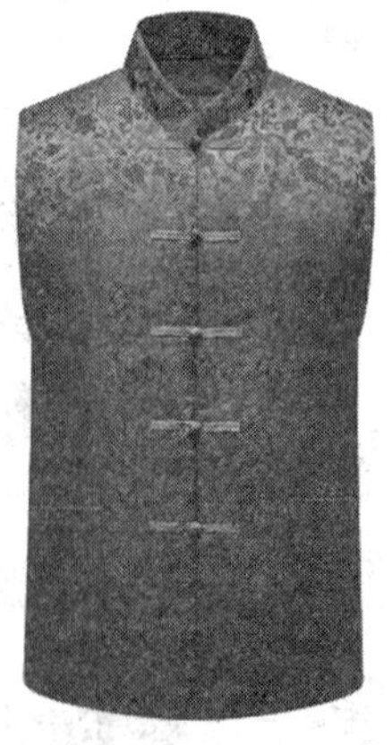

图 1–30　中式男装马甲

图 1-31　中式女装马甲

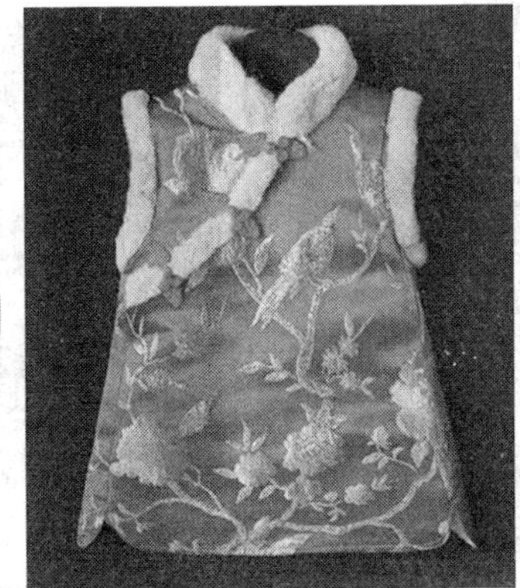
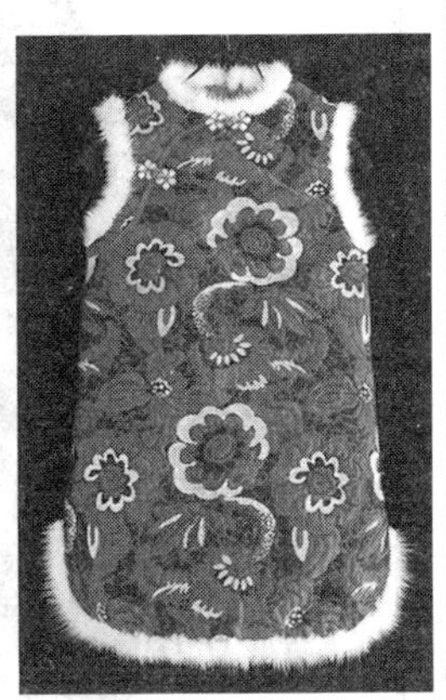

图 1-32　中式儿童马甲

按照季节分类，中式马甲可分为春秋马甲、夏季马甲、冬季马甲。男式各季马甲如图 1-33 至图 1-35 所示。

图 1-33　春秋男式马甲

引导问题

（1）请同学们查阅资料，说一说中式马甲的演变过程，并简要描述传统男式马甲的款式特征。

____

____

____

引导问题

（2）参考图 1-33 至图 1-39 所示的中式男式马甲，简述男式马甲的分类。

____

____

____

____

____

2. 学习检验

引导问题

（3）在教师的引导下，独立完成表 1-41 的填写。

表 1-41　　学习任务与学习活动简要归纳表

本次学习任务的名称	
本次学习任务的主要目标	
本次学习任务的活动内容	
本次学习活动的名称	
本次学习活动的主要目标	

续表

传统男式马甲的款式特征	
现代男式马甲分类	
你认为本次学习活动中，哪些目标的实现难度较大？	

引导评价、更正与完善

在教师讲评引导的基础上，对本阶段的学习活动成果进行自我评分和小组评分（100 分制），之后独立用红笔对本阶段引导问题的回答进行更正和完善。

自我评分	关键能力		小组评分	关键能力	
	专业能力			专业能力	

（二）制订男式马甲制版计划并决策

1. 知识学习

介绍制订计划的基本方法、内容和注意事项，重点围绕学习活动展开。

（计划制订参考意见：整个工作的内容和目标是什么？整个工作分几步实施？过程中要注意什么？小组成员之间应该如何配合？出现问题应该如何处理？）

2. 学习检验

引导问题

（1）简要写出你们小组的男式马甲制版计划。

引导问题

（2）你在制订男式马甲制版计划的过程中承担了哪些工作？有什么体会？

引导问题

（3）对小组制订的男式马甲制版计划，教师给出了什么修改建议？为什么？

引导问题

（4）你认为男式马甲制版计划中哪些工作比较难实施？为什么？你有什么想法？

引导问题

（5）对男式马甲制版计划，小组最终做出了什么决定？是如何做出的？

引导评价、更正与完善

在教师讲评引导的基础上，对本阶段的学习活动成果进行自我评分和小组评分（100 分制），之后独立用红笔对本阶段引导问题的回答进行更正和完善。

自我评分	关键能力		小组评分	关键能力	
	专业能力			专业能力	

（三）男式马甲制版与检验

● 男式马甲测量与松量控制

1. 知识学习

小贴士

男式马甲测量及放松量

衣长：颈侧点量至臀部的长度再增加 10 cm。

领围：水平围量颈根处一周（放二指以软尺能自然转动为宜），可根据内搭衣服厚度确定领子放松量大小。

胸围：水平围量胸部最丰满处一周（以软尺能自然转动为宜），增加松量为 18 ~ 22 cm。

臀围：水平围量臀部最丰满处一周（以软尺能自然转动为宜），增加松量为 18 ~ 22 cm。

腰长：颈侧点量至腰围最细处。

臀长：颈侧点量至臀围最丰满处。

肩宽：实际肩宽乘以 75%。

引导问题

（1）要获得男式马甲规格尺寸需要测量哪些部位？各部位放松量应如何控制？在服装成品测量过程中，男式马甲的衣长、肩宽、领围、胸围、臀围、背长、臀长尺寸是如何测量的？

____

____

____

____

____

____

2. 技能训练

实践

（2）请同学们测量并记录男式马甲制版所需要的各部位尺寸。

①衣长________ ②胸围________ ③领围________ ④臀围________

⑤背长________ ⑥臀长________ ⑦肩宽________

3. 学习检验

引导问题

（3）请同学们通过测量人体或者人台，参考国家号型标准，独立完成表 1-42 男式马甲号型 175/92A 成品规格尺寸的填写。

表 1-42　　男式马甲号型 175/92A 成品规格尺寸

部位	衣长	领围	胸围	肩宽	背长	臀围	臀长	口袋长 / 宽
尺寸（cm）								

引导评价、更正与完善

在教师讲评引导的基础上，对本阶段的学习活动成果进行自我评分和小组评分（100 分制），之后独立用红笔对本阶段引导问题的回答进行更正和完善。

自我评分	关键能力		小组评分	关键能力	
	专业能力			专业能力	

● 男式马甲结构制图

1. 知识学习

小贴士

男式马甲结构制图要点如下：

1. 衣长：颈侧点量至臀部的长度再增加 10 cm；设置后衣长为 72 cm，前衣长在后衣长基础上抬高 1 cm。

2. 背长：按号型 175/92A 确定，设置背长 44.5 cm。

3. 胸围：净胸围 92 cm，加放松量 22 cm，设置胸围大 114 cm。前胸围：B/4+1=29.5 cm，后胸围：B/4−1=27.5 cm。

4. 臀围：净臀围 96 cm，加放松量 22 cm，设置臀围大 118 cm。前臀围：H/4+1=30.5 cm，后臀围：H/4−1=28.5 cm。

5. 臀长：颈侧点量至臀围最丰满处，测量数据为 63.5 cm。

6. 肩宽：实际肩宽 45×75%≈34 cm。

7. 领围：领围净体 40 cm，加放松量 2 cm，设置领围 42 cm。

2. 技能训练

教师指导

（1）请同学们在教师讲解的基础上，写出男式马甲结构制图的步骤及主要部位尺寸的计算公式。

实践

（2）在教师的指导下，根据号型 175/92A 的成品尺寸，填写制版规格尺寸（见表 1-43），并参考图 1-40、图 1-41，独立完成男式马甲的结构图绘制和检验。

表 1-43　　男式马甲制版规格尺寸

部位	衣长	领围	胸围	肩宽	背长	臀围	臀长	口袋长 / 宽
成品尺寸（cm）	72	42	114	34	44.5	118	18.5	14.5/15
制版规格尺寸（cm）								

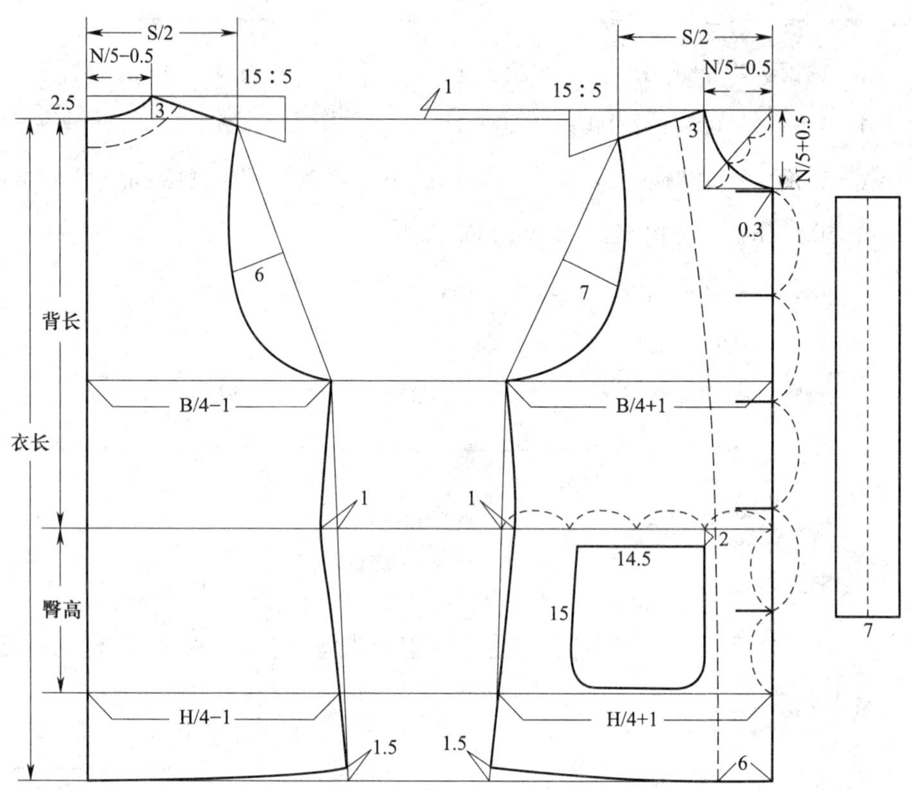

图 1-40　男式马甲前后片结构图

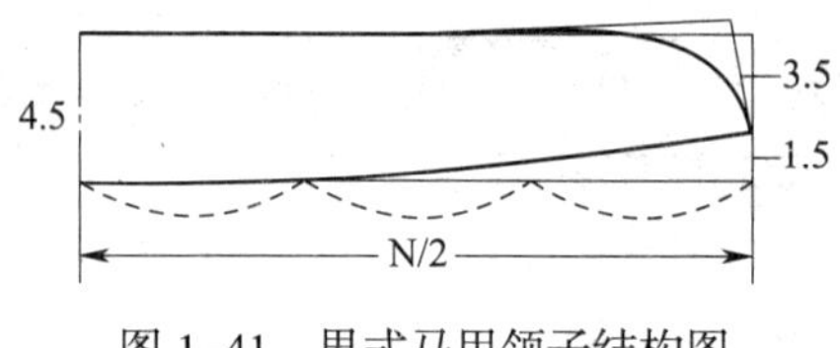

图 1-41　男式马甲领子结构图

引导问题

（3）为什么男式马甲前片和后片的胸围、臀围计算公式不同？

引导问题

（4）对男式马甲的肩宽和袖窿深有哪些具体要求？为什么？袖窿深怎么设定穿着才合适？

引导问题

（5）立领弧线翘度和颈围应如何匹配，穿着才舒适？

引导问题

（6）衩高应如何确定？什么情况下穿着时会出现衩豁开、外翘等不服帖现象？

3. 学习检验

世赛链接

（7）请同学们在教师的指导下，参照世界技能大赛评分标准（见表 1-44），完成男式马甲结构图的质量检验，并将男式马甲结构图修改调整到位。

表 1-44　　结构制图考核评分表

序号	考评内容		分值	得分
1	页面呈现清晰整洁 页面干净，无皱痕，无多余线迹，姓名、学号展现清晰、位置正确	每处错误扣 5 分	10	
2	图形布局 横平纵直，基础框架线与纸边的距离误差不超过 0.1 cm	每处错误扣 5 分	10	
3	用线规范 辅助线、轮廓线、对折线使用正确规范，辅助线、轮廓线区分清楚，粗细有别	每处错误扣 5 分	15	
4	制图规格表 标明工位、制图单位、号型、技术文件中要求的尺寸名称和对应的具体尺寸	每处错误扣 5 分	15	

续表

序号	考评内容		分值	得分
5	线条质量 线条清晰、圆顺、流畅，对合圆顺，拼合长短一致	每处错误扣 5 分	20	
6	数据标注规范 数据标注明确具体、清晰规范，无难以识读或无法确认的点位	每处错误扣 5 分	15	
7	标注规范 裥、褶、省、抽缩、归、拔、对合、纽扣、扣眼、布纹线等制图符号标注规范齐全	每处错误扣 5 分	15	
合计			100	

评分日期：　　　　　　　　　　　　　　　　评分人：

引导评价、更正与完善

在教师讲评引导的基础上，对本阶段的学习活动成果进行自我评分和小组评分（100 分制），之后独立用红笔对本阶段引导问题的回答进行更正和完善。

自我评分	关键能力		小组评分	关键能力	
	专业能力			专业能力	

● 男式马甲样板制作

1. 知识学习

学习思考

男式马甲样板具体放缝情况见表 1–45。

表 1–45　　男式马甲样板放缝

序号	放缝	要　求
1	前衣片放缝	前领圈、袖窿 0.8 cm，前中缝 1 cm，前肩、侧缝 1.2 cm，前底边 4 cm
2	后衣片放缝	后领圈、袖窿 0.8 cm，后肩、侧缝 1.2 cm，后底边 4 cm
3	立领放缝	领底 0.8 cm，领上口线 1 cm
4	挂面放缝	领圈 0.8 cm，肩 1.2 cm，底边 4 cm，前中缝、外侧缝 1 cm
5	里襟放缝	四周放缝 1 cm
6	前 / 后袖窿贴边放缝	袖窿内圈 0.8 cm，外圈 1 cm，肩 1.2 cm
7	后领贴边放缝	领口 0.8 cm，肩 1.2 cm，外口边 1 cm
8	贴袋放缝	贴袋口 4.5 cm，其余边 1 cm

（1）男式马甲一般用棉、麻、缎面料制作，通常采取水洗或干洗的方式。请分析制版时，不同面料需要考虑哪几个方面的缩率？缩率是如何加放的？为什么？

___

___

___

2. 技能训练

（2）在教师的引导下，根据图 1-42 写出男式马甲所有样板的具体放缝情况，并独立完成男式马甲样板图绘制和检验。

（3）要完成男式马甲的制作，全套样板有几套？各是什么？各有多少块？

___

___

___

引导问题

（4）为什么领圈、袖窿放缝是 0.8 cm，而肩缝、侧缝放缝是 1.2 cm？

___

___

___

（5）贴袋圆角放缝有什么要求？

___

___

___

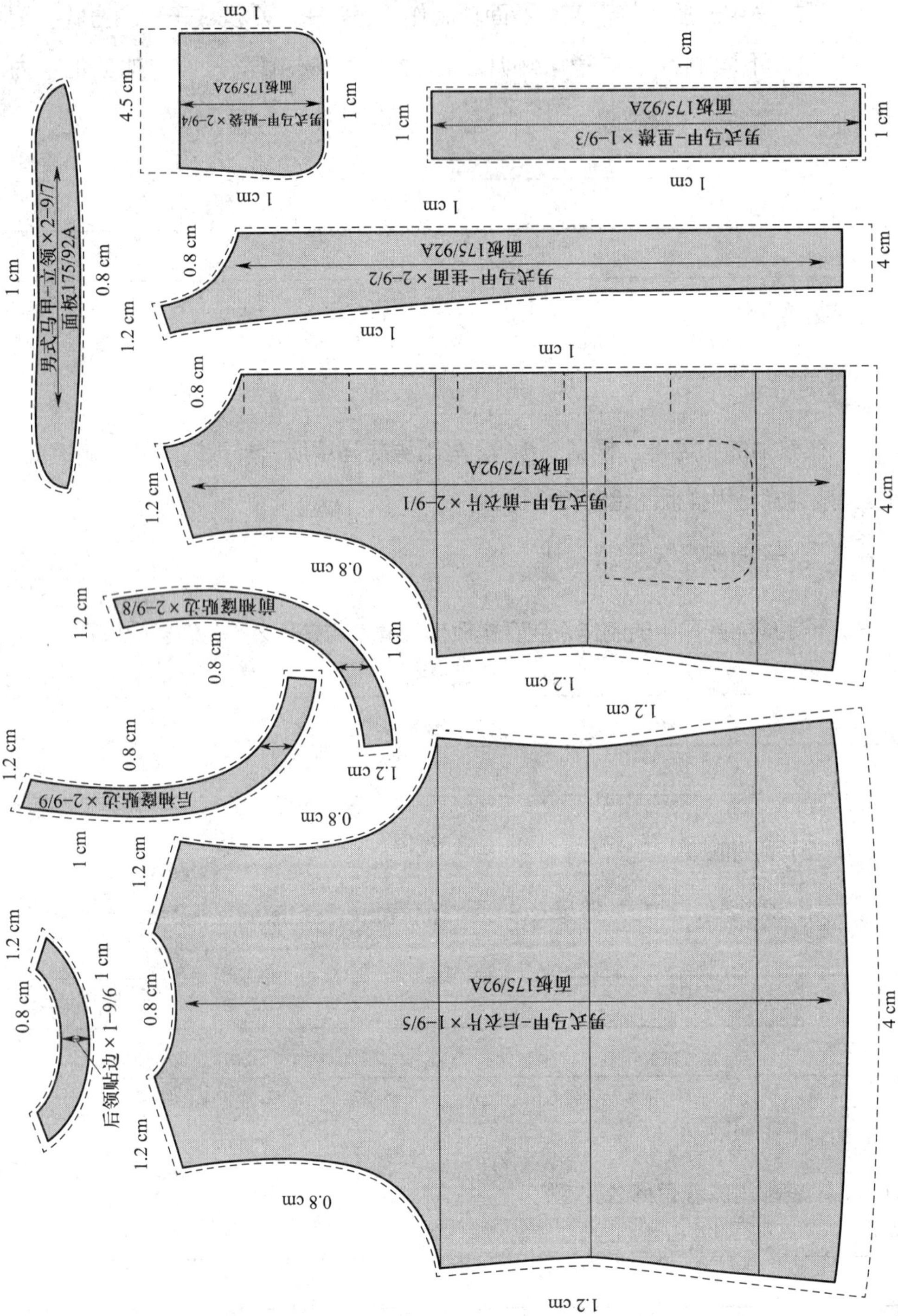

图 1-42　男式马甲样板图

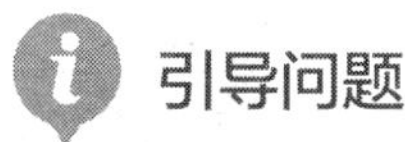

（6）双面马甲正、反面缝份是不是一样加放？应是面板放缝大于里板放缝还是里板放缝大于面板放缝？为什么？

____

____

____

3. 学习检验

（7）样板制作完成后，请同学们按照自检要求进行自检，并完成表 1-46 的填写。

表 1-46　　男式马甲样板自检表

自检项目要求	是	否	修改方案
裁片的规格尺寸是否准确无误			
各细部的曲线是否圆顺、流畅			
相关结构线的大小、形状是否吻合			
样板的标记是否错漏			
丝绺标记是否遗缺			
文字说明是否准确			
样板的数量（片数）是否欠缺			
各种部件是否齐全			
样板的整体结构、各部位的比例关系是否符合款式要求			

引导评价、更正与完善

在教师讲评引导的基础上，对本阶段的学习活动成果进行自我评分和小组评分（100 分制），之后独立用红笔对本阶段引导问题的回答进行更正和完善。

<table>
<tr><td rowspan="2">自我评分</td><td>关键能力</td><td></td><td rowspan="2">小组评分</td><td>关键能力</td><td></td></tr>
<tr><td>专业能力</td><td></td><td>专业能力</td><td></td></tr>
</table>

● 男式马甲样板修改与完善

1. 知识学习

引导问题

（1）样衣上身后，发现肩宽和袖窿造型偏宽或者偏窄，应如何调整样板？

______

______

______

引导问题

（2）样衣穿上身后，出现了摆衩豁开，这是什么原因造成的？应如何处理？

______

______

______

2. 技能训练

实践

（3）在教师的指导下，独立完成男式马甲样衣的尺寸复核，并将测量结果填写在表1-47中，写出封样意见，然后对照封样意见，将结构图和样板调整到位。

表1-47　成品尺寸记录表

部位	衣长	领围	胸围	肩宽	背长	臀围	臀长	口袋长/宽
设定尺寸（cm）	72	42	114	34	44.5	118	18.5	14.5/15
实测尺寸（cm）								

封样意见

______

______

______

______

______

3. 学习检验

世赛链接

（4）请同学们在教师的指导下，参照世界技能大赛评分标准（见表 1-48），完成男式马甲样板的质量检验，并将男式马甲样板修改调整到位。

表 1-48　　样板制作考核评分表

序号	考评内容	评分标准	分值	得分
1	纸样呈现整洁 所有样片整洁、无污垢、没有难以阅读的文字或符号，标识必须在同一版面，需用水笔标识，不包括里布	每处错误扣 5 分	10	
2	样板标识清晰、正确、易识读 产品名称（自定义或订单上的产品名称） 部位名称（如前片、后片、领子、袖子等） 样板功能及样板尺寸（如面板、里板、衬板、净板、175/92A 等） 正确的样片数量及序号（如 1/15、2/15、3/15…15/15 等）	每处错误扣 5 分	10	
3	裁剪标识 裁剪数量（如前衣片面料 ×2，后衣片面料 ×1，立领面料 ×2，挂面面料 ×2，里襟面料 ×1，贴袋面料 ×2，后领贴边面料 ×1，前袖窿贴边面料 ×1，后袖窿贴边面料 ×1）等 袖与大身连折裁剪，纱向线方向合理、正确，全长展示	每处错误扣 5 分	10	
4	制作标识 缝份：缝份标注合理，宽窄一致 剪口：在需要的部位打有合适的剪口或对位点，包括所有的褶、省和拼接（但边角处不得两边都打剪口） 为生产提供准确信息（如归、拔、褶的位置以及方向，明线宽窄，纽扣和扣眼的位置、大小等）	每处错误扣 5 分	25	
5	线条流畅（包括缝份画线和边缘裁剪） 所有样片线条流畅，边缘无毛刺，拼合连接后呈现出的线条平顺	每处错误扣 5 分	15	

续表

序号	考评内容	评分标准	分值	得分
6	所有样片可对准（长度）	每处错误扣 5 分	10	
	所有样片拼合连接后长度可对准，必要的归、拔，松量或抽褶部位需标明准确长度			
7	测量	每处错误扣 5 分	10	
	尺寸需在规定的误差范围内（衣长误差不超过 ±1 cm；胸围误差不超过 ±1.5 cm；领围误差不超过 ±1 cm；袖长误差不超过 ±0.7 cm；总肩宽误差不超过 ±0.6 cm；袖口误差不超过 ±0.3 cm；贴袋误差不超过 ±0.2 cm）			
8	样片功能（必要时可参考款式图）	每处错误扣 5 分	10	
	所有生产用样片得以呈现，样板可以做出款式图中的服装（不包括净板、里板和衬板）			
合计			100	

评分日期： 评分人：

引导评价、更正与完善

在教师讲评引导的基础上，对本阶段的学习活动成果进行自我评分和小组评分（100 分制），之后独立用红笔对本阶段引导问题的回答进行更正和完善。

自我评分	关键能力		小组评分	关键能力	
	专业能力			专业能力	

● 男式马甲用料计算与排料方法

1. 知识学习

查询与收集

（1）马甲排料时，对条、对格部位主要有哪些？对条、对格时有哪些具体要求？

____

____

____

____

引导问题

（2）马甲排料时还会遇到对花现象，对花图案面料排料时有什么具体要求？

____

____

____

____

讨论

（3）马甲排版过程中遇到倒顺毛的情况，如果绒毛较长，倒伏明显，则应________（顺毛、倒毛）排版，这样显得光洁、顺畅；如果绒毛较短，倒伏不明显，则可________（顺毛、倒毛）排版，这样显得饱满、柔和；对于________（有、无）明显倒顺毛要求的面料，为了节约用料，可一件倒排，一件顺排。

引导问题

（4）查阅马甲算料相关知识，分析胸围是 120 cm、单件排料，幅宽 90 cm 和幅宽 110 cm 的面料各用料多少？

____

____

____

____

2. 技能训练

实践

（5）在教师的指导下，参考图 1-43、图 1-44、图 1-45，独立完成男式马甲不同幅宽的排料并计算用料长度。

①幅宽 90 cm 用料计算：______________________

②幅宽 110 cm 用料计算：______________________

③幅宽 148 cm 用料计算：______________________

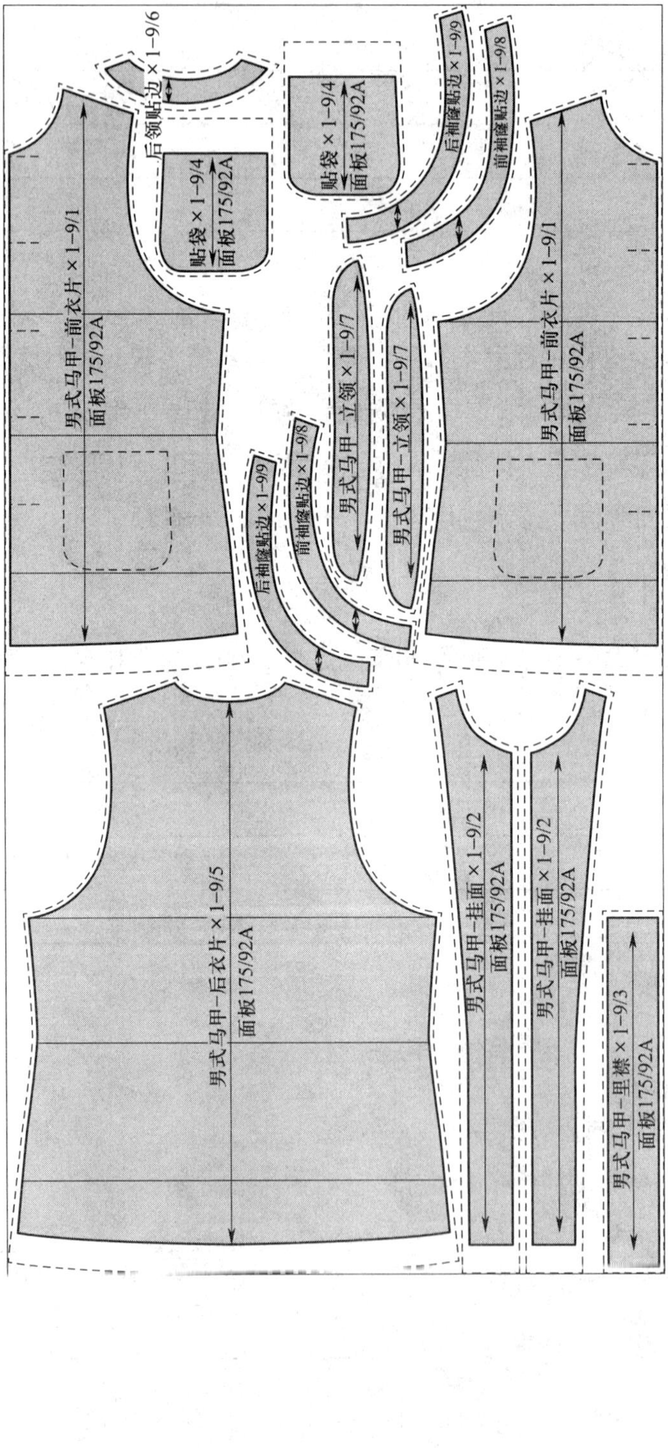

图 1–43　男式马甲幅宽 90 cm 面料排料图

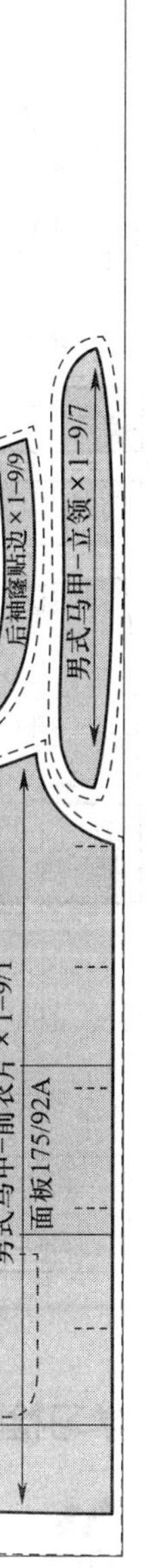

图 1–44　男式马甲幅宽 110 cm 面料排料图

世赛链接

以世界技能大赛时装技术项目服装制版、排料模块的评分标准作为评价标准。

2. 技能训练

（3）将男式马甲全套样板平铺在干净的工作台上进行平面展示。

（4）依据评分标准，对平铺展示的男式马甲全套样板进行自我评价和小组评价。

3. 学习检验

（5）在教师的指导下，先在小组内进行作品展示，然后经小组讨论，推选出一组最佳作品，进行全班展示与评价，并由组长简要介绍推选的理由，小组其他成员做补充并记录。

小组最佳作品制作人：____________________

推选理由：____

____

其他小组评价意见：____

____

教师评价意见：____

____

引导问题

（6）将本次学习活动出现的问题及其产生的原因和解决的办法填写在表 1–50 中。

表 1–50　　问题分析表

出现的问题	产生的原因	解决的办法
1.		
2.		
3.		
……		

自我评价

（7）本次学习活动中自己最满意的地方和最不满意的地方各写一点，并简要说明原因。然后完成表 1-51 学习活动考核评价表中相关内容的填写。

最满意的地方：________________

最不满意的地方：________________

表 1-51　　学习活动考核评价表

学习活动名称：男式马甲制版

班级：　　学号：　　姓名：　　指导教师：

评价项目	评价标准	评价依据（信息、佐证）	评价方式			权重	得分小计	总分
			自我评价	小组评价	教师（企业）评价			
			10%	20%	70%			
关键能力	1. 能穿戴劳动保护服装，执行安全操作规程 2. 能参与小组讨论，相互交流与评价 3. 能积极主动、勤学好问 4. 能清晰、准确地表达 5. 能清扫场地和工作台，归置物品，填写活动记录	1. 课堂表现 2. 工作页填写				40%		
专业能力	1. 能准确测量人体，制定男式马甲制版规格 2. 能制订男式马甲制版计划，准备相关制图工具与材料 3. 能识读男式马甲制版任务单，完成男式马甲平面结构制图 4. 能正确复制轮廓线，依据男式马甲款式特点和制作工艺要求，准确加放，完成全套裁剪样板制作 5. 能按照样板制作规范，完成样板编号、标注、打孔、分类等工作	1. 课堂表现 2. 工作页填写 3. 提交的男式马甲结构图 4. 提交的男式马甲裁剪样板 5. 提交的男式马甲全套样板				60%		

续表

<table>
<tr><th rowspan="3">评价项目</th><th rowspan="3">评价标准</th><th rowspan="3">评价依据（信息、佐证）</th><th colspan="3">评价方式</th><th rowspan="3">权重</th><th rowspan="3">得分小计</th><th rowspan="3">总分</th></tr>
<tr><th>自我评价</th><th>小组评价</th><th>教师（企业）评价</th></tr>
<tr><th>10%</th><th>20%</th><th>70%</th></tr>
<tr><td>专业能力</td><td>6. 能记录男式马甲制版过程中的疑难点，在教师的指导下，通过小组讨论或独立思考与实践加以解决
7. 能按照企业标准（或世界技能大赛评分标准）对男式马甲样板进行检验并展示</td><td></td><td></td><td></td><td></td><td></td><td></td><td></td></tr>
<tr><td>指导教师综合评价</td><td colspan="8">指导教师签名：　　　　　　　　　　　　　　　　日期：</td></tr>
</table>

三、学习拓展

说明：本阶段学习拓展建议学时为 8 ~ 16 学时，要求学生在课后独立完成。教师可根据本校的教学需要和学生的实际情况，选择部分或全部进行实践，也可另行选择相关拓展内容，亦可不实施本学习拓展，将其所需学时用于强化学习过程阶段的实践内容。

拓展 1

请同学们查阅传统男式马甲和改良男式马甲结构图相关知识，开展小组讨论，回答下列问题。

（1）参考图 1-46、图 1-47、图 1-48，简要描述中式男装马甲的门襟变化形式和领型变化形式。

____

____

____

图 1-46　连立领男式马甲

图 1-47　偏襟男式马甲

图 1-48　秋冬夹棉男式马甲

（2）传统男式马甲结构和改良男式马甲结构有何区别？改良男式马甲运用了哪些设计元素？结构变化重点是什么？

拓展 2

请同学们根据提供的男式马甲成衣（见图 1-49），在教师的指导下，测量成衣的各部位尺寸，填写在表 1-52 中，并用驳样的方式完成款式图、结构图和基础样板的绘制与检验。

图 1-49　男式马甲成衣

表 1-52　男式马甲成衣尺寸

部位	衣长	领围	胸围	肩宽	背长	臀围	臂长	口袋
尺寸（cm）								

拓展 3

图 1-50 是一款曲式门襟男式马甲，面料为锦缎。请同学们按号型 175/92A 制定曲式门襟男式马甲的成品规格，填写在表 1-53 中，并独立完成曲式门襟男式马甲的结构图和基础样板的绘制。

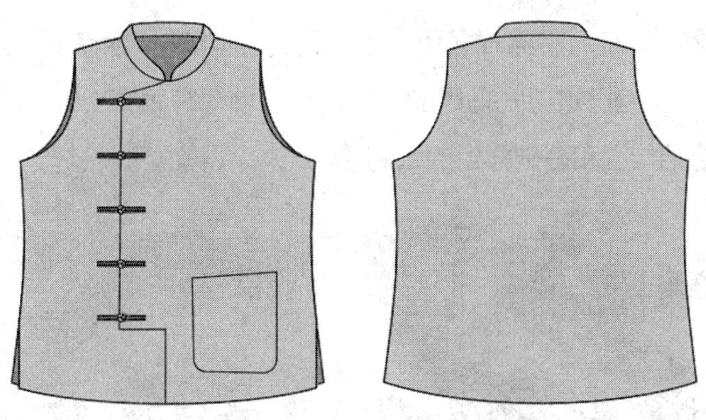

图 1-50 曲式门襟男式马甲款式图

表 1-53 男式马甲号型 175/92A 成品规格

部位	衣长	领围	胸围	肩宽	背长	臀围	臂长	口袋
尺寸（cm）								

拓展 4

图 1-51 是一款花瓣式门襟男式马甲，面料为含丝 40%、含毛 60%。请同学们按号型 175/92A 制定花瓣式门襟男式马甲的成品规格，填写在表 1-54 中，并独立完成花瓣式门襟男式马甲的款式图、结构图和基础样板的绘制。

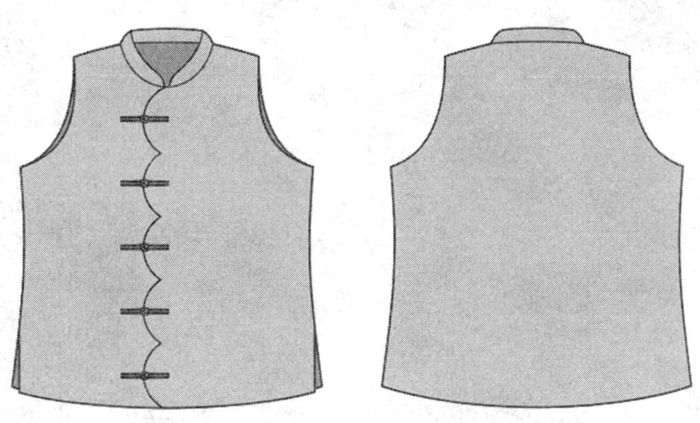

图 1-51 花瓣式门襟男式马甲款式图

表 1-54　　男式马甲号型 175/92A 成品规格

部位	衣长	领围	胸围	肩宽	背长	臀围	臀长
尺寸（cm）							

拓展 5

图 1-52 是一款偏门襟男式马甲，面料为含棉 40%、含麻 60%。请同学们按号型 175/92A 制定偏门襟男式马甲的成品规格，填写在表 1-55 中，并独立完成偏门襟男式马甲的结构图和基础样板的绘制。

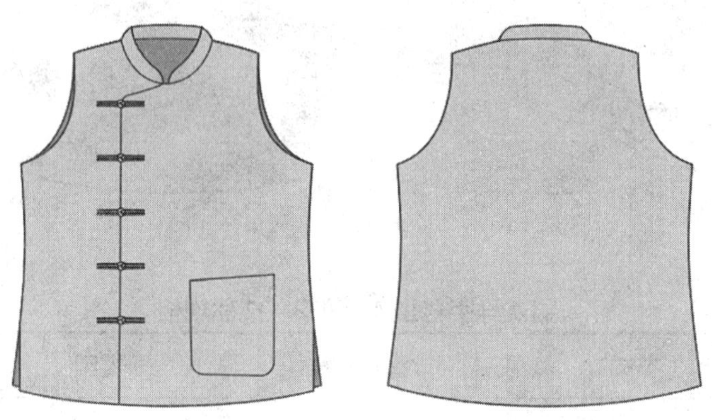

图 1-52　偏门襟男式马甲款式图

表 1-55　　男式马甲号型 175/92A 成品规格

部位	衣长	领围	胸围	肩宽	背长	臀围	臀长	口袋
尺寸（cm）								

学习任务二

传统旗袍制版

学习目标

1. 能遵守工作制度，服从工作安排，按要求准备好制版工具、设备、材料及各项技术文件，并能按照生产安全防护规定执行安全操作规程。

2. 能识读传统旗袍制版任务书（版单），明确制版内容及具体要求。

3. 能依据国家标准 GB/T 29863—2013《服装制图》和企业标准要求，分析传统旗袍款式结构特点及面辅料特性，设定制版规格，完成传统旗袍平面结构图绘制。

4. 能按照上述技术标准有关传统旗袍的要求，复核传统旗袍各结构部位的尺寸；复制轮廓线，依据款式特点和制作工艺要求放缝、生成全套裁剪样板；能按照样板制作的规范，完成样板编号、标注、打孔、分类等工作。

5. 能根据传统旗袍基础样板进行白坯试样，记录制版、试样过程中的疑难点，根据立体修正的结果对基础样板进行调整；能参照世界技能大赛时装技术制版项目考核标准对样板进行自检、修改，确保样板质量。

6. 能使用专业术语与相关人员沟通，解决制版过程中的技术问题。

7. 能根据款式设计特点和面辅料特性，编写传统旗袍工艺说明书。

8. 能按照归档要求及时将合格样板、样衣和相关技术资料进行整理并妥善保管。

9. 能清扫场地和工作台，归置物品，填写设备使用记录。

10 能遵守 8S 管理规定，养成认真负责、规范有序、严谨细致、注重质量的良好职业素养。

建议学时

28 学时。

学习任务描述

传统旗袍制版是传统服饰生产企业的常见任务。制版师从技术部门接受任务后，查阅相关资料，根据任务书（版单）的具体要求，确认款式，设定制版规格，制作基础样板并制成白坯，再在人台或者试衣模特身上进行立体修正，完成样衣样板，然后交给样衣师制成样衣。各部门相关人员对样衣效果进行审核，制版师根据各部门的反馈意见对基础样板进行修正，完成样板制作并交付部门主管。进入产品生产阶段，制版师要调整样衣样板，完成工业样板的基础样板制作，并参与编写工艺说明书。

学习活动

1. 元宝领旗袍制版（10 学时）
2. 立领短袖旗袍制版（10 学时）
3. 双襟旗袍制版（8 学时）

续表

<table>
<tr><td rowspan="4">规格尺寸</td><td rowspan="2">号型规格</td><td>部位</td><td>衣长</td><td>胸围</td><td>腰围</td><td>臀围</td><td>腰节长</td><td>臀高</td></tr>
<tr><td>尺寸（cm）</td><td>135</td><td>94</td><td>88</td><td>102</td><td>40</td><td>18</td></tr>
<tr><td rowspan="2">160/84A</td><td>部位</td><td>领围</td><td>立领高</td><td>通袖长</td><td>袖口围</td><td>袖肥围</td><td>侧衩高</td></tr>
<tr><td>尺寸（cm）</td><td>38</td><td>8</td><td>120</td><td>60</td><td>43</td><td>52</td></tr>
<tr><td>制版要求</td><td colspan="8">1. 制版充分考虑款式特征、面料特性和工艺要求。
2. 结构造型合理，与款式吻合，尺寸符合规格要求。
3. 结构图干净整洁，各部位数据和文字说明标注清晰规范。
4. 辅助线、轮廓线界定清晰，线条平滑、圆顺、流畅，对合平顺，拼合长短一致。
5. 合理配置出相应的零部件，能够对样片进行合理放缝。净样板、毛样板、辅料样板齐全、数量准确、标注规范。
6. 样板标识正确，必须标在同一版面上，且需用水笔标识。样板标识包括产品名称、部位名称、正确的规格及样片数量序号。
7. 裁剪标识正确，包括裁剪数量、连折裁剪等。纱向线方向合理、正确，全长展示。
8. 制作标识正确，缝份标注合理，在需要的部位打有合适的剪口或对位点，为生产提供准确信息。
9. 样板轮廓光滑、顺畅，无毛刺。拼合连接后呈现出的线条平顺，所有样片拼接后长度可对准。</td></tr>
<tr><td>工艺要求</td><td colspan="8">1. 领、袖、前襟、右侧缝、下摆、开衩口绲边。
2. 衣片配夹里，绲条反面用手工针缲牢。
3. 衣片底边与夹里脱开，夹里底边距面子底边 1 ~ 2 cm。
4. 面料门幅不够排料时可后中破缝。
5. 纽扣用手工一字盘扣。</td></tr>
<tr><td>审批</td><td colspan="3"></td><td colspan="3">日期</td><td colspan="2"></td></tr>
</table>

表 2-2　　小组成员表

组号	组内成员姓名	组长姓名

二、学习过程

（一）获取元宝领旗袍工作任务的相关信息

1. 知识学习

小贴士

一、旗袍的历史演变

旗袍起源可以追溯到先秦两汉时代的深衣。至清代，因满族实行八旗制度，“旗人”所穿戴的衣服也称之为“旗袍”。在清代早期，旗袍是不分男女的，式样结构也大致相仿。清代中期时，旗袍的袖口逐渐变宽，整体风格由瘦长变为宽松，下摆部分大多垂至地面。到清代中晚期，旗袍已经变得十分宽松，外形以直线型为主，旗袍上的装饰和图样逐渐丰富，并运用镶、嵌、绲、贴、绣等多种制作手法，使得旗袍需要极高的手工技艺才能完成。

民国初年，受西方礼服设计的影响，以及缝纫技术和新面料的引入，旗袍悄然发生着变化，尤其是辛亥革命之后，随着女性解放思想的影响，女性穿着不再受传统礼教的束缚，旗袍由宽松逐渐变得修身，更加注重展现女性曲线美，外形仍以直线型为主，袖口更加宽松，同时对旗袍外在修饰进行了改进，使其更加简约、典雅和大方。到 20 世纪 30 年代，旗袍的发展进入鼎盛时期，样式五花八门，袖子时有时无，下摆时长时短，由早先的垂至地面缩短到膝盖以上，而旗袍两侧开叉越来越高，最高时几乎与臀部齐平。到 40 年代以后，旗袍的款式逐渐定型，腰部更加贴身，臀部则适当放大，下摆回收、开高衩，衣长变长，右衽大襟。

进入现代旗袍发展阶段，在旗袍基本款型不变的前提下，西方剪裁技术被广泛应用，肩缝和装袖的出现使旗袍的上半身显得更为合体，提升了穿着舒适度，进一步凸显了女性身材的曲线美。

如图 2-1 所示，旗袍历经时代的洗礼与变迁，不仅成为中华民族服饰的典型代表，而且成为中华文化中不可或缺的一部分。

二、传统旗袍的造型特征和结构特征

1. 传统旗袍的造型特征

传统旗袍的造型呈直筒式，给人落落大方之感。其线条较平直，整体

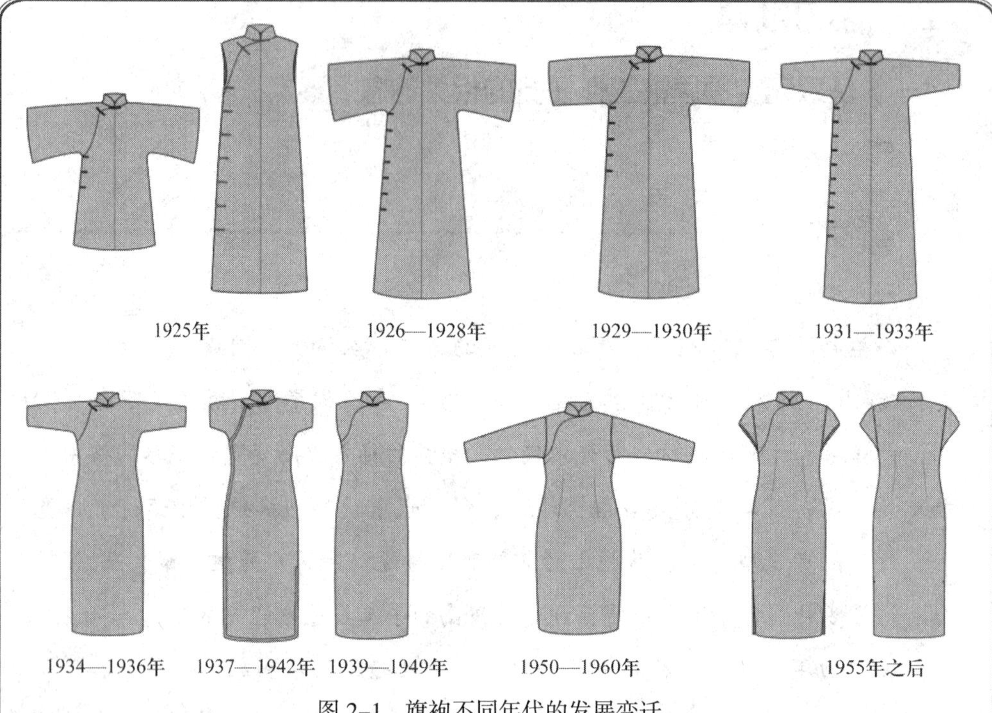

图 2–1　旗袍不同年代的发展变迁

宽松，只是腋下略微收紧，胸围和下摆的宽度大致相同。平面化的设计和笔直的线条让传统旗袍的外部轮廓表现得比较方正，未收紧的袖口和缺乏过渡的腰部让它看起来非常宽大。穿着传统旗袍的女性将手平伸之后，其手臂与旗袍形成一个直角，从而使整体线条显得朴实无华。

2. 传统旗袍的结构特征

传统旗袍采用上下连接的平面构型方式。直线的衣袖展开后和身体垂直，穿起来感觉十分宽大。前后衣身、衣袖紧密相连，腰部采用平直过渡的方式。大襟右衽的结构较为常见，盘扣既是一种固定方式，也发挥着装饰功能，裙摆两侧有开衩。受缝纫技术的制约，传统旗袍的制作大多是凭借制作者个人经验，在直接测量的基础上按照定长来绘制衣片前后中心线，以达到对称的目的。除了领口部分需要表现出一定立体感，肘部、肩部、腰部等区域设计均采取平面构型方式。因此，女性穿着传统旗袍，身体曲线的变化、不同平面的差别均被布料掩盖。

传统旗袍重视细节的装饰，整体平面造型降低了工艺制作的难度，使传统旗袍有了较为稳定的基本款型。

引导问题

（1）请同学们查阅资料，简要描述旗袍形成的历史溯源和发展演变过程。

引导问题

（2）请同学们查阅资料，简要描述传统旗袍的造型特征和结构特征。

学习思考

旗袍领型的设计

旗袍领作为旗袍构成的关键元素之一，对传统旗袍的款式有非常重要的影响。旗袍领型可以分为元宝领、凤仙领、方领、水滴领、圆领等。

1. 元宝领

元宝领的特征是：高度与鼻尖平行，领子的面料比较挺括，领子斜压在下巴两侧，能够很好地修饰脸型，在视觉上使其变成瓜子脸。穿着元宝领旗袍时，女性需抬高下巴，挺直脖颈，这样才能显现出端庄的仪态。元宝领如图 2–2 所示。

元宝领

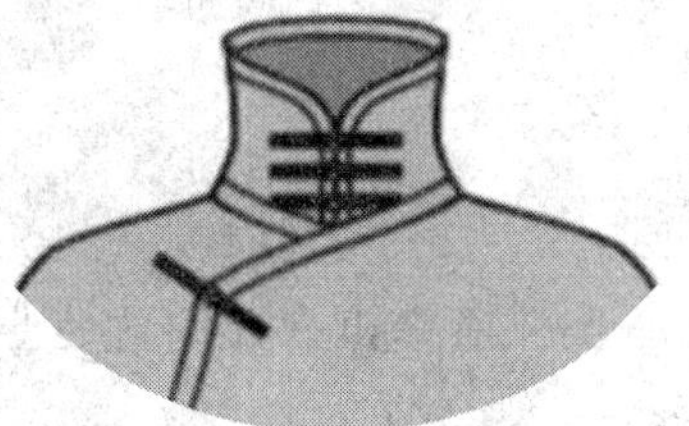

图 2–2　元宝领

2. 凤仙领

凤仙领的特征是：小翻领，因为形状像凤仙花而得名。凤仙领就像瓷花瓶的瓶口，圆润、自然地翻折着，并且常常以繁复的盘花扣作为点缀，能够很好地衬托脸型，给人娇俏的感觉。凤仙领如图 2-3 所示。

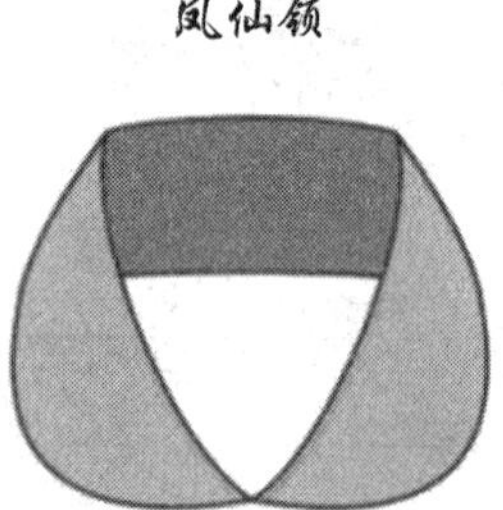

图 2-3 凤仙领

3. 方角立领

方角立领的特征是：方方正正，线条平直，如图 2-4 所示。方角立领有点类似于中山装的小立领，给人端庄严谨的感觉。

图 2-4 方角立领

4. 水滴领

水滴领像水滴一样，在旗袍的领口自然垂坠，显露出女性胸前的些许肌肤，不过于露骨，却又充满风情，如图 2-5 所示。

图 2–5　水滴领

5. 圆角立领

圆角立领简单大方，领口的弧度自然圆润，对于脸型也没有过多的要求。市场上大部分的旗袍衣领都是圆领。由于圆领造型简单，因此更注重细节的处理，比如领口的绲边、盘扣装饰等，如图 2–6 所示。

圆角立领

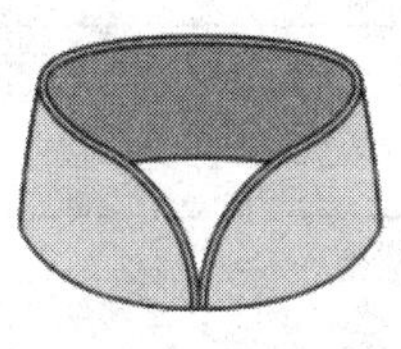

图 2–6　圆角立领

旗袍的衣领，从一开始的衣领分离，到立领，再到领口由高变低，形成形态各异的丰富样式，满足了人们对旗袍款式的不同需求。

引导问题

（3）请同学们查阅资料，简要描述旗袍领的演变过程。

引导问题

（4）旗袍领有哪些种类？简述元宝领的款式特征和功能。

____

____

2. 学习检验

引导问题

（5）在教师的引导下，独立完成表 2-3 的填写。

表 2-3　　学习任务与学习活动简要归纳表

本次学习任务的名称	
本次学习任务的主要目标	
本次学习任务的活动内容	
本次学习活动的名称	
本次学习活动的主要目标	
旗袍历史溯源和发展演变过程	
传统旗袍的造型特征和结构特征	
旗袍领型的种类及特征	
你认为本次学习活动中，哪些目标的实现难度较大？	

引导评价、更正与完善

在教师讲评引导的基础上，对本阶段的学习活动成果进行自我评分和小组评分（100 分制），之后独立用红笔对本阶段引导问题的回答进行更正和完善。

自我评分	关键能力		小组评分	关键能力	
	专业能力			专业能力	

（二）制订元宝领旗袍制版计划并决策

1. 知识学习

介绍制订计划的基本方法、内容和注意事项，重点围绕学习活动展开。

（计划制订参考意见：整个工作的内容和目标是什么？整个工作分几步实施？过程中要注意什么？小组成员之间应该如何配合？出现问题应该如何处理？）

2. 学习检验

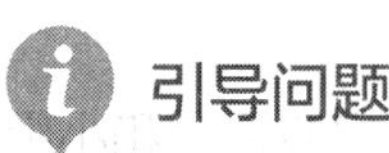

（1）简要写出你们小组的元宝领旗袍制版计划。

____

____

____

引导问题

（2）你在制订元宝领旗袍制版计划的过程中承担了哪些工作？有什么体会？

____

____

____

引导问题

（3）对小组制订的元宝领旗袍制版计划，教师给出了什么修改建议？为什么？

____

____

____

引导问题

（4）你认为元宝领旗袍制版计划中哪些工作比较难实施？为什么？你有什么想法？

察下腹部和臀部，应注意是正常体型的腹和臀，还是臀大腹小，或腹大臀小，或臀、腹都大。

此外，要征求被测者的意见，询问是否有特殊要求。

引导问题

（1）旗袍要做得舒适合体，必须按个人的体型测量净体尺寸。请简述净体尺寸测量的注意事项。

小贴士

传统旗袍测量部位及松量

衣长：颈侧点至所需长度（一般在小腿中部以下所需长度）。

领围：水平围量颈根围一周（放二指以软尺能自然转动为宜）。

胸围：水平围量胸部最丰满处一周（以软尺能自然转动为宜），增加松量为 8 ~ 10 cm。

腰围：在胸围基础上略收进 6 ~ 8 cm。

臀围：水平围量臀部最丰满处一周（以软尺能自然转动为宜），增加松量 10 cm 以上。

背长：第七颈椎点量至腰节最细处。

通袖长：左袖口至右袖口之间的长度。

引导问题

（2）根据传统旗袍十字型平面结构特征，写出传统旗袍制图需要测量的部位。

2. 技能训练

实践

（3）每个小组推荐一名学生作为模特，其余组员对模特的体型特征进行观察，写出观察结果。

____

____

（4）参考图 2-8，请同学们测量并记录传统旗袍制图所需要的各部位尺寸。

①衣长________ ②胸围________ ③腰围________ ④臀围________

⑤背长________ ⑥臀高________ ⑦领围________ ⑧立领高________

⑨通袖长_______ ⑩袖口围_______ ⑪袖肥围_______ ⑫侧衩高 _______

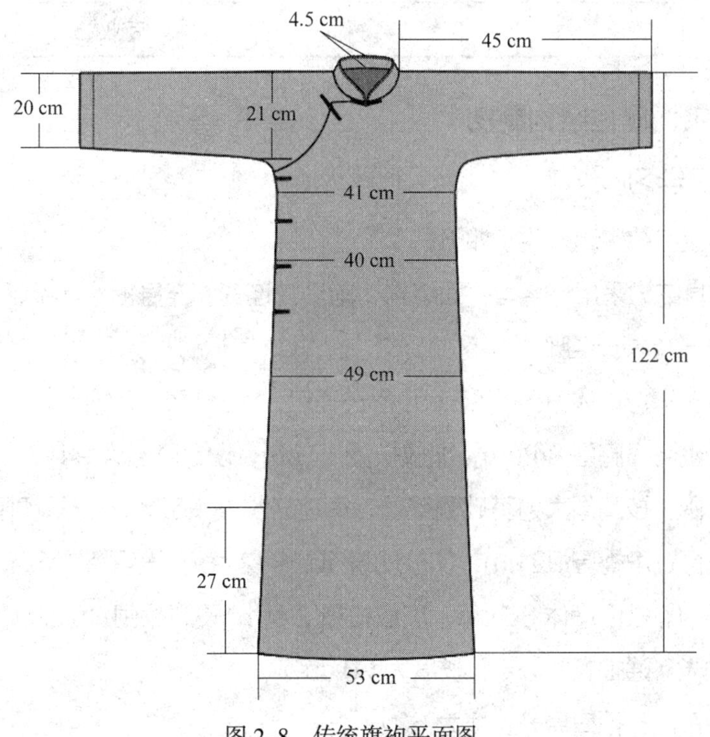

图 2-8　传统旗袍平面图

3. 学习检验

引导问题

（5）请同学们通过测量人体或者人台，参考国家号型标准，独立完成表 2-4 号型 160/84A 传统旗袍成品规格尺寸的填写。

表 2-4　　号型 160/84A 传统旗袍成品规格尺寸

部位	衣长	胸围	腰围	臀围	腰节长	臀高
尺寸（cm）						
部位	领围	立领高	通袖长	袖口围	袖肥围	侧衩高
尺寸（cm）						

引导评价、更正与完善

在教师讲评引导的基础上，对本阶段的学习活动成果进行自我评分和小组评分（100 分制），之后独立用红笔对本阶段引导问题的回答进行更正和完善。

自我评分	关键能力		小组评分	关键能力	
	专业能力			专业能力	

● 元宝领旗袍结构制图

1. 知识学习

元宝领旗袍结构制图要点如下：

（1）衣身结构采用十字型平面结构，前后片连裁，连身袖，元宝领结构。

（2）衣长：衣长至脚踝 135 cm。

（3）背长：按人体净体 37.5 cm 背长确定，设置腰节长 40 cm。

（4）胸围：净胸围 84 cm，加放松量 10 cm，设置胸围大 94 cm。

（5）腰围：按胸围大为基础侧缝处，每边略收进 1.5 cm，设置腰围大 88 cm。

（6）臀围：净臀围 92 cm，加放松量 10 ~ 12 cm，设置臀围大 102 cm。

（7）领围：领围净体 36 cm，加放松量 2 cm，设置领围 38 cm。

（8）袖长：通袖长除以 2，长度为 60 cm。

（9）袖口围：袖口展开宽度为 60 cm。

（10）侧缝开衩：底边上抬 52 cm。

教师指导

（1）请同学们在教师讲解的基础上，写出元宝领旗袍结构制图的步骤及主要部位尺寸的计算公式。

2. 技能训练

实践

（2）在教师的指导下，根据号型 160/84A 的成品尺寸，填写制版规格尺寸（见表 2-5），并参考图 2-9，独立完成元宝领旗袍的结构图绘制和检验。

扫描二维码，观看元宝领旗袍结构设计

引导问题

（3）绘制元宝领旗袍领圈需要注意哪些事项？领圈弧线是否影响元宝领的造型？

引导问题

（4）如何绘制大襟弧线？大襟造型对旗袍的穿着美感与功能有哪些影响？

表 2-5 元宝领旗袍制版规格尺寸

部位	衣长	胸围	腰围	臀围	腰节长	臀高
成品尺寸（cm）	135	94	88	102	40	18
制版规格尺寸（cm）						
部位	领围	立领高	通袖长	袖口围	袖肥围	侧衩高
成品尺寸（cm）	38	8	120	60	43	52
制版规格尺寸（cm）						

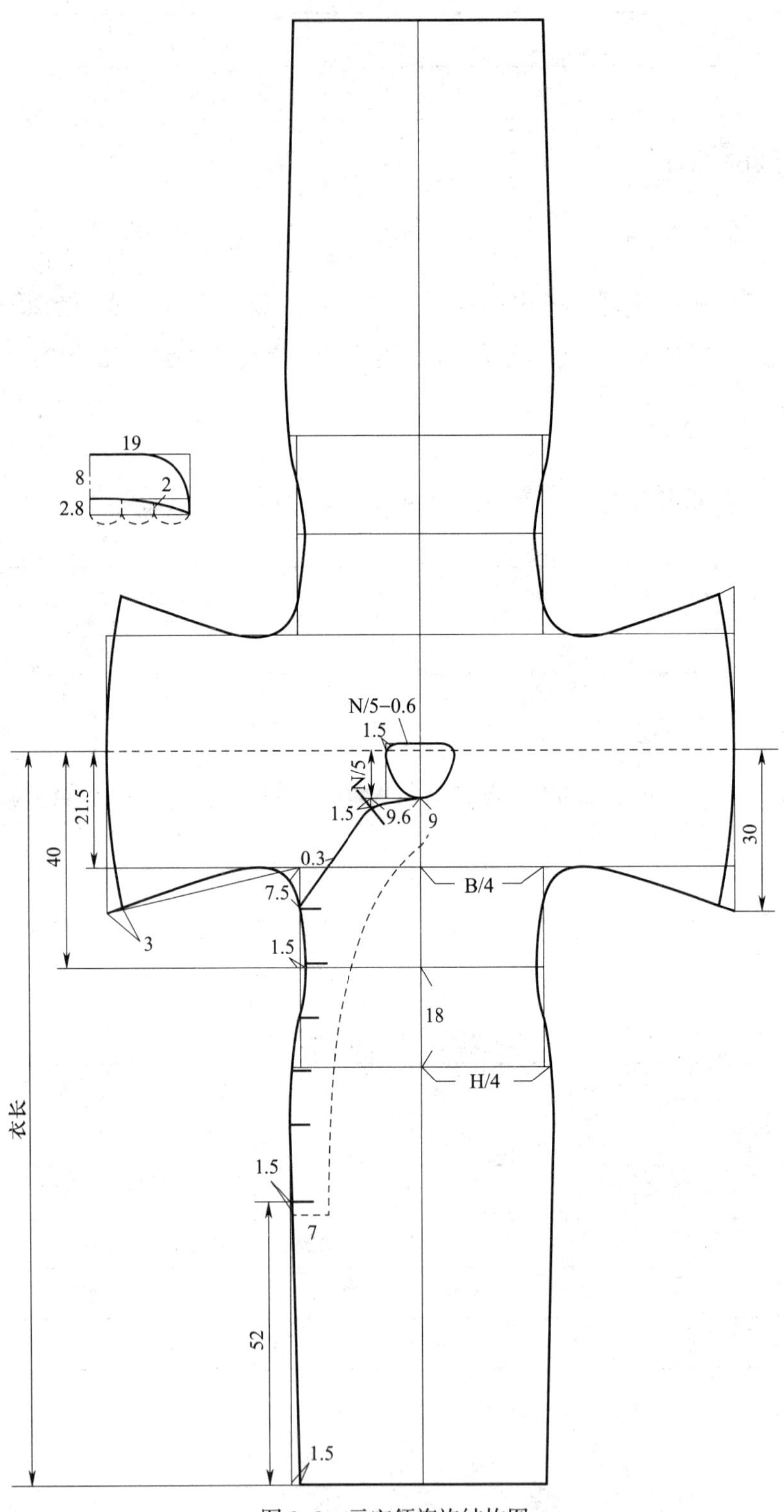

图 2-9　元宝领旗袍结构图

引导问题

（5）如何绘制袖底至侧缝的弧线？其对十字型平面结构的传统旗袍的穿着效果有什么影响？

____

____

____

3. 学习检验

世赛链接

（6）请同学们在教师的指导下，参照世界技能大赛评分标准（见表 2-6），完成元宝领旗袍结构图的质量检验，并将元宝领旗袍结构图修改调整到位。

表 2-6　　结构制图考核评分表

<table>
<tr><th>序号</th><th colspan="2">考评内容</th><th>分值</th><th>得分</th></tr>
<tr><td rowspan="2">1</td><td>页面呈现清晰整洁，图形布局合理</td><td rowspan="2">每处错误扣 5 分</td><td rowspan="2">10</td><td rowspan="2"></td></tr>
<tr><td>页面干净，无皱痕，无多余线迹，姓名、学号展现清晰、位置正确。横平纵直，基础框架线与纸边的距离误差不超过 0.1 cm</td></tr>
<tr><td rowspan="2">2</td><td>结构设计准确、合理</td><td rowspan="2">每处错误扣 5 分</td><td rowspan="2">30</td><td rowspan="2"></td></tr>
<tr><td>前后身造型美观、合理，轮廓准确；领、袖、大襟造型与款式图相符，制图方法正确；盘扣位置与款式图相符、分布合理</td></tr>
<tr><td rowspan="2">3</td><td>各主要部位规格与所给成衣规格表相符</td><td rowspan="2">每处错误扣 5 分</td><td rowspan="2">10</td><td rowspan="2"></td></tr>
<tr><td>衣长、袖长、胸围、腰围、臀围、肩宽、领围等各部位与规格相符合</td></tr>
<tr><td rowspan="2">4</td><td>用线规范</td><td rowspan="2">每处错误扣 5 分</td><td rowspan="2">10</td><td rowspan="2"></td></tr>
<tr><td>辅助线、轮廓线、对折线使用正确规范，辅助线、轮廓线区分清楚，粗细有别</td></tr>
<tr><td rowspan="2">5</td><td>制图规格表</td><td rowspan="2">每处错误扣 5 分</td><td rowspan="2">10</td><td rowspan="2"></td></tr>
<tr><td>标明工位、制图单位、号型、技术文件中要求的尺寸名称和对应的具体尺寸</td></tr>
<tr><td rowspan="2">6</td><td>线条质量</td><td rowspan="2">每处错误扣 5 分</td><td rowspan="2">10</td><td rowspan="2"></td></tr>
<tr><td>线条清晰、圆顺、流畅，对合圆顺，拼合长短一致</td></tr>
</table>

续表

序号	考评内容		分值	得分
7	数据标注规范 数据标注明确具体、清晰规范，无难以识读或无法确认的点位	每处错误扣 5 分	10	
8	标注规范 裥、褶、省、抽缩、归、拔、对合、纽扣、扣眼、布纹线等制图符号标注规范齐全	每处错误扣 5 分	10	
合计			100	

评分日期：　　　　　　　　　　　　　　　　　评分人：

引导评价、更正与完善

在教师讲评引导的基础上，对本阶段的学习活动成果进行自我评分和小组评分（100 分制），之后独立用红笔对本阶段引导问题的回答进行更正和完善。

自我评分	关键能力		小组评分	关键能力	
	专业能力			专业能力	

● 元宝领旗袍样板制作

1. 知识学习

学习思考

元宝领旗袍样板具体放缝情况见表 2-7。

表 2-7　　　　元宝领旗袍样板放缝

序号	放缝	要求
1	左衣片放缝	前、后领圈 0.8 cm，后中缝 1.5 cm，前、后侧缝 1 cm，前、后底边 4 cm，袖口缝 1 cm，大襟弧线 0.8 cm
2	右衣片放缝	前、后领圈 0.8 cm，后中缝 1.5 cm，前、后侧缝 1 cm，后底边 4 cm，袖口缝 1 cm，前小襟 1 cm
3	领子放缝	领底 0.8 cm，领上口线 1 cm

2. 技能训练

实践

（1）在教师的指导下，参考图 2-10，写出元宝领旗袍所有样板的具体放缝情况，并独立完成元宝领旗袍样板图绘制和检验。

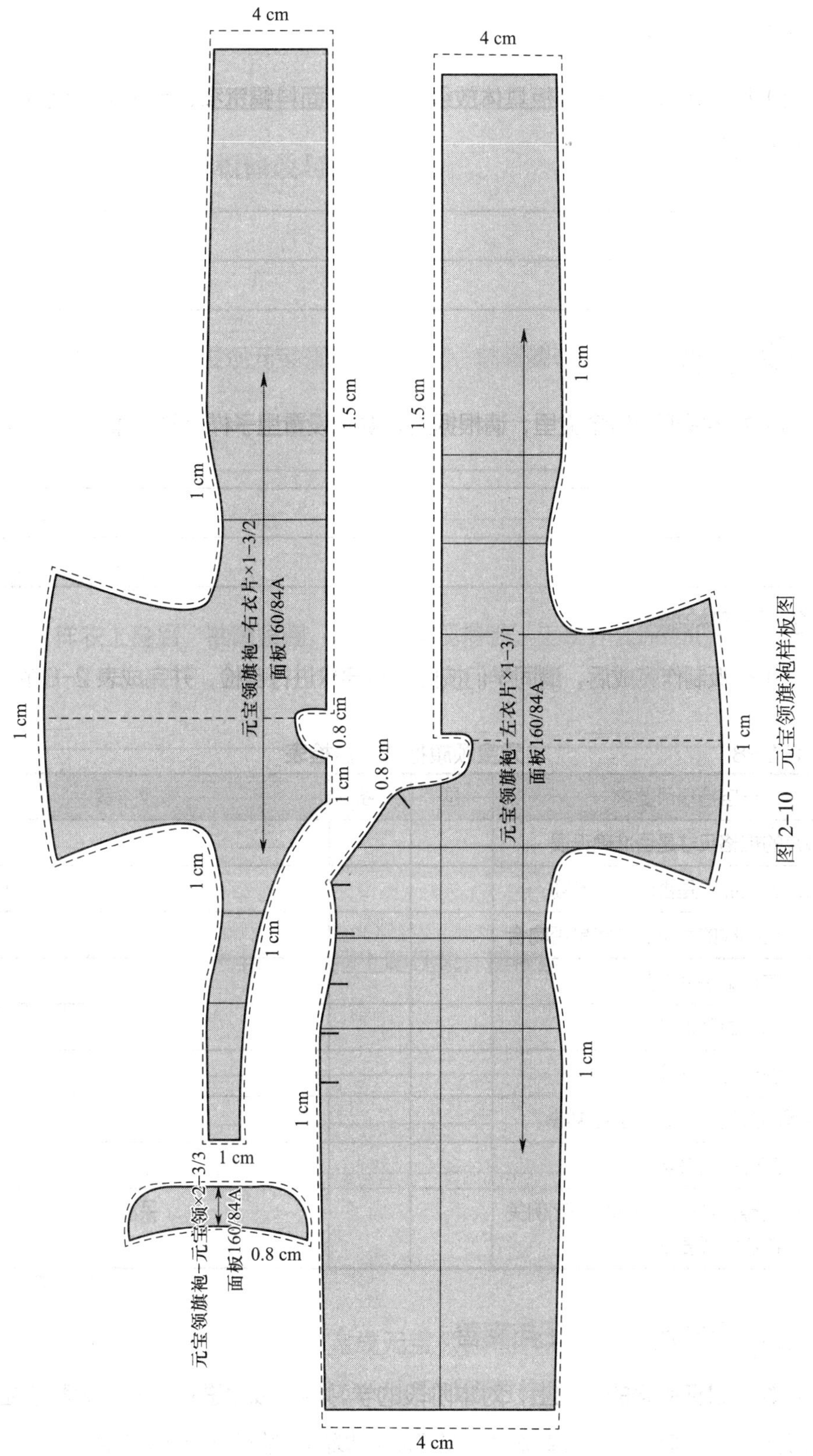

图 2-10 元宝领旗袍样板图

表 2-9 成品尺寸记录表

部位	衣长	胸围	腰围	臀围	腰节长	臀高
设定尺寸（cm）	135	94	88	102	40	18
实测尺寸（cm）						
部位	领围	立领高	通袖长	袖口围	袖肥围	侧衩高
设定尺寸（cm）	38	8	120	60	43	52
实测尺寸（cm）						

封样意见

3. 学习检验

世赛链接

（5）请同学们在教师的指导下，参照世界技能大赛评分标准（见表 2-10），完成元宝领旗袍样板的质量检验，并将元宝领旗袍样板修改调整到位。

表 2-10 样板制作考核评分表

<table>
<tr><th>序号</th><th>考评内容</th><th>评分标准</th><th>分值</th><th>得分</th></tr>
<tr><td rowspan="2">1</td><td>纸样呈现整洁</td><td rowspan="2">每处错误扣 5 分</td><td rowspan="2">10</td><td rowspan="5"></td></tr>
<tr><td>所有样片整洁、无污垢，没有难以阅读的文字或符号；标识必须在同一版面，需用水笔标识，不包括里布</td></tr>
<tr><td rowspan="3">2</td><td>样板标识清晰、正确、易识读</td><td rowspan="3">每处错误扣 5 分</td><td rowspan="3">10</td></tr>
<tr><td>产品名称（自定义或订单上的产品名称）</td></tr>
<tr><td>部位名称（如前片、后片、领子、袖子等）</td></tr>
</table>

续表

<table>
<tr><th>序号</th><th>考评内容</th><th>评分标准</th><th>分值</th><th>得分</th></tr>
<tr><td rowspan="2">2</td><td>样板功能及样板尺寸（如面板、里板、衬板、净板、160/84A 等）</td><td rowspan="2">每处错误扣 5 分</td><td rowspan="2"></td><td rowspan="2"></td></tr>
<tr><td>正确的样片数量及序号（如 1/15、2/15、3/15…15/15 等）</td></tr>
<tr><td rowspan="3">3</td><td>裁剪标识</td><td rowspan="3">每处错误扣 5 分</td><td rowspan="3">10</td><td rowspan="3"></td></tr>
<tr><td>裁剪数量（如左衣片面料 ×1，右衣片面料 ×1，元宝领面料 ×2 等）</td></tr>
<tr><td>纱向线方向合理、正确，全长展示</td></tr>
<tr><td rowspan="4">4</td><td>制作标识</td><td rowspan="4">每处错误扣 5 分</td><td rowspan="4">25</td><td rowspan="4"></td></tr>
<tr><td>缝份：缝份标注合理，宽窄一致</td></tr>
<tr><td>剪口：在需要的部位打有合适的剪口或对位点，包括所有的褶、省和拼接（但边角处不得两边都打剪口）</td></tr>
<tr><td>为生产提供准确信息（如归、拔、褶的位置以及方向，明线宽窄，纽扣和扣眼的位置、大小等）</td></tr>
<tr><td rowspan="2">5</td><td>线条流畅（包括缝份画线和边缘裁剪）</td><td rowspan="2">每处错误扣 5 分</td><td rowspan="2">15</td><td rowspan="2"></td></tr>
<tr><td>所有样片线条流畅，边缘无毛刺，拼合连接后呈现出的线条平顺</td></tr>
<tr><td rowspan="2">6</td><td>所有样片可对准（长度）</td><td rowspan="2">每处错误扣 5 分</td><td rowspan="2">10</td><td rowspan="2"></td></tr>
<tr><td>所有样片拼合连接后长度可对准，必要的归、拔，松量或抽褶部位需标明准确长度</td></tr>
<tr><td rowspan="2">7</td><td>测量</td><td rowspan="2">每处错误扣 5 分</td><td rowspan="2">10</td><td rowspan="2"></td></tr>
<tr><td>尺寸需在规定的误差范围内（衣长误差不超过 ±0.5 cm；胸围误差不超过 ±0.3 cm；领围与领口相吻合；袖长误差不超过 ±0.3 cm；总肩宽误差不超过 ±0.3 cm；袖口误差不超过 ±0.3 cm）</td></tr>
<tr><td rowspan="2">8</td><td>样片功能（必要时可参考款式图）</td><td rowspan="2">每处错误扣 5 分</td><td rowspan="2">10</td><td rowspan="2"></td></tr>
<tr><td>所有生产用样片得以呈现，样板可以做出款式图中的服装（不包括净板、里板和衬板）</td></tr>
<tr><td colspan="3">合计</td><td>100</td><td></td></tr>
</table>

评分日期：　　　　　　　　　　　　　　　　　　　评分人：

引导评价、更正与完善

在教师讲评引导的基础上，对本阶段的学习活动成果进行自我评分和小组评分（100 分制），之后独立用红笔对本阶段引导问题的回答进行更正和完善。

自我评分	关键能力		小组评分	关键能力	
	专业能力			专业能力	

● 元宝领旗袍用料计算与排料方法

1. 知识学习

查询与收集

（1）请同学们查阅资料，简述传统旗袍常用面料种类、各种面料的性能以及幅宽。

____

____

____

讨论

（2）织锦缎、真丝、棉布等不同面料的缩水率是多少？排料裁剪之前应如何处理缩率？幅宽不够时应如何处理拼接问题？遇到倒顺花、对条、对格、对花等特殊面料时应如何排料？

____

____

____

____

2. 技能训练

实践

（3）在教师的指导下，参考图 2-11、图 2-12、图 2-13，独立完成元宝领旗袍不同幅宽的排料并计算用料长度。

①幅宽 70 cm 用料计算：______________________________

②幅宽 110 cm 用料计算：______________________________

③幅宽 148 cm 用料计算：______________________________

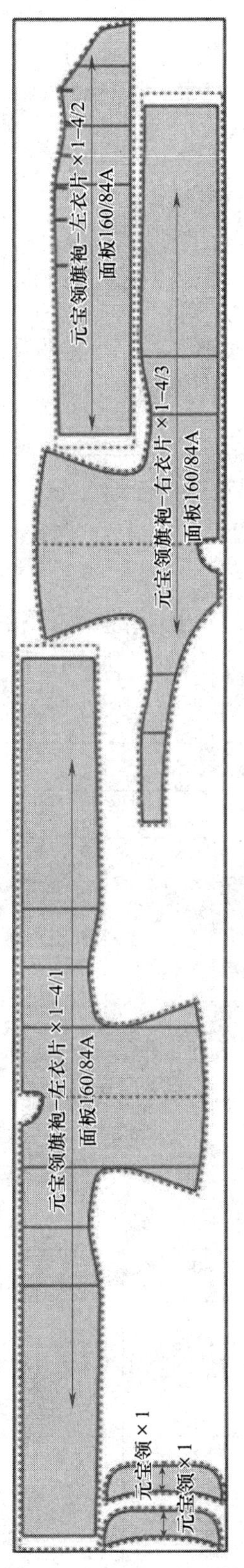

图 2–11　元宝领旗袍幅宽 70 cm 面料排料图

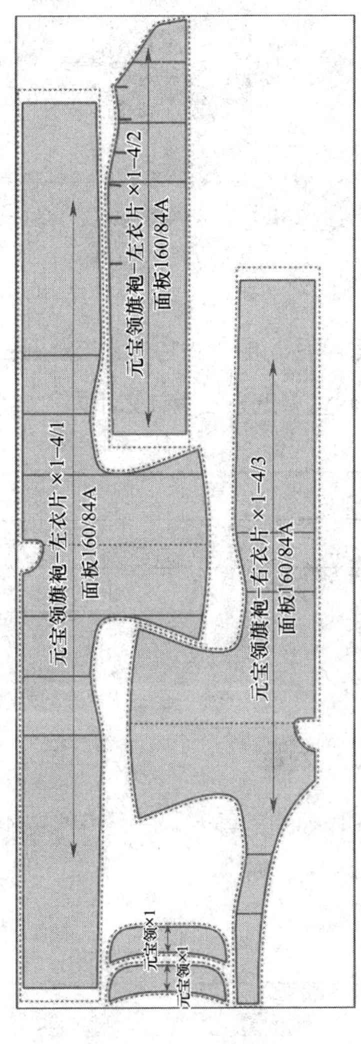

图 2–12　元宝领旗袍幅宽 110 cm 面料排料图

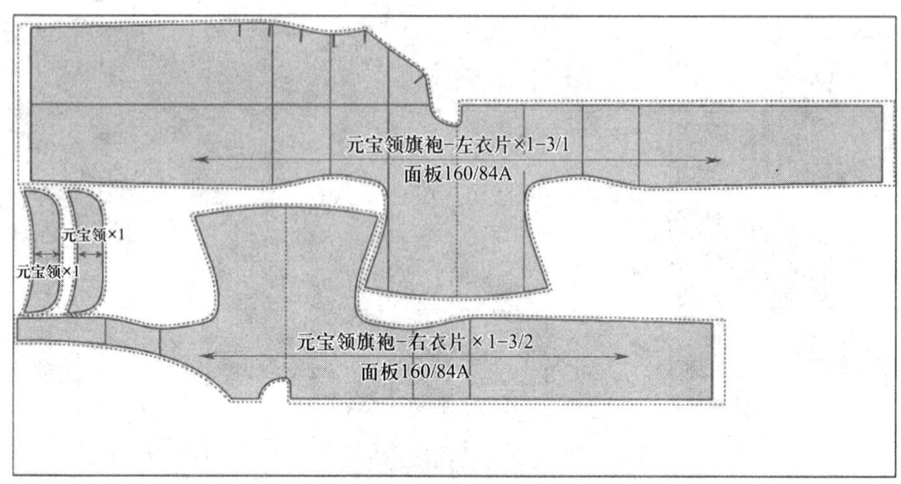

图 2-13　元宝领旗袍幅宽 148 cm 面料排料图

 讨论

（4）在教师的指导下，通过小组讨论，分析目前在服装企业小批量生产和私人定制传统旗袍，其材料核算的方法有什么不同？批量生产排料应如何节省？

____

____

____

3. 学习检验

 世赛链接

（5）请同学们在教师的指导下，参照世界技能大赛评分标准（见表 2-11），完成元宝领旗袍排料检验。

表 2-11　排料考核评分表

序号	考评内容	评分标准	分值	得分
1	版面正确有效 依照要求排在材料正面，面料正反面、倒顺绒正确，画有正确的幅宽线和起止线	每处错误扣 5 分	15	
2	整体版面 整体版面平整干净、无污垢，所有版片铺排正确，直接裁剪后可以做出款式图中的服装	每处错误扣 5 分	15	

续表

序号	考评内容	评分标准	分值	得分
3	样片固定 样板固定平服，无交叠，别针用量适宜，便于裁剪	每处错误扣 5 分	20	
4	纱向线（测量不少于 4 片，误差需小于 0.2 cm） 以幅宽线或中心丝道为丝道评判依据	每处错误扣 5 分	20	
5	排料合理性 排料经济合理；整体排版规范，遵循直对直、弧接弧、凹凸相套，便于裁剪	每处错误扣 5 分	30	
合计			100	

评分日期：　　　　　　　　　　　　　　　　　评分人：

引导评价、更正与完善

在教师讲评引导的基础上，对本阶段的学习活动成果进行自我评分和小组评分（100 分制），之后独立用红笔对本阶段引导问题的回答进行更正和完善。

自我评分	关键能力		小组评分	关键能力	
	专业能力			专业能力	

（四）元宝领旗袍工作任务的成果展示与评价反馈

1. 知识学习

服装制版完成后，需要进行展示和评价，并作出相应反馈。

（1）展示的方法：将传统元宝领旗袍全套样板平铺在工作台上，将制作的样衣穿在人台上一起展示。

（2）评价的方法：看样衣效果，对照评分细则检查样板质量。

世赛链接

以世界技能大赛时装技术项目服装制版、排料模块的评分标准作为评价标准。

2. 技能训练

 实践

（3）将元宝领旗袍全套样板平铺在干净的工作台上进行平面展示。

（4）依据评分标准，对平铺展示的元宝领旗袍全套样板进行自我评价和小组评价。

3. 学习检验

 引导问题

（5）在教师的指导下，先在小组内进行作品展示，然后经小组讨论，推选出一组最佳作品，进行全班展示与评价，并由组长简要介绍推选的理由，小组其他成员做补充并记录。

小组最佳作品制作人：______________

推选理由：____

____

其他小组评价意见：____

____

教师评价意见：____

____

 引导问题

（6）将本次学习活动中出现的问题及其产生的原因和解决的办法填写在表 2-12 中。

表 2-12　　　　问题分析表

出现的问题	产生的原因	解决的办法
1.		
2.		
3.		
……		

自我评价

（7）本次学习活动中自己最满意的地方和最不满意的地方各写一点，并简要说明原因。然后完成表 2-13 学习活动考核评价表的填写。

最满意的地方：________________

最不满意的地方：________________

表 2-13　　学习活动考核评价表

学习活动名称：元宝领旗袍制版

班级：　　学号：　　姓名：　　指导教师：

评价项目	评价标准	评价依据（信息、佐证）	评价方式			权重	得分小计	总分
			自我评价	小组评价	教师（企业）评价			
			10%	20%	70%			
关键能力	1. 能穿戴劳动保护服装，执行安全操作规程 2. 能参与小组讨论，相互交流与评价 3. 能积极主动、勤学好问 4. 能清晰、准确地表达 5. 能清扫场地和工作台，归置物品，填写活动记录	1. 课堂表现 2. 工作页填写				40%		
专业能力	1. 能准确测量人体，制定元宝领旗袍制版规格 2. 能制订元宝领旗袍制版计划，准备相关制图工具与材料 3. 能识读元宝领旗袍制版任务单，完成元宝领旗袍平面结构制图 4. 能正确复制轮廓线，依据元宝领旗袍款式特点和制作工艺要求，准确加放，完成全套裁剪样板制作 5. 能按照样板制作规范，完成样板编号、标注、打孔、分类等工作	1. 课堂表现 2. 工作页填写 3. 提交的元宝领旗袍结构图 4. 提交的元宝领旗袍裁剪样板				60%		

续表

<table>
<tr><td rowspan="3">评价项目</td><td rowspan="3">评价标准</td><td rowspan="3">评价依据（信息、佐证）</td><td colspan="3">评价方式</td><td rowspan="3">权重</td><td rowspan="3">得分小计</td><td rowspan="3">总分</td></tr>
<tr><td>自我评价</td><td>小组评价</td><td>教师（企业）评价</td></tr>
<tr><td>10%</td><td>20%</td><td>70%</td></tr>
<tr><td>专业能力</td><td>6. 能记录元宝领旗袍制版过程中的疑难点，在教师的指导下，通过小组讨论或独立思考与实践加以解决
7. 能按照企业标准（或世界技能大赛评分标准）对元宝领旗袍样板进行检验并展示</td><td>5. 提交的元宝领旗袍全套样板</td><td></td><td></td><td></td><td></td><td></td><td></td></tr>
<tr><td>指导教师综合评价</td><td colspan="8">指导教师签名：　　　　日期：</td></tr>
</table>

三、学习拓展

说明：本阶段学习拓展建议学时为 8 ~ 16 学时，要求学生在课后独立完成。教师可根据本校的教学需要和学生的实际情况，选择部分或全部进行实践，也可另行选择相关拓展内容，亦可不实施本学习拓展，将其所需学时用于强化学习过程阶段的实践内容。

拓展 1

请同学们查阅资料，了解传统旗袍手工盘扣的种类，并结合图 2-14，思考制版时不同样式盘扣纽位的设置要求。

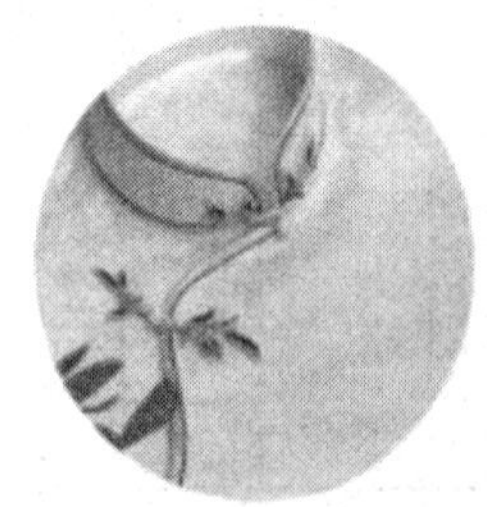 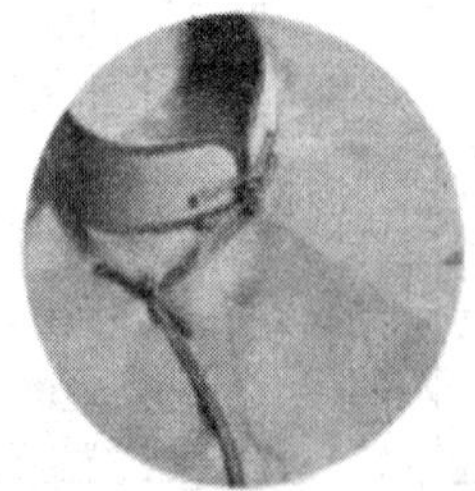 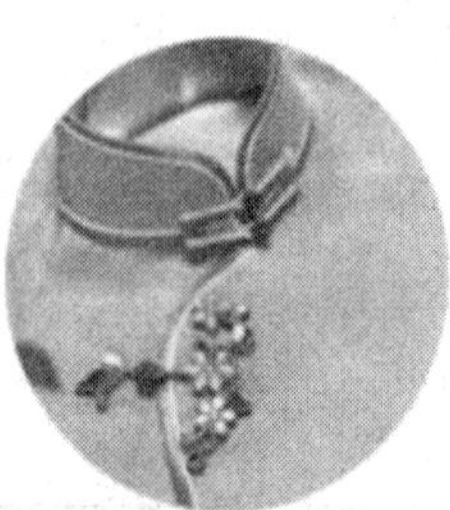 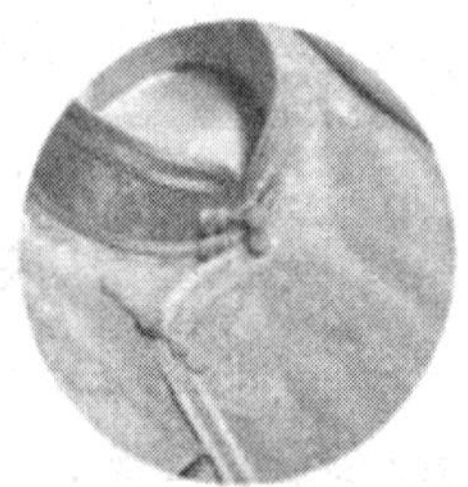

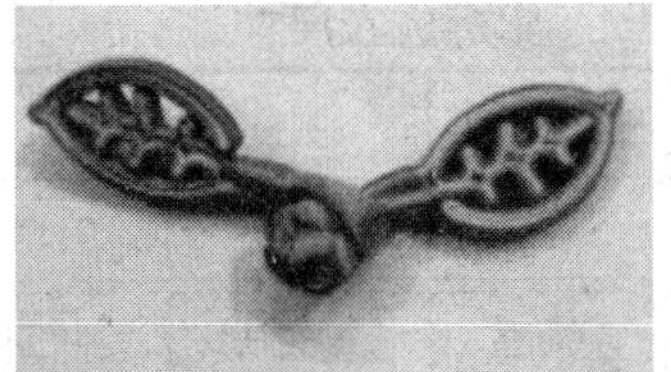

图 2 -14　传统旗袍手工盘扣

拓展 2

请同学们根据提供的旗袍成衣（见图 2-15），在教师的指导下，测量成衣的各部位尺寸，填写在表 2-14 中，并用驳样的方式完成款式图、结构图和基础样板的绘制与检验。

图 2-15　旗袍成衣

表 2-14　旗袍成衣尺寸

部位	衣长	胸围	腰围	臀围	腰节长	臀高
尺寸（cm）						
部位	领围	立领高	通袖长	袖口围	袖肥围	侧衩高
尺寸（cm）						

学习活动 2
立领短袖旗袍制版

学习目标

1. 能遵守工作制度，服从工作安排，按要求准备好立领短袖旗袍制版所需的工具、设备、材料及各项技术文件。

2. 能识读立领短袖旗袍制版的各项技术文件，明确制版的流程、方法和注意事项。

3. 能查阅相关资料，制订立领短袖旗袍制版的计划，教师对计划进行指导和确认。

4. 能依据技术文件要求，结合国家标准 GB/T 29863—2013《服装制图》的规定，独立完成立领短袖旗袍基础样板的制版、检查与复核工作。

5. 能按照企业标准（或参照世界技能大赛评分标准）对立领短袖旗袍样板进行质量检验，并依据白坯试样结果，将样板修改调整到位。

6. 能记录立领短袖旗袍制版、试样过程中的疑难点，进行小组讨论、合作探究，并在教师的指导下，提出解决问题的方案。

7. 能按有关归档要求，进行资料归类和现场整理。

8. 能展示、评价立领短袖旗袍制版各阶段的成果，清扫场地和工作台，归置物品，填写设备使用记录。

一、学习准备

1. 场地：服装样板制作一体化教室（包括制版桌、排料台、制版工具、投影仪、多媒体计算机等设备）。

2. 材料：立领短袖旗袍制版相关学材、任务单（见表 2-15）、牛皮纸、拷贝纸等。

3. 分组：划分学习小组（每组 5 ~ 6 人），分组信息填写在表 2-16 中。

4. 课前检查：

（1）检查一体化教室各项设备能否正常使用。

（2）检查各学习小组课前准备情况。

（3）检查学生工作服穿戴情况。

表 2-15　立领短袖旗袍制版任务单

<table>
<tr><td>订单号</td><td colspan="2">CTQP-2</td><td colspan="2">客户名称</td><td colspan="3">×××</td></tr>
<tr><td>款式号</td><td>LLDXQP01</td><td>样衣尺码</td><td>M 号</td><td>制作人</td><td></td><td>日期</td><td>年　月　日</td></tr>
<tr><td>款式名称</td><td colspan="7">立领短袖旗袍</td></tr>
<tr><td>款式图</td><td colspan="7"></td></tr>
<tr><td>款式说明</td><td colspan="7">本款式流行于民国时期，裁剪方法仍沿用中国传统十字型平面结构。本款为夏季旗袍，衣长至小腿中段，右衽大襟，侧缝收腰，立领，前后片连裁，连身短袖，后中破缝，右侧低开衩，总纽数 7 个，下摆微收，前后无腰省，在领、前襟处有绲边。</td></tr>
</table>

续表

<table>
<tr><td rowspan="4">规格尺寸</td><td rowspan="2">号型规格</td><td>部位</td><td>衣长</td><td>胸围</td><td>腰围</td><td>臀围</td><td>腰节长</td><td>臀高</td></tr>
<tr><td>尺寸（cm）</td><td>120</td><td>94</td><td>88</td><td>102</td><td>40</td><td>18</td></tr>
<tr><td rowspan="2">160/84A</td><td>部位</td><td>领围</td><td>立领高</td><td>通袖长</td><td>袖口围</td><td>袖肥围</td><td>侧衩高</td></tr>
<tr><td>尺寸（cm）</td><td>38</td><td>3</td><td>78</td><td>31</td><td>43</td><td>56</td></tr>
<tr><td>制版要求</td><td colspan="8">1. 制版充分考虑款式特征、面料特性和工艺要求。
2. 结构造型合理，与款式吻合，尺寸符合规格要求。
3. 结构图干净整洁，各部位数据和文字说明标注清晰规范。
4. 辅助线、轮廓线界定清晰，线条平滑、圆顺、流畅，对合平顺，拼合长短一致。
5. 合理配置出相应的零部件，能够对样片进行合理放缝。净样板、毛样板、辅料样板齐全、数量准确、标注规范。
6. 样板标识正确，必须标在同一版面上，且需用水笔标识。样板标识包括产品名称、部位名称，正确的规格及样片数量序号。
7. 裁剪标识正确，包括裁剪数量、连折裁剪等。纱向线方向合理、正确，全长展示。
8. 制作标识正确，缝份标注合理，在需要的部位打有合适的剪口或对位点，为生产提供准确信息。
9. 样板轮廓光滑、顺畅，无毛刺。拼合连接后呈现出的线条平顺，所有样片拼接后长度可对准。</td></tr>
<tr><td>工艺要求</td><td colspan="8">1. 领、前襟绲边，右侧开口钉盘扣。
2. 衣片配夹里，绲条反面用手工针缲牢。
3. 衣片底边与夹里脱开，夹里底边距面子底边 1 ~ 2 cm。
4. 面料门幅不够排料时可后中破缝。
5. 纽扣用手工一字盘扣。</td></tr>
<tr><td>审批</td><td colspan="4"></td><td colspan="2">日期</td><td colspan="2"></td></tr>
</table>

表 2-16　小组成员表

组号	组内成员姓名	组长姓名

图 2-21　60、70 年代旗袍袖型

图 2-22　现代旗袍

引导问题

（1）请同学们查阅资料，简要描述旗袍袖型的演变过程。

学习思考

旗袍袖型的设计

旗袍的袖型变化可以从旗袍的演变历史中加以借鉴，并与现代时尚潮流相结合，推陈出新。按不同的分类方法，旗袍的袖型设计可分为不同的种类。按袖子长短不同可以分为无袖、削肩袖、短袖、七分袖、八分袖、长袖等；按袖子造型不同可以分为窄袖、合体袖、喇叭袖、大喇叭袖、马蹄袖、褶裥袖等；按装袖工艺不同可以分为无袖、圆装袖、连袖、分割袖等。

1. 无袖

无袖是通用款，无论穿着者的胖瘦、高矮、老少，都适合这一款式。无袖的旗袍，最大的特点就是露出一整条手臂，令人清凉舒适，最适合在夏天穿着。图 2–23 所示为无袖。

2. 连肩袖

连肩袖比无袖稍长一些，它将人的肩部遮挡起来，但又不会显得死板，而是很自然地贴合肩部弧度，使肩部看起来非常柔美。连肩袖能够很好地突出肩部曲线。图 2–24 所示就是连肩袖。

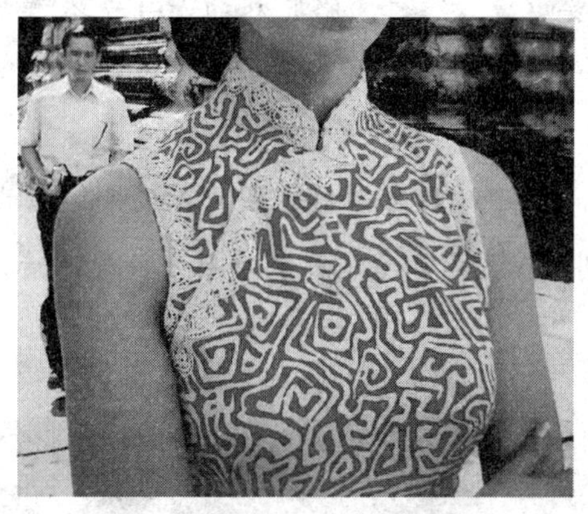

图 2–23　无袖

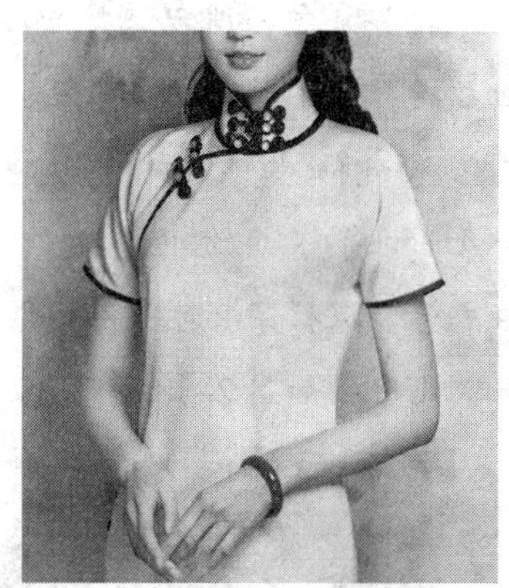

图 2–24　连肩袖

3. 小盖袖

如果肩部和手臂连接处显得比较胖，而穿着者又不想选择袖子太长的旗袍，那么小盖袖就是比较适合的一个选择。因为它包住了一部分的手臂，所以不会显得太胖，但缺点是如果使用的旗袍面料是没有弹力的，就会有一点卡胳膊，限制活动。小盖袖如图 2–25 所示。

小盖袖与月牙袖容易混淆。仔细观察会发现，小盖袖的袖口平直；而月牙袖就像弯弯的月牙一样，袖口是有弧度的，并且袖子长度比小盖袖还短一些。

4. 四分袖

四分袖也是一种常见袖型，长度在 28 cm 左右。该袖型非常适合胳膊显肉感的女性，可以适当遮挡手臂，如图 2–26 所示。

图 2–25　小盖袖

图 2–26　四分袖

5. 中袖（五分袖）

中袖显成熟，所以选择中袖旗袍要慎重。另外，胳膊粗的女性也不适合中袖旗袍，会显得手臂粗且短。中袖如图 2–27 所示。

6. 七分袖

七分袖的长度为 40 ~ 43 cm。这种袖子恰好可以显露出纤细的手腕。由于在初春和深秋穿着时手腕处会感觉到寒凉，所以春末初秋时七分袖是不错的选择。七分袖如图 2–28 所示。

图 2–27　中袖（五分袖）

图 2–28　七分袖

7. 九分袖

穿着九分袖基本上就只露出手腕，长度一般在 50 cm 以上。相比长袖，九分袖在秋冬搭配外套更适合。九分袖如图 2–29 所示。

8. 长袖

长袖长度盖住手腕，一般为 55 cm 以上。长袖比较挑人，非常适合气质雍容大气的女性。在天气较冷的时候，穿上长袖旗袍比较保暖，如图 2–30 所示。

图 2-29　九分袖

图 2-30　长袖

9. 荷叶袖

荷叶袖形如其名，像荷叶边的袖子，很有设计感。荷叶袖一般是三层荷叶边，层层叠叠，与旗袍相结合显得时尚靓丽，如图 2-31 所示。

图 2-31　荷叶袖

 引导问题

（2）请同学们查阅资料，简述旗袍袖按照其长短的分类。

---

2. 学习检验

引导问题

（3）在教师的引导下，独立完成表 2-17 的填写。

表 2-17　　学习任务与学习活动简要归纳表

本次学习任务的名称	
本次学习任务的主要目标	
本次学习任务的活动内容	
本次学习活动的名称	
本次学习活动的主要目标	
旗袍袖型的种类及特征	
你认为本次学习活动中，哪些目标的实现难度较大？	

引导评价、更正与完善

在教师讲评引导的基础上，对本阶段的学习活动成果进行自我评分和小组评分（100 分制），之后独立用红笔对本阶段引导问题的回答进行更正和完善。

自我评分	关键能力		小组评分	关键能力	
	专业能力			专业能力	

（二）制订立领短袖旗袍制版计划并决策

1. 知识学习

介绍制订计划的基本方法、内容和注意事项，重点围绕学习活动展开。

（计划制订参考意见：整个工作的内容和目标是什么？整个工作分几步实施？过程中要注意什么？小组成员之间应该如何配合？出现问题应该如何处理？）

2. 学习检验

引导问题

（1）简要写出你们小组的立领短袖旗袍制版计划。

____

____

引导问题

（2）你在制订立领短袖旗袍制版计划的过程中承担了哪些工作？有什么体会？

______

______

______

引导问题

（3）对小组制订的立领短袖旗袍制版计划，教师给出了什么修改建议？为什么？

______

______

______

引导问题

（4）你认为立领短袖旗袍制版计划中哪些工作比较难实施？为什么？你有什么想法？

______

______

______

引导问题

（5）对立领短袖旗袍制版计划，小组最终做出了什么决定？是如何做出的？

______

______

______

引导评价、更正与完善

在教师讲评引导的基础上，对本阶段的学习活动成果进行自我评分和小组评分（100 分制），之后独立用红笔对本阶段引导问题的回答进行更正和完善。

自我评分	关键能力		小组评分	关键能力	
	专业能力			专业能力	

（三）立领短袖旗袍制版与检验

● 立领短袖旗袍量体与控制松量

1. 知识学习

小贴士

立领短袖旗袍测量部位及松量

衣长：颈侧点至所需长度（一般在膝盖以下所需长度）。

领围：水平围量颈根围一周（放二指以软尺能自然转动为宜）。

胸围：水平围量胸部最丰满处一周（以软尺能自然转动为宜），增加松量为 6 cm。

腰围：水平围量腰围最细处一周（以软尺能自然转动为宜），增加松量为 4cm。

臀围：水平围量臀部最丰满处一周（以软尺能自然转动为宜），增加松量为 4 ~ 6 cm。

背长：第七颈椎点量至腰节最细处。

袖长：肩端点至袖肘线上方的长度。

肩宽：两肩端点之间宽度，中间通过第七颈椎点。

袖窿：测量臂根围一周，增加松量为 6 cm。

引导问题

（1）要获得立领短袖旗袍规格尺寸需要测量哪些部位？各部位放松量应如何控制？在测量过程中，哪些重点部位测量与体型有关？你是如何测量的？

____

____

____

2. 技能训练

实践

（2）每个小组推荐一名学生作为模特，分组进行旗袍的量体，并记录测量数据。

①衣长________ ②胸围________ ③腰围________ ④臀围________

⑤背长________ ⑥臀高________ ⑦领围________ ⑧肩宽________

⑨袖长________ ⑩袖口围________ ⑪领高________ ⑫侧衩高________

学习思考

分析款式

在开始纸样设计前，要进行款式分析，明确旗袍各部位名称。一般依据图纸或已有样衣进行分析，应分析出廓形、长度和围度尺寸、结构分割，工艺细节、面料辅料等。

教师指导

（3）请同学们在教师讲解的基础上，总结归纳立领短袖旗袍的款式特征，明确各部位的名称，填入图 2-32 中。

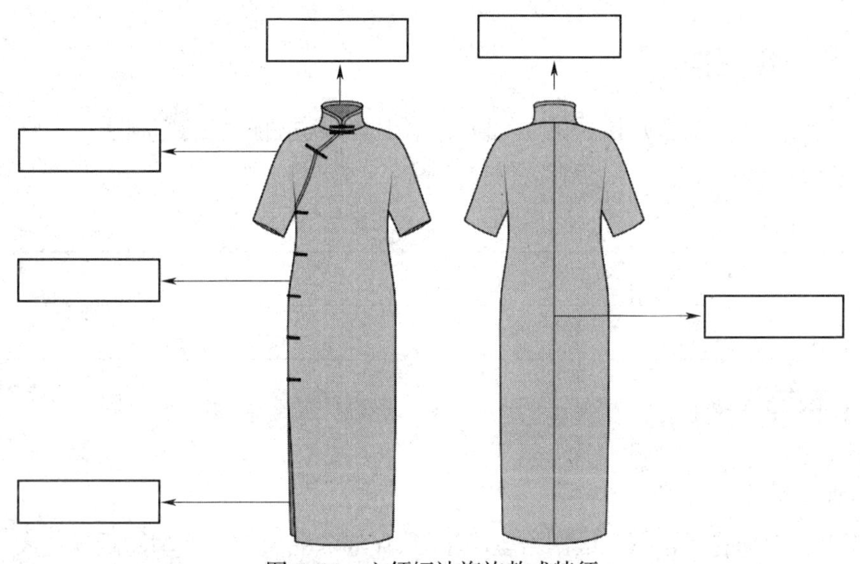

图 2-32　立领短袖旗袍款式特征

引导评价、更正与完善

在教师讲评引导的基础上，对本阶段的学习活动成果进行自我评分和小组评分（100 分制），之后独立用红笔对本阶段引导问题的回答进行更正和完善。

自我评分	关键能力		小组评分	关键能力	
	专业能力			专业能力	

● 立领短袖旗袍结构制图

1. 知识学习

立领短袖旗袍结构制图要点如下：

（1）衣身结构采用十字型平面结构，前后片连裁，连身短袖，立领结构。

（2）衣长：衣长至膝下 120 cm。

（3）背长：按人体原型背长 37.5 cm 确定，设置腰节长 40 cm。

（4）胸围：净胸围 84 cm，加放松量 10 cm，设置胸围大 94 cm。

（5）腰围：按胸围大为基础侧缝，每边略收进 1.5 cm，设置腰围大 88 cm。

（6）臀围：净臀围 92 cm，加放松量 10 cm，设置臀围大 102 cm。

（7）领围：领围净体 36 cm，加放松量 2 cm，设置领围 38 cm。

（8）通袖长：左袖口至右袖口之间的长度为 78 cm。

（9）袖口围：袖口展开宽度为 31 cm。

（10）侧缝开衩：底边上抬 56 cm。

 教师指导

（1）请同学们在教师讲解的基础上，写出立领短袖旗袍结构制图的步骤及主要部位尺寸的计算公式。

____

____

____

2. 技能训练

 实践

（2）在教师的指导下，根据号型 160/84A 的成品尺寸，填写制版规格尺寸（见表 2–18），并参考图 2–33 至图 2–35，独立完成立领短袖旗袍的结构图绘制和检验。

表 2–18 立领短袖旗袍制版规格尺寸

部位	衣长	胸围	腰围	臀围	腰节长	臀高
成品尺寸（cm）	120	94	88	102	40	18
制版规格尺寸（cm）						
部位	领围	立领高	通袖长	袖口围	袖肥围	侧衩高
成品尺寸（cm）	38	3	78	31	43	56
制版规格尺寸（cm）						

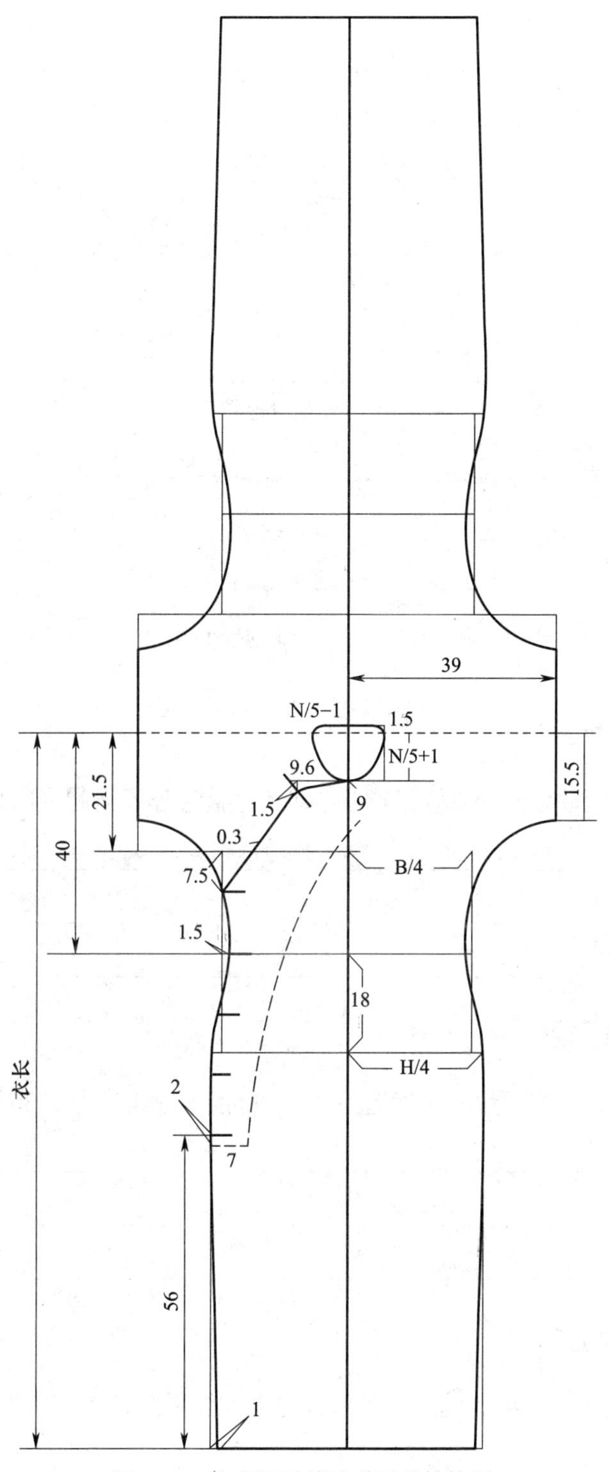

图 2-33　立领短袖旗袍前后片结构图

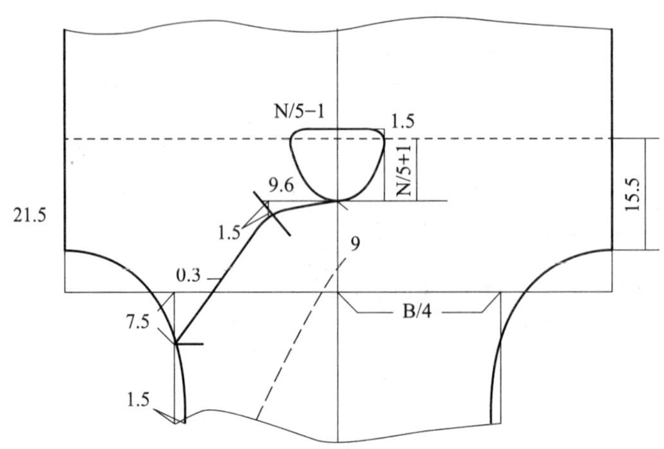

图 2–34　立领短袖旗袍局部结构图

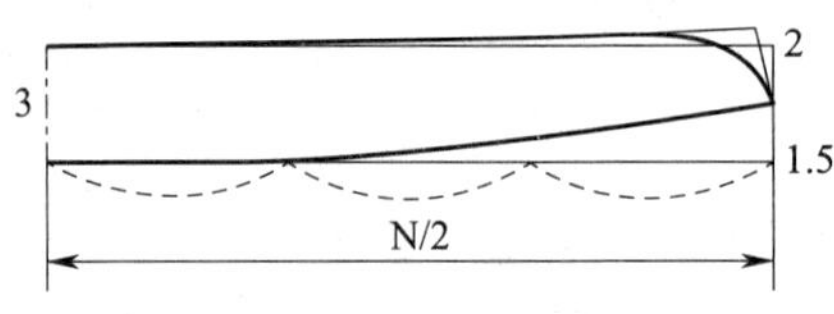

图 2–35　立领短袖旗袍领子结构图

引导问题

（3）绘制领起翘量时需要注意哪些事项？领起翘量不同是否影响立领的造型？

引导问题

（4）如何绘制大襟弧线？大襟造型对旗袍的穿着美感与功能有什么影响？

引导问题

（5）如何绘制袖底至侧缝的弧线？其对十字型平面结构的传统旗袍的穿着效果有什么影响？

引导问题

（6）查阅资料，说一说立领短袖旗袍松量的加放与哪些因素有关。

3. 学习检验

世赛链接

（7）请同学们在教师的指导下，参照世界技能大赛评分标准（见表 2-19），完成立领短袖旗袍结构图的质量检验，并将立领短袖旗袍结构图修改调整到位。

表 2-19　　结构制图考核评分表

序号	考评内容		分值	得分
1	页面呈现清晰整洁，图形布局合理 页面干净，无皱痕，无多余线迹，姓名、学号展现清晰、位置正确。横平纵直，基础框架线与纸边的距离误差不超过 0.1 cm	每处错误扣 5 分	10	
2	结构设计准确、合理 前后身造型美观、合理，轮廓准确；领、袖、大襟造型与款式图相符，制图方法正确；盘扣位置与款式图相符、分布合理	每处错误扣 5 分	30	
3	各主要部位规格与所给成衣规格表相符 衣长、袖长、胸围、腰围、臀围、肩宽、领围等各部位与规格相符合	每处错误扣 5 分	10	
4	用线规范 辅助线、轮廓线、对折线使用正确规范，辅助线、轮廓线区分清楚，粗细有别	每处错误扣 5 分	10	
5	制图规格表 标明工位、制图单位、号型、技术文件中要求的尺寸名称和对应的具体尺寸	每处错误扣 5 分	10	

续表

序号	考评内容		分值	得分
6	线条质量 线条清晰、圆顺、流畅，对合圆顺，拼合长短一致	每处错误扣5分	10	
7	数据标注规范 数据标注明确具体、清晰规范，无难以识读或无法确认的点位	每处错误扣5分	10	
8	标注规范 裥、褶、省、抽缩、归、拔、对合、纽扣、扣眼、布纹线等制图符号标注规范齐全	每处错误扣5分	10	
合计			100	

评分日期：　　　　　　　　　　评分人：

引导评价、更正与完善

在教师讲评引导的基础上，对本阶段的学习活动成果进行自我评分和小组评分（100分制），之后独立用红笔对本阶段引导问题的回答进行更正和完善。

自我评分	关键能力		小组评分	关键能力	
	专业能力			专业能力	

● 立领短袖旗袍样板制作

1. 知识学习

学习思考

立领短袖旗袍样板具体放缝情况见表2-20。

表2-20　立领短袖旗袍样板放缝

序号	放缝	要求
1	左衣片放缝	前、后领圈0.8 cm，后中缝1.5 cm，前、后侧缝1 cm，前、后底边4 cm，袖口缝1 cm，大襟弧线0.8 cm
2	右衣片放缝	前、后领圈0.8 cm，后中缝1.5 cm，前、后侧缝1 cm，后底边4 cm，袖口缝1 cm，前小襟1 cm
3	领子放缝	领底0.8 cm，领上口线1 cm

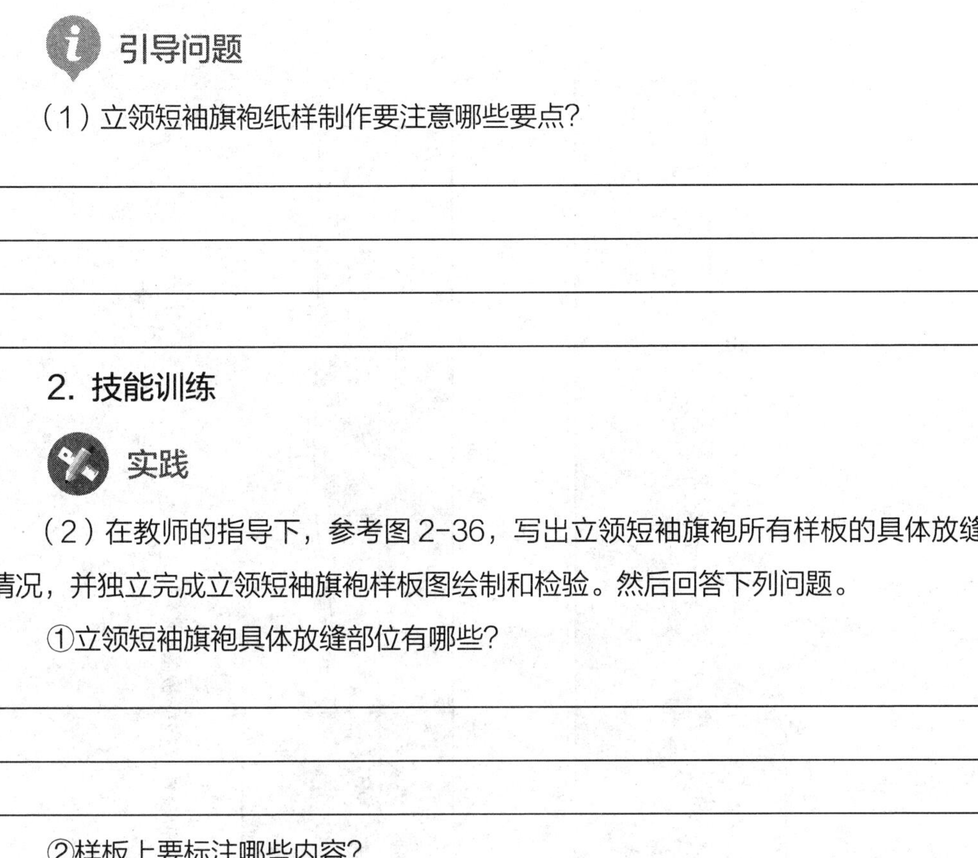

引导问题

（1）立领短袖旗袍纸样制作要注意哪些要点？

____

____

____

____

2. 技能训练

实践

（2）在教师的指导下，参考图 2-36，写出立领短袖旗袍所有样板的具体放缝情况，并独立完成立领短袖旗袍样板图绘制和检验。然后回答下列问题。

①立领短袖旗袍具体放缝部位有哪些？

____

____

____

②样板上要标注哪些内容？

____

____

③全套样板有几套？各是什么？各有多少块？

____

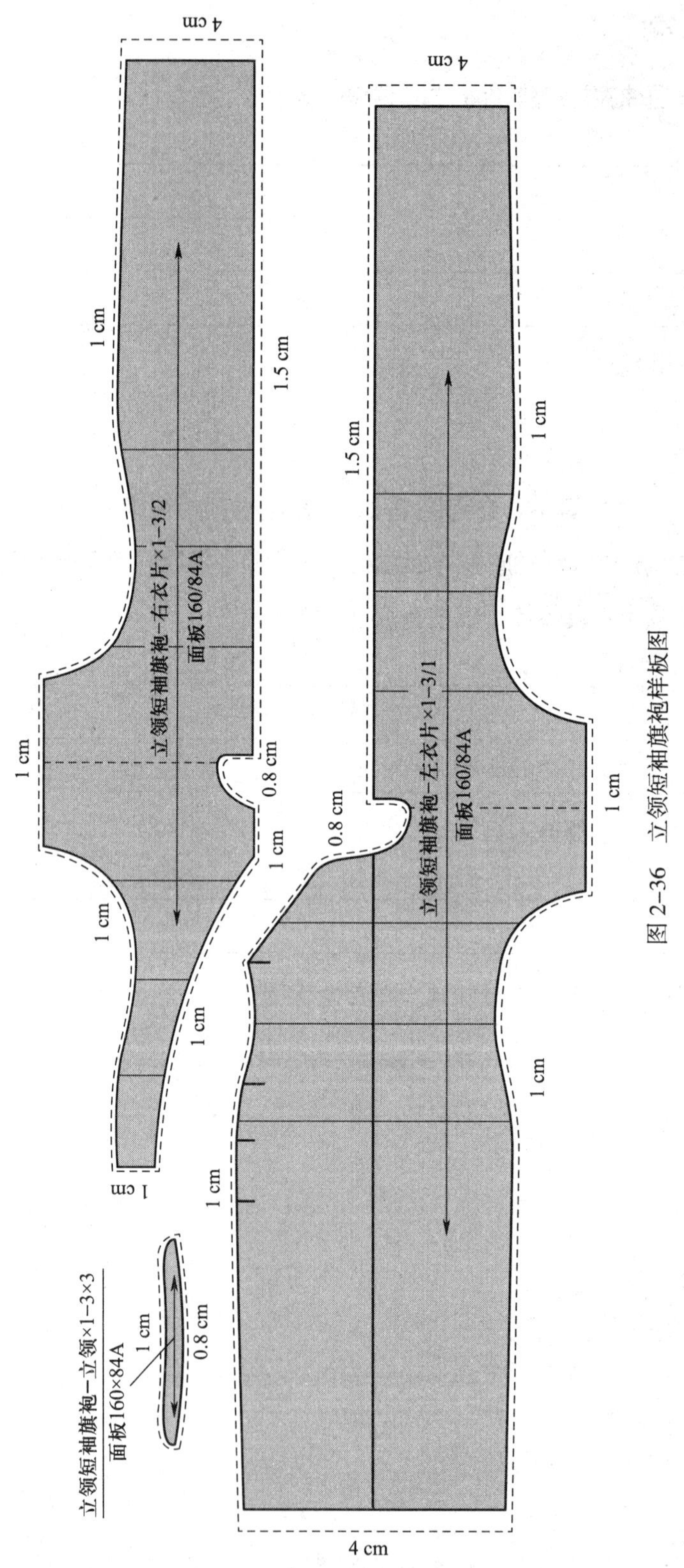

图 2-36 立领短袖旗袍样板图

3. 学习检验

（3）样板制作完成后，请同学们按照自检要求进行自检，并完成表 2-21 的填写。

表 2-21　　　　立领短袖旗袍样板自检表

自检项目要求	是	否	修改方案
裁片的规格尺寸是否准确无误			
各细部的曲线是否圆顺、流畅			
相关结构线的大小、形状是否吻合			
样板的标记是否错漏			
丝绺标记是否遗缺			
文字说明是否准确			
样板的数量（片数）是否欠缺			
各种部件是否齐全			
样板的整体结构、各部位的比例关系是否符合款式要求			

引导评价、更正与完善

在教师讲评引导的基础上，对本阶段的学习活动成果进行自我评分和小组评分（100 分制），之后独立用红笔对本阶段引导问题的回答进行更正和完善。

<table>
<tr><td rowspan="2">自我评分</td><td>关键能力</td><td></td><td rowspan="2">小组评分</td><td>关键能力</td><td></td></tr>
<tr><td>专业能力</td><td></td><td>专业能力</td><td></td></tr>
</table>

● 立领短袖旗袍样板修改与完善

1. 知识学习

引导问题

（1）样衣上身后，发现胸下有八字纹，应如何调整样板？

____

____

____

引导问题

（2）样衣上身后，发现领子两旁至袖窿前后都出现斜绺，应如何处理？

___

___

___

2. 技能训练

实践

（3）在教师的指导下，独立完成立领短袖旗袍样衣的尺寸复核，并将测量结果填写在表 2-22 中，写出封样意见，然后对照封样意见，将结构图和样板调整到位。

表 2-22　　成品尺寸记录表

部位	衣长	胸围	腰围	臀围	腰节长	臀高
设定尺寸（cm）	120	94	88	102	40	18
实测尺寸（cm）						
部位	领围	立领高	通袖长	袖口围	袖肥围	侧衩高
设定尺寸（cm）	38	3	78	31	43	56
实测尺寸（cm）						

封样意见

___

___

___

___

3. 学习检验

世赛链接

（4）请同学们在教师的指导下，参照世界技能大赛评分标准（见表 2-23），完成立领短袖旗袍样板的质量检验，并将立领短袖旗袍样板修改调整到位。

表 2-23　　样板制作考核评分表

<table>
<tr><th>序号</th><th>考评内容</th><th>评分标准</th><th>分值</th><th>得分</th></tr>
<tr><td rowspan="2">1</td><td>纸样呈现整洁</td><td rowspan="2">每处错误扣 5 分</td><td rowspan="2">10</td><td rowspan="2"></td></tr>
<tr><td>所有样片整洁、无污垢，没有难以阅读的文字或符号；标识必须在同一版面，需用水笔标识，不包括里布</td></tr>
<tr><td rowspan="5">2</td><td>样板标识清晰、正确、易识读</td><td rowspan="5">每处错误扣 5 分</td><td rowspan="5">10</td><td rowspan="5"></td></tr>
<tr><td>产品名称（自定义或订单上的产品名称）</td></tr>
<tr><td>部位名称（如前片、后片、领子、袖子等）</td></tr>
<tr><td>样板功能及样板尺寸（如面板、里板、衬板、净板、160/84A 等）</td></tr>
<tr><td>正确的样片数量及序号（如 1/15、2/15、3/15…15/15 等）</td></tr>
<tr><td rowspan="3">3</td><td>裁剪标识</td><td rowspan="3">每处错误扣 5 分</td><td rowspan="3">10</td><td rowspan="3"></td></tr>
<tr><td>裁剪数量（如左衣片面料 ×1，右衣片面料 ×1，立领面料 ×2）等</td></tr>
<tr><td>纱向线方向合理、正确，全长展示</td></tr>
<tr><td rowspan="4">4</td><td>制作标识</td><td rowspan="4">每处错误扣 5 分</td><td rowspan="4">25</td><td rowspan="4"></td></tr>
<tr><td>缝份：缝份标注合理，宽窄一致</td></tr>
<tr><td>剪口：在需要的部位打有合适的剪口或对位点，包括所有的褶、省和拼接（但边角处不得两边都打剪口）</td></tr>
<tr><td>为生产提供准确信息（如归、拔，褶的位置以及方向，明线宽窄，纽扣和扣眼的位置、大小等）</td></tr>
<tr><td rowspan="2">5</td><td>线条流畅（包括缝份画线和边缘裁剪）</td><td rowspan="2">每处错误扣 5 分</td><td rowspan="2">15</td><td rowspan="2"></td></tr>
<tr><td>所有样片线条流畅，边缘无毛刺，拼合连接后呈现出的线条平顺</td></tr>
<tr><td rowspan="2">6</td><td>所有样片可对准（长度）</td><td rowspan="2">每处错误扣 5 分</td><td rowspan="2">10</td><td rowspan="2"></td></tr>
<tr><td>所有样片拼合连接后长度可对准，必要的归、拔，松量或抽褶部位需标明准确长度</td></tr>
<tr><td rowspan="2">7</td><td>测量</td><td rowspan="2">每处错误扣 5 分</td><td rowspan="2">10</td><td rowspan="2"></td></tr>
<tr><td>尺寸需在规定的误差范围内（衣长误差不超过 ±0.5 cm；胸围误差不超过 ±0.3 cm；领围与领口相吻合；袖长误差不超过 ±0.3 cm；总肩宽误差不超过 ±0.3 cm；袖口误差不超过 ±0.3 cm）</td></tr>
<tr><td rowspan="2">8</td><td>样片功能（必要时可参考款式图）</td><td rowspan="2">每处错误扣 5 分</td><td rowspan="2">10</td><td rowspan="2"></td></tr>
<tr><td>所有生产用样片得以呈现，样板可以做出款式图中的服装（不包括净板、里板和衬板）</td></tr>
<tr><td colspan="3">合计</td><td>100</td><td></td></tr>
</table>

评分日期：　　　　　　　　　　　　　　　　评分人：

引导评价、更正与完善

在教师讲评引导的基础上，对本阶段的学习活动成果进行自我评分和小组评分（100 分制），之后独立用红笔对本阶段引导问题的回答进行更正和完善。

<table>
<tr><td rowspan="2">自我评分</td><td>关键能力</td><td></td><td rowspan="2">小组评分</td><td>关键能力</td><td></td></tr>
<tr><td>专业能力</td><td></td><td>专业能力</td><td></td></tr>
</table>

● 立领短袖旗袍用料计算与排料方法

1. 知识学习

查询与收集

（1）请同学们查阅资料，通过小组讨论，分析立领短袖旗袍排料的基本原则和注意事项。

____

____

____

引导问题

（2）排料时，哪一种幅宽的面料便于排料？为什么？

____

____

____

2. 技能训练

实践

（3）在教师的指导下，参考图 2-37、图 2-38、图 2-39，独立完成立领短袖旗袍不同幅宽的排料并计算用料长度。

①幅宽 70 cm 用料计算:________________________

②幅宽 110 cm 用料计算:________________________

③幅宽 148 cm 用料计算:________________________

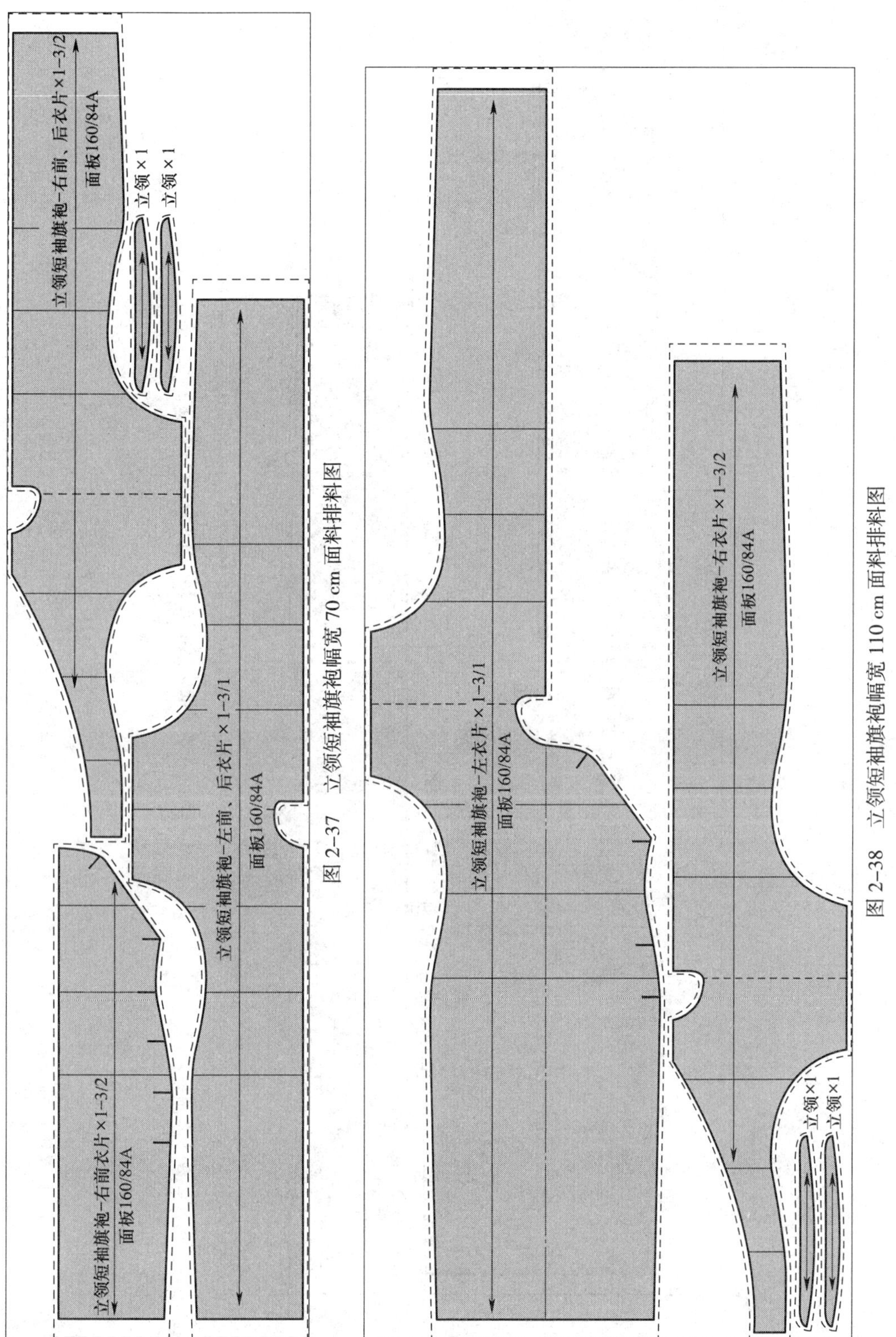

图 2-37　立领短袖旗袍幅宽 70 cm 面料排料图

图 2-38　立领短袖旗袍幅宽 110 cm 面料排料图

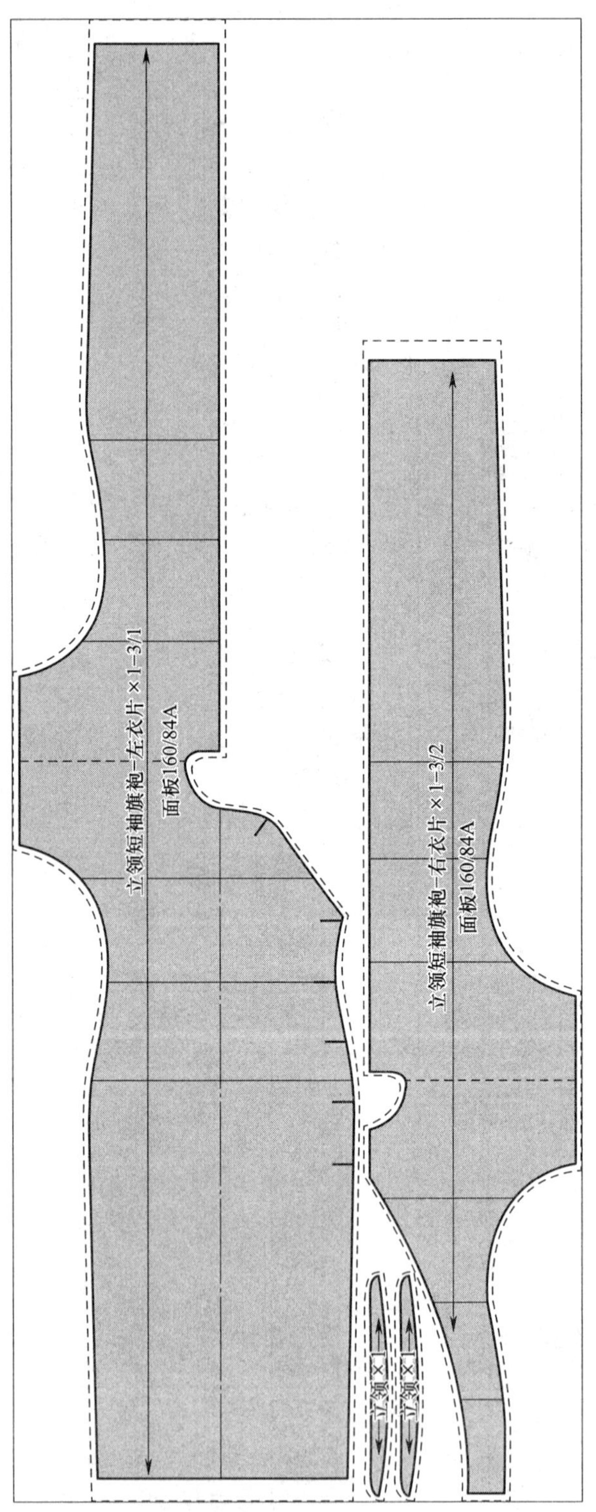

图 2-39 立领短袖旗袍幅宽 148 cm 面料排料图

讨论

（4）在教师的指导下，通过小组讨论，分析在此款立领短袖旗袍排料时，为了节约面料肩缝能否剪开。

____

____

____

3. 学习检验

世赛链接

（5）请同学们在教师的指导下，参照世界技能大赛评分标准（见表 2-24），完成立领短袖旗袍排料检验。

表 2-24　　排料考核评分表

序号	考评内容	评分标准	分值	得分
1	版面正确有效 依照要求排在材料正面，面料正反面、倒顺绒正确，画有正确的幅宽线和起止线	每处错误扣 5 分	15	
2	整体版面 整体版面平整干净、无污垢，所有版片铺排正确，直接裁剪后可以做出款式图中的服装	每处错误扣 5 分	15	
3	样片固定 样板固定平服，无交叠，别针用量适宜，便于裁剪	每处错误扣 5 分	20	
4	纱向线（测量不少于 4 片，误差需小于 0.2 cm） 以幅宽线或中心丝道为丝道评判依据	每处错误扣 5 分	20	
5	排料合理性 排料经济合理；整体排版规范，遵循直对直、弧接弧，凹凸相套，便于裁剪	每处错误扣 5 分	30	
合计			100	

评分日期：　　　　　　　　　　　　　　评分人：

引导评价、更正与完善

在教师讲评引导的基础上，对本阶段的学习活动成果进行自我评分和小组评分（100 分制），之后独立用红笔对本阶段引导问题的回答进行更正和完善。

自我评分	关键能力		小组评分	关键能力	
	专业能力			专业能力	

（四）立领短袖旗袍工作任务的成果展示与评价反馈

1. 知识学习

服装制版完成后，需要进行展示和评价，并作出相应反馈。

（1）展示的方法：将立领短袖旗袍全套样板平铺在工作台上，将制作的样衣穿在人台上一起展示。

（2）评价的方法：看样衣效果，对照评分细则检查样板质量。

世赛链接

以世界技能大赛时装技术项目服装制版、排料模块的评分标准作为评价标准。

2. 技能训练

实践

（3）将立领短袖旗袍全套样板平铺在干净的工作台上进行平面展示。

（4）依据评分标准，对平铺展示的立领短袖旗袍全套样板进行自我评价和小组评价。

3. 学习检验

引导问题

（5）在教师的指导下，先在小组内进行作品展示，然后经小组讨论，推选出一组最佳作品，进行全班展示与评价，并由组长简要介绍推选的理由，小组其他成员做补充并记录。

小组最佳作品制作人：______________

推选理由：____

____

其他小组评价意见：____

____

教师评价意见：____

____

引导问题

（6）将本次学习活动出现的问题及其产生的原因和解决的办法填写在表 2-25 中。

表 2-25 问题分析表

出现的问题	产生的原因	解决的办法
1.		
2.		
3.		
……		

自我评价

（7）本次学习活动中自己最满意的地方和最不满意的地方各写一点，并简要说明原因。然后完成表 2-26 学习活动考核评价表的填写。

最满意的地方：____

最不满意的地方：____

表 2-26 学习活动考核评价表

学习活动名称：立领短袖旗袍制版

班级： 学号： 姓名： 指导教师：

评价项目	评价标准	评价依据（信息、佐证）	评价方式			权重	得分小计	总分
			自我评价	小组评价	教师（企业）评价			
			10%	20%	70%			
关键能力	1. 能穿戴劳动保护服装，执行安全操作规程 2. 能参与小组讨论，相互交流与评价 3. 能积极主动、勤学好问 4. 能清晰、准确地表达 5. 能清扫场地和工作台，归置物品，填写活动记录	1. 课堂表现 2. 工作页填写				40%		

续表

评价项目	评价标准	评价依据（信息、佐证）	评价方式			权重	得分小计	总分
			自我评价	小组评价	教师（企业）评价			
			10%	20%	70%			
专业能力	1. 能准确测量人体，制定立领短袖旗袍制版规格 2. 能制订立领短袖旗袍制版计划，准备相关制图工具与材料 3. 能识读立领短袖旗袍制版任务单，完成立领短袖旗袍平面结构制图 4. 能正确复制轮廓线，依据立领短袖旗袍款式特点和制作工艺要求，准确加放，完成全套裁剪样板制作 5. 能按照样板制作规范，完成样板编号、标注、打孔、分类等工作 6. 能记录立领短袖旗袍制版过程中的疑难点，在教师指导下，通过小组讨论或独立思考与实践加以解决 7. 能按照企业标准（或世界技能大赛评分标准）对立领短袖旗袍样板进行检验并展示	1. 课堂表现 2. 工作页填写 3. 提交的立领短袖旗袍结构图 4. 提交的立领短袖旗袍裁剪样板 5. 提交的立领短袖旗袍全套样板				60%		
指导教师综合评价	指导教师签名：　　日期：							

三、学习拓展

说明：本阶段学习拓展建议学时为 8 ~ 16 学时，要求学生在课后独立完成。教师可根据本校的教学需要和学生的实际情况，选择部分或全部进行实践，也可另

行选择相关拓展内容，亦可不实施本学习拓展，将其所需学时用于强化学习过程阶段的实践内容。

拓展

请同学们根据提供的旗袍成衣（见图 2-40），在教师的指导下，测量成衣的各部位尺寸，填写在表 2-27 中，并用驳样的方式完成款式图、结构图和基础样板的绘制与检验。

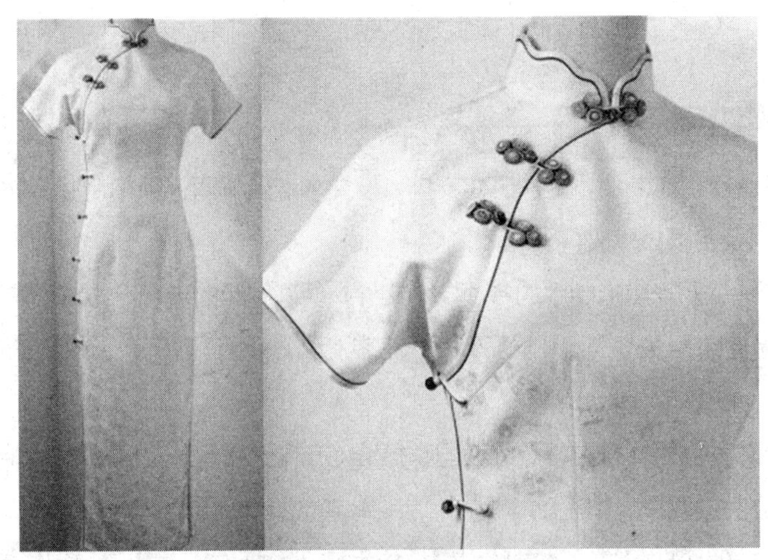

图 2-40　曲边立领连袖旗袍成衣

表 2-27　曲边立领连袖旗袍成衣尺寸

部位	衣长	胸围	腰围	臀围	背长	臀高
尺寸（cm）						
部位	领围	领高	肩宽	袖长	袖口围	侧衩高
尺寸（cm）						

学习活动 3 双襟旗袍制版

学习目标

1. 能遵守工作制度，服从工作安排，按要求准备好双襟旗袍制版所需的工具、设备、材料及各项技术文件。

2. 能识读双襟旗袍制版的各项技术文件，明确制版的流程、方法和注意事项。

3. 能查阅相关资料，制订双襟旗袍制版的计划，教师对计划进行指导和确认。

4. 能依据技术文件要求，结合国家标准 GB/T 29863—2013《服装制图》的规定，独立完成双襟旗袍基础样板的制版、检查与复核工作。

5. 能按照企业标准（或参照世界技能大赛评分标准）对双襟旗袍样板进行质量检验，并依据白坯试样结果，将样板修改调整到位。

6. 能记录双襟旗袍制版、试样过程中的疑难点，进行小组讨论、合作探究，并在教师的指导下，提出解决问题的方案。

7. 能按有关归档要求，进行资料归类和现场整理。

8. 能展示、评价双襟旗袍制版各阶段的成果，清扫场地和工作台，归置物品，填写设备使用记录。

一、学习准备

1. 场地：服装样板制作一体化教室（包括制版桌、排料台、制版工具、投影仪、多媒体计算机等设备）。

2. 材料：双襟旗袍制版相关学材、任务单（见表 2-28）、牛皮纸、拷贝纸等。

3. 分组：划分学习小组（每组 5 ~ 6 人），分组信息填写在表 2-29 中。

4. 课前检查：

（1）检查一体化教室各项设备能否正常使用。

（2）检查各学习小组课前准备情况。

（3）检查学生工作服穿戴情况。

表 2-28　　双襟旗袍制版任务单

<table>
<tr><td>订单号</td><td colspan="2">CTQP-3</td><td colspan="2">客户名称</td><td colspan="3">×××</td></tr>
<tr><td>款式号</td><td>SJQP01</td><td>样衣尺码</td><td>M 号</td><td>制作人</td><td></td><td>日期</td><td>年　月　日</td></tr>
<tr><td>款式名称</td><td colspan="7">双襟旗袍</td></tr>
<tr><td>款式图</td><td colspan="7"> 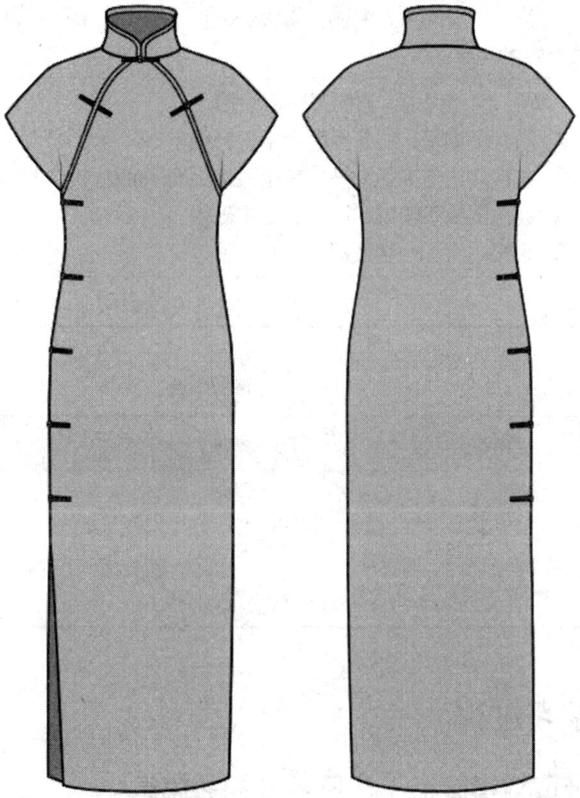</td></tr>
<tr><td>款式说明</td><td colspan="7">本款裁剪方法仍沿用中国传统十字型平面结构。衣长至脚面，前片双襟设计，前后无腰省，右斜开襟至腋下，左襟为装饰性设计，左右对称，右侧面开扣，右侧缝开衩。</td></tr>
</table>

<table>
<tr><td rowspan="4">规格尺寸</td><td rowspan="2">号型规格</td><td>部位</td><td>衣长</td><td>胸围</td><td>腰围</td><td>臀围</td><td>腰节长</td><td>臀高</td></tr>
<tr><td>尺寸（cm）</td><td>135</td><td>94</td><td>88</td><td>102</td><td>40</td><td>18</td></tr>
<tr><td rowspan="2">160/84A</td><td>部位</td><td>领围</td><td>立领高</td><td>通袖长</td><td>袖口围</td><td>袖肥围</td><td>侧衩高</td></tr>
<tr><td>尺寸（cm）</td><td>38</td><td>6</td><td>54</td><td>38</td><td>43</td><td>62</td></tr>
</table>

续表

制版要求	1. 制版充分考虑款式特征、面料特性和工艺要求。 2. 结构造型合理，与款式吻合，尺寸符合规格要求。 3. 结构图干净整洁，各部位数据和文字说明标注清晰规范。 4. 辅助线、轮廓线界定清晰，线条平滑、圆顺、流畅，对合平顺，拼合长短一致。 5. 合理配置出相应的零部件，能够对样片进行合理放缝。净样板、毛样板、辅料样板齐全、数量准确、标注规范。 6. 样板标识正确，必须标在同一版面上，且需用水笔标识。样板标识包括产品名称，部位名称、正确的规格及样片数量序号。 7. 裁剪标识正确，包括裁剪数量、连折裁剪等。纱向线方向合理、正确，全长展示。 8. 制作标识正确，缝份标注合理，在需要的部位打有合适的剪口或对位点，为生产提供准确信息。 9. 样板轮廓光滑、顺畅，无毛刺。拼合连接后呈现出的线条平顺，所有样片拼接后长度可对准。
工艺要求	1. 领、前襟绲边，右侧开口钉盘扣。 2. 衣片配夹里，绲条反面用手工针缲牢。 3. 衣片底边与夹里脱开，夹里底边距面子底边 1 ~ 2 cm。 4. 面料门幅不够排料可前、后中破缝。 5. 纽扣用手工一字盘扣。

审批		日期	

表 2-29 小组成员表

组号	组内成员姓名	组长姓名

二、学习过程

（一）获取双襟旗袍工作任务的相关信息

1. 知识学习

小贴士

旗袍门襟的设计

旗袍门襟是旗袍设计的一大特色，是旗袍制作中最重要的部分之一。门襟种类繁多，每一种都有不同的特点，可以满足旗袍穿着者不同的需求。

1. 斜襟

斜襟是从领口斜划过胸前的衣襟款式，是旗袍中最常见的襟型，如图 2–41 所示。斜襟的线条给人一种古典韵味。它适合任何体型。

2. 双圆襟

门襟为两条弧线的，称为双圆襟。双圆襟俏丽多姿，不同于圆襟的稳重，多了一丝妩媚，更显美观、高贵，如图 2–42 所示。

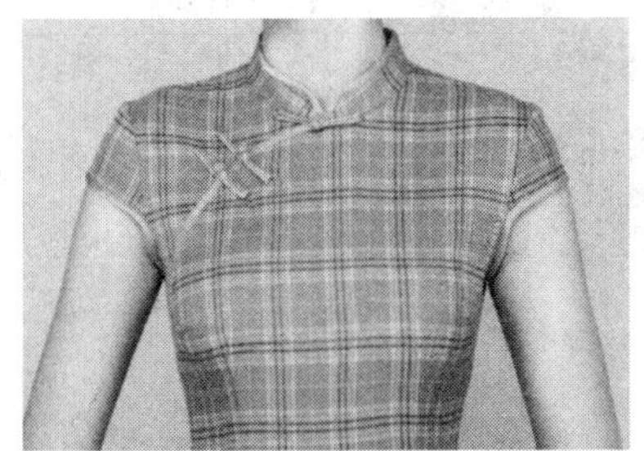

图 2–41　斜襟

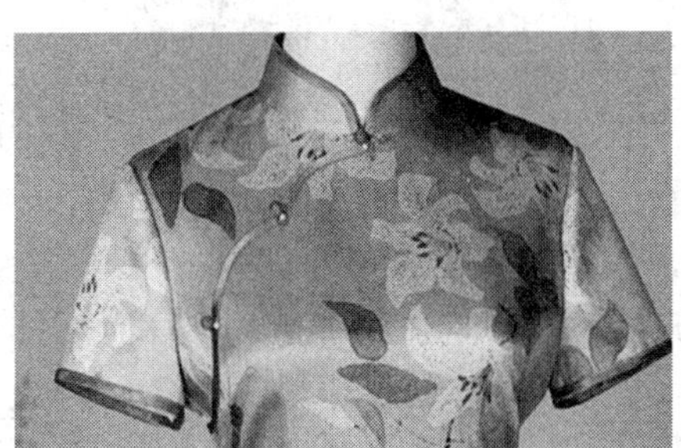

图 2–42　双圆襟

3. 双襟

双襟，顾名思义，指分至两边的襟型，讲究对称之美，显得传统端庄，可以更好地修饰胸部线条，如图 2–43 所示。

4. 对开襟

如图 2–44 所示，对开襟是从领子向下直线开襟，线条硬朗、大气，点缀扣子，显得精致复古。对开襟多用于上衣或外套，适合腰臀围比较大的女士。

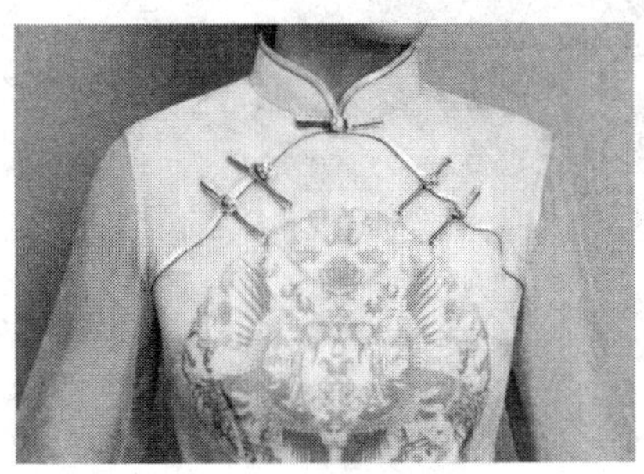

图 2–43　双襟

图 2–44　对开襟

5. 琵琶襟

琵琶襟的大襟直至胸前，不延伸至腋下。它能较好地修饰腰部线条，如图 2–45 所示。

6. 无襟

无襟如图 2–46 所示，它简单美观，只在领口上简单装饰，有大道至简的韵味。

图 2–45　琵琶襟

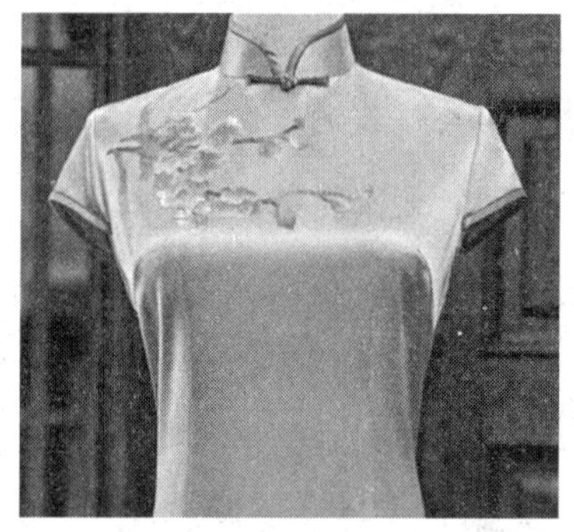
图 2–46　无襟

7. 一字襟

一字襟主要体现为领口下方双襟呈一字型，显得精巧别致，颇具古意，如图 2–47 所示。这也是当下比较流行的一种襟型。

图 2–47　一字襟

引导问题

（1）请同学们查阅资料，简要描述双襟旗袍的结构特点。

____

____

____

2. 学习检验

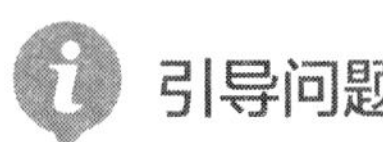

(2) 在教师的引导下，独立完成表 2-30 的填写。

表 2-30　　学习任务与学习活动简要归纳表

本次学习任务的名称	
本次学习任务的主要目标	
本次学习任务的活动内容	
本次学习活动的名称	
本次学习活动的主要目标	
双襟旗袍的结构特点	
你认为本次学习活动中，哪些目标的实现难度较大?	

引导评价、更正与完善

在教师讲评引导的基础上，对本阶段的学习活动成果进行自我评分和小组评分（100 分制），之后独立用红笔对本阶段引导问题的回答进行更正和完善。

自我评分	关键能力		小组评分	关键能力	
	专业能力			专业能力	

引导问题

（1）要获得双襟旗袍规格尺寸需要测量哪些部位？各部位放松量应如何控制？在测量过程中，哪些重点部位测量与体型有关？你是如何测量的？

____

____

____

2. 技能训练

实践

（2）每个小组推荐一名学生作为模特，分组进行旗袍的量体，并记录测量数据。

①衣长________ ②胸围________ ③腰围________ ④臀围________

⑤背长________ ⑥臀高________ ⑦领围________ ⑧肩宽________

⑨袖长________ ⑩袖口围________ ⑪领高________ ⑫侧衩高________

学习思考

分 析 款 式

在开始纸样设计前，要进行款式分析，明确旗袍各部位名称。一般依据图纸或已有样衣进行分析，应分析出廓形、长度和围度尺寸、结构分割、工艺细节、面料辅料等。

教师指导

（3）请同学们在教师讲解的基础上，总结归纳双襟旗袍的款式特征，明确各部位的名称，并填入图 2-48 中。

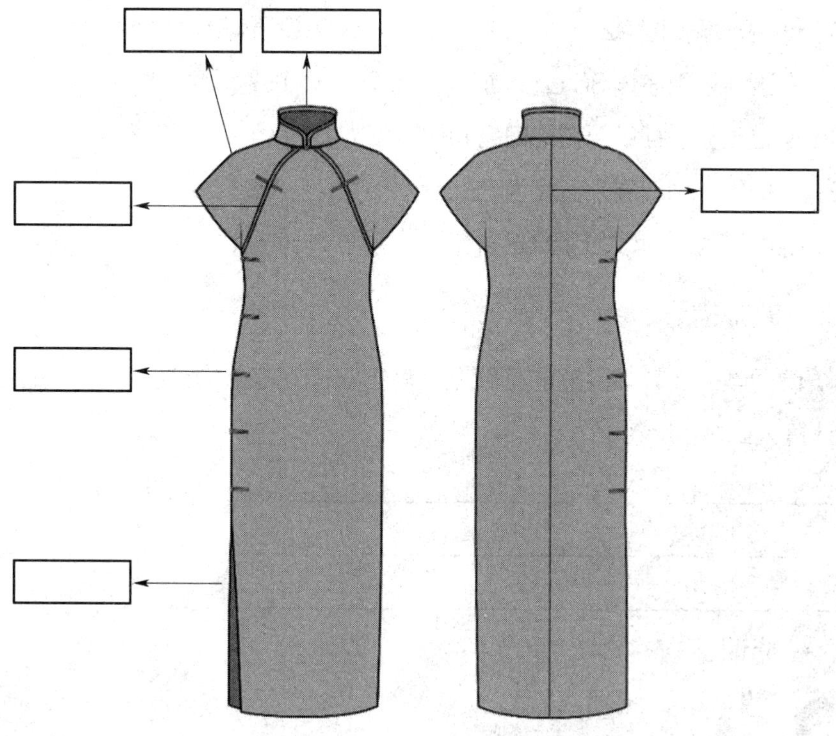

图 2-48　双襟旗袍款式特征

引导评价、更正与完善

在教师讲评引导的基础上，对本阶段的学习活动成果进行自我评分和小组评分（100 分制），之后独立用红笔对本阶段引导问题的回答进行更正和完善。

自我评分	关键能力		小组评分	关键能力	
	专业能力			专业能力	

● 双襟旗袍结构制图

1. 知识学习

双襟旗袍结构制图要点如下：

（1）衣身结构采用十字型平面结构，前后片连裁、连身短袖、立领结构。

（2）衣长：衣长至膝下 135 cm。

（3）背长：按人体原型背长 37.5 cm 确定，设置腰节长 40 cm。

（4）胸围：净胸围 84 cm，加放松量 10 cm，设置胸围大 94 cm。

（5）腰围：按胸围大为基础侧缝，每边略收进 1.5 cm，设置腰围大 88 cm。

（6）臀围：净臀围 92 cm，加放松量 10 cm，设置臀围大 102 cm。

（7）领围：领围净体 36 cm，加放松量 2 cm，设置领围 38 cm。

（8）通袖长：左袖口至右袖口之间的长度为 54 cm。

（9）袖口围：袖口展开宽度为 38 cm。

（10）侧缝开衩：底边上抬 62 cm。

教师指导

（1）请同学们在教师讲解的基础上，写出双襟旗袍结构制图的步骤及主要部位尺寸的计算公式。

____

____

____

2. 技能训练

实践

（2）在教师的指导下，根据号型 160/84A 的成品规格，填写制版规格尺寸（见表 2-31），并参考图 2-49、图 2-50，独立完成双襟旗袍的结构图绘制和检验。

表 2-31　　双襟旗袍制版规格尺寸

部位	衣长	胸围	腰围	臀围	腰节长	臀高
成品尺寸（cm）	135	94	88	102	40	18
制版规格尺寸（cm）						
部位	领围	立领高	通袖长	袖口围	袖肥围	侧衩高
成品尺寸（cm）	38	6	54	38	43	62
制版规格尺寸（cm）						

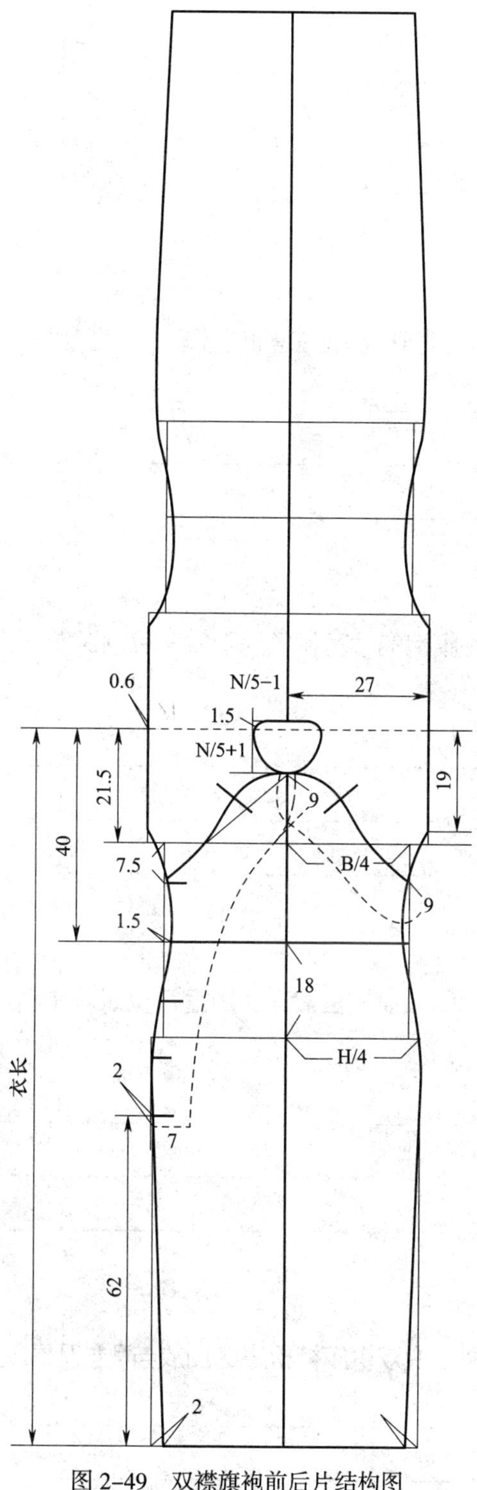

图 2-49　双襟旗袍前后片结构图

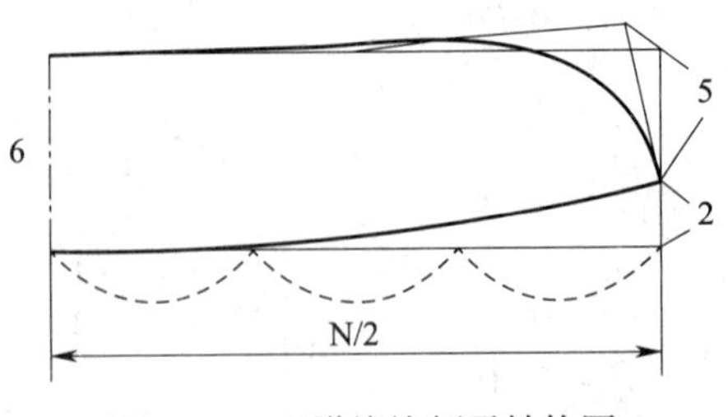

图 2-50　双襟旗袍领子结构图

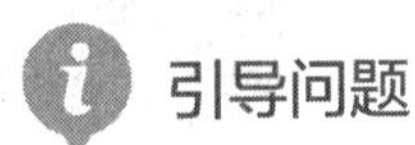

（3）绘制大襟弧线的弧度时需要注意哪些事项？弧度量不同是否影响双襟的造型？

____

____

____

引导问题

（4）如何确定此款旗袍的领宽和领深？领宽和领深对旗袍穿着美感与功能方面有什么影响？

____

____

____

引导问题

（5）如何确定旗袍侧边盘扣位置？侧边盘扣位置对十字型平面结构的传统旗袍的穿着效果有什么影响？

____

____

____

引导问题

（6）查阅资料，说一说双襟旗袍松量的加放与哪些因素有关。

____

____

____

3. 学习检验

世赛链接

（7）请同学们在教师的指导下，参照世界技能大赛评分标准（见表 2-32），完成双襟旗袍结构图的质量检验，并将双襟旗袍结构图修改调整到位。

表 2-32　　结构制图考核评分表

序号	考评内容		分值	得分
1	页面呈现清晰整洁，图形布局合理 页面干净，无皱痕，无多余线迹，姓名、学号展现清晰、位置正确。横平纵直，基础框架线与纸边的距离误差不超过 0.1 cm	每处错误扣 5 分	10	
2	结构设计准确、合理 前后身造型美观、合理，轮廓准确；领、袖、大襟造型与款式图相符，制图方法正确；盘扣位置与款式图相符、分布合理	每处错误扣 5 分	30	
3	各主要部位规格与所给成衣规格表相符 衣长、袖长、胸围、腰围、臀围、肩宽、领围等各部位与规格相符合	每处错误扣 5 分	10	
4	用线规范 辅助线、轮廓线、对折线使用正确规范，辅助线、轮廓线区分清楚，粗细有别	每处错误扣 5 分	10	
5	制图规格表 标明工位、制图单位、号型、技术文件中要求的尺寸名称和对应的具体尺寸	每处错误扣 5 分	10	
6	线条质量 线条清晰、圆顺、流畅，对合圆顺，拼合长短一致	每处错误扣 5 分	10	
7	数据标注规范 数据标注明确具体、清晰规范，无难以识读或无法确认的点位	每处错误扣 5 分	10	

续表

序号	考评内容		分值	得分
8	标注规范 裥、褶、省、抽缩、归、拔、对合、纽扣、扣眼、布纹线等制图符号标注规范齐全	每处错误扣 5 分	10	
合计			100	

评分日期： 评分人：

引导评价、更正与完善

在教师讲评引导的基础上，对本阶段的学习活动成果进行自我评分和小组评分（100 分制），之后独立用红笔对本阶段引导问题的回答进行更正和完善。

自我评分	关键能力		小组评分	关键能力	
	专业能力			专业能力	

● 双襟旗袍样板制作

1. 知识学习

学习思考

双襟旗袍样板具体放缝情况见表 2–33。

表 2–33 双襟旗袍样板放缝

序号	放缝	要求
1	前衣片放缝	曲襟弧线 0.8 cm，左右侧缝 1 cm，底边 4 cm
2	左衣片放缝	前、后领圈 0.8 cm，后中缝 1.5 cm，前、后侧缝 1 cm，后底边 4 cm，袖口缝 1 cm，前片分割弧线 1 cm
3	右衣片放缝	前、后领圈 0.8 cm，后中缝 1.5 cm，前、后侧缝 1 cm，后底边 4 cm，袖口缝 1 cm，右小襟 1 cm
4	领子放缝	领底 0.8 cm，领上口线 1 cm

引导问题

（1）双襟旗袍纸样制作要注意哪些要点？

2. 技能训练

实践

（2）在教师的指导下，参考图 2-51，写出双襟旗袍所有样板的具体放缝情况，并独立完成双襟旗袍样板图绘制和检验。然后回答下列问题。

①双襟袖旗袍具体放缝部位有哪些？

②样板上要标注哪些内容？

③全套样板有几套？各是什么？各有多少块？

3. 学习检验

（3）样板制作完成后，请同学们按照自检要求进行自检，并完成表 2-34 的填写。

续表

序号	考评内容	评分标准	分值	得分
7	测量 尺寸需在规定的误差范围内（衣长误差不超过 ±0.5 cm；胸围误差不超过 ±0.3 cm；领围与领口相吻合；袖长误差不超过 ±0.3 cm；总肩宽误差不超过 ±0.3 cm；袖口误差不超过 ±0.3 cm）	每处错误扣 5 分	10	
8	样片功能（必要时可参考款式图） 所有生产用样片得以呈现，样板可以做出款式图中的服装（不包括净板、里板和衬板）	每处错误扣 5 分	10	
合计			100	

评分日期： 评分人：

引导评价、更正与完善

在教师讲评引导的基础上，对本阶段的学习活动成果进行自我评分和小组评分（100 分制），之后独立用红笔对本阶段引导问题的回答进行更正和完善。

自我评分	关键能力		小组评分	关键能力	
	专业能力			专业能力	

● 双襟旗袍用料计算与排料方法

1. 知识学习

查询与收集

（1）请同学们查阅资料，通过小组讨论，分析双襟旗袍排料的基本原则和注意事项。

____

____

____

2. 技能训练

实践

（2）在教师的指导下，参考图 2-52 至图 2-54，独立完成双襟旗袍不同幅宽的排料并计算用料长度。

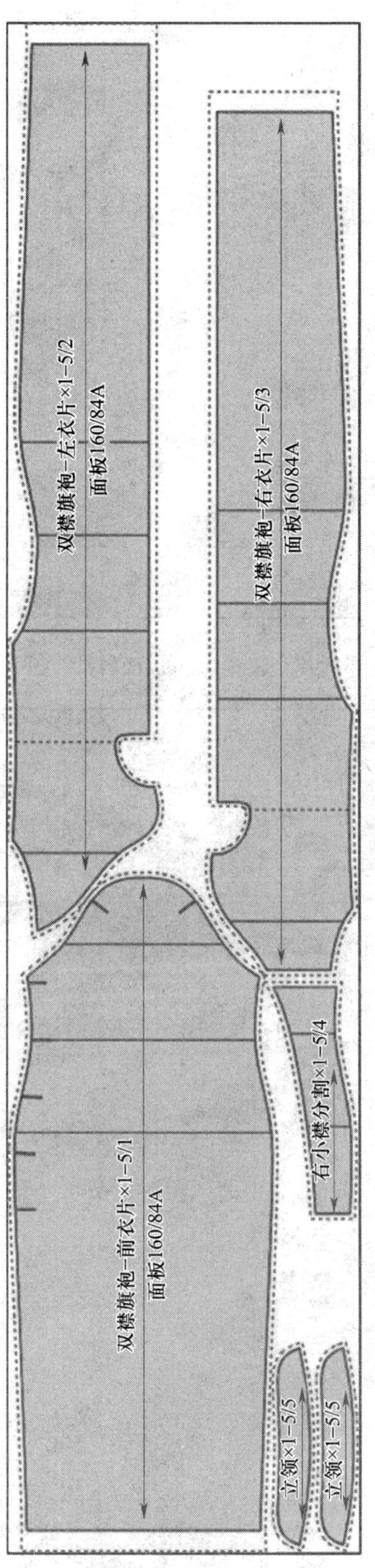

图 2-52　双襟旗袍幅宽 70 cm 面料排料图

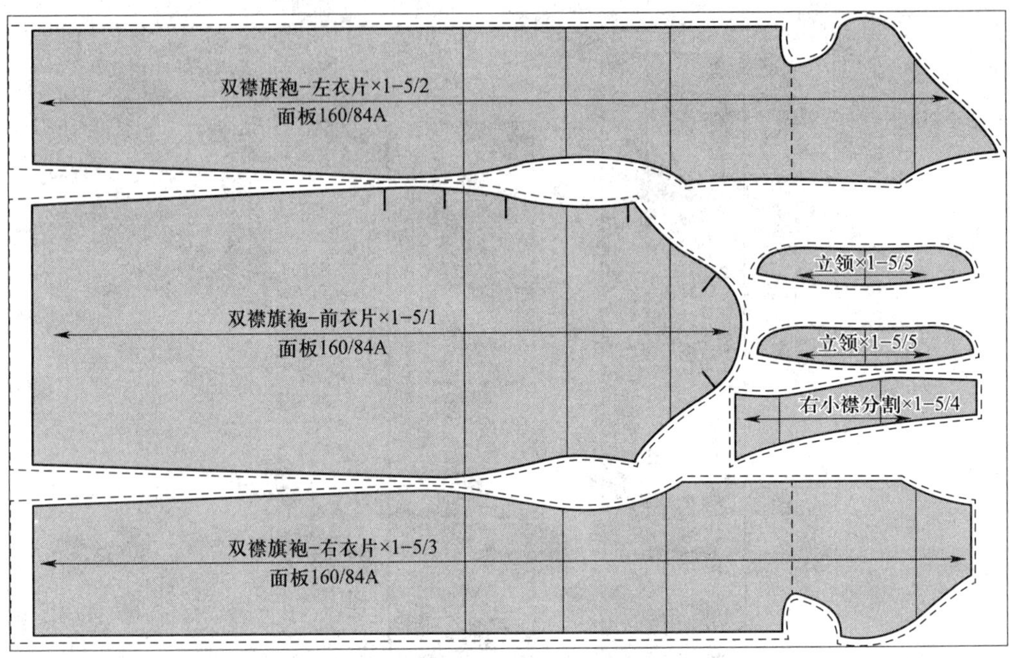

图 2-53　双襟旗袍幅宽 110 cm 面料排料图

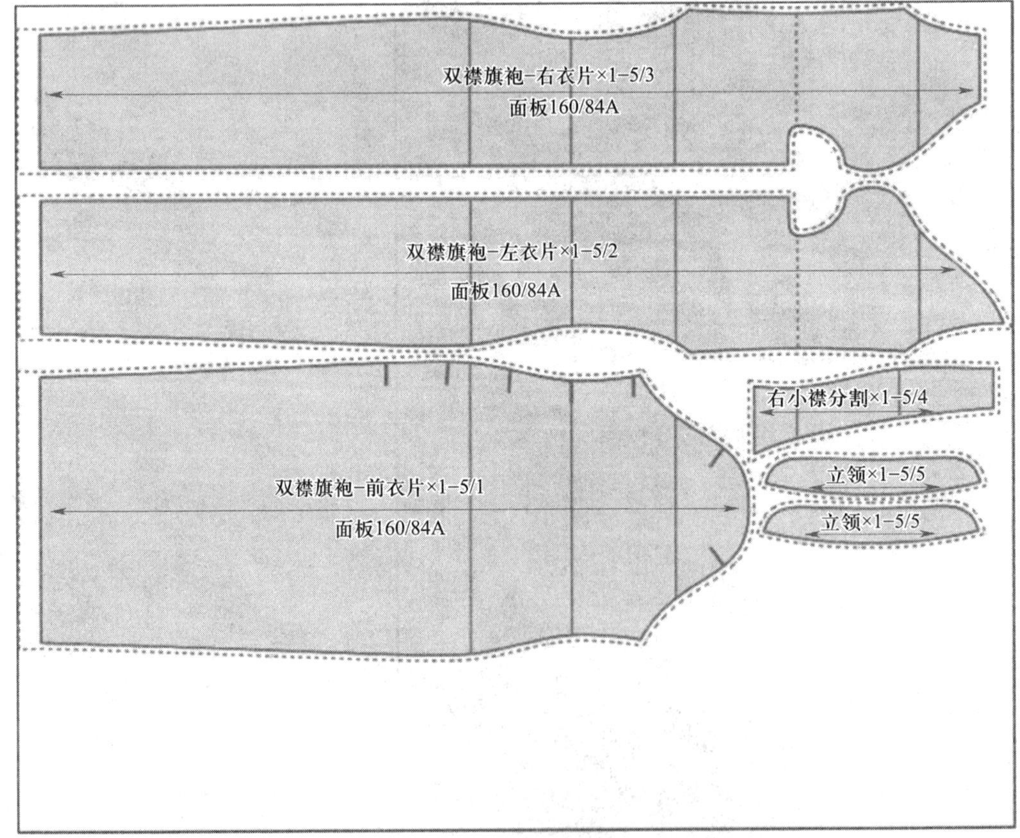

图 2-54　双襟旗袍幅宽 148 cm 面料排料图

①幅宽 70 cm 用料计算：________________________________

②幅宽 110 cm 用料计算：________________________________

③幅宽 148 cm 用料计算：________________________________

讨论

（3）在教师的指导下，通过小组讨论，分析在此款双襟旗袍排料时，为了节约面料肩缝能否剪开。

____

____

____

3. 学习检验

世赛链接

（4）请同学们在教师的指导下，参照世界技能大赛评分标准（见表 2-37），完成双襟旗袍排料检验。

表 2-37　　　　排料考核评分表

序号	考评内容	评分标准	分值	得分
1	版面正确有效	每处错误扣 5 分	15	
	依照要求排在材料正面，面料正反面、倒顺绒正确，画有正确的幅宽线和起止线			
2	整体版面	每处错误扣 5 分	15	
	整体版面平整干净、无污垢，所有版片铺排正确，直接裁剪后可以做出款式图中的服装			
3	样片固定	每处错误扣 5 分	20	
	样板固定平服，无交叠，别针用量适宜，便于裁剪			
4	纱向线（测量不少于 4 片，误差需小于 0.2 cm）	每处错误扣 5 分	20	
	以幅宽线或中心丝道为丝道评判依据			
5	排料合理性	每处错误扣 5 分	30	
	排料经济合理；整体排版规范，遵循直对直，弧接弧，凹凸相套，便于裁剪			
合计			100	

评分日期：　　　　　　　　　　　　　　　　评分人：

续表

评价项目	评价标准	评价依据（信息、佐证）	评价方式			权重	得分小计	总分
			自我评价	小组评价	教师（企业）评价			
			10%	20%	70%			
关键能力	4. 能清晰、准确地表达 5. 能清扫场地和工作台，归置物品，填写活动记录	2. 工作页填写						
专业能力	1. 能准确测量人体，制定双襟旗袍制版规格 2. 能制订双襟旗袍制版计划，准备相关制图工具与材料 3. 能识读双襟旗袍制版任务单，完成双襟旗袍平面结构制图 4. 能正确复制轮廓线，依据双襟旗袍款式特点和制作工艺要求，准确加放，完成全套裁剪样板制作 5. 能按照样板制作规范，完成样板编号、标注、打孔、分类等工作 6. 能记录双襟旗袍制版过程中的疑难点，在教师指导下，通过小组讨论或独立思考与实践加以解决 7. 能按照企业标准（或世界技能大赛评分标准）对双襟旗袍样板进行检验并展示	1. 课堂表现 2. 工作页填写 3. 提交的双襟旗袍结构图 4. 提交的双襟旗袍裁剪样板 5. 提交的双襟旗袍全套样板				60%		
指导教师综合评价	指导教师签名：　　　　日期：							

三、学习拓展

说明：本阶段学习拓展建议学时为 8 ~ 16 学时，要求学生在课后独立完成。

教师可根据本校的教学需要和学生的实际情况，选择部分或全部进行实践，也可另行选择相关拓展内容，亦可不实施本学习拓展，将其所需学时用于强化学习过程阶段的实践内容。

拓展

请同学们根据提供的双绲曲襟旗袍成衣（见图 2-55），在教师的指导下，测量成衣的各部位尺寸，填写在表 2-40 中，并用驳样的方式完成款式图、结构图和基础样板的绘制与检验。

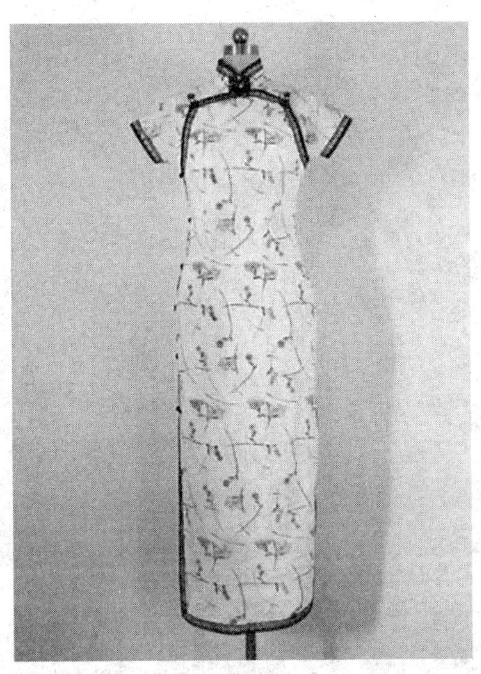

图 2-55　双绲曲襟旗袍成衣

表 2-40　双绲曲襟旗袍成衣尺寸

部位	衣长	胸围	腰围	臀围	腰节长	臀高
尺寸（cm）						
部位	领围	立领高	通袖长	袖口围	袖肥围	侧衩高
尺寸（cm）						

学习任务三

改良旗袍制版

学习目标

1. 能遵守工作制度，服从工作安排，按要求准备好制版工具、设备、材料及各项技术文件，并能按照生产安全防护规定执行安全操作规程。

2. 能识读改良旗袍制版任务书（版单），明确制版内容及具体要求。

3. 能依据国家标准 GB/T 29863—2013《服装制图》和企业标准要求，分析改良旗袍款式结构特点及面辅料特性，设定制版规格，完成改良旗袍平面结构图绘制。

4. 能按照上述技术标准有关改良旗袍的要求，复核改良旗袍各结构部位的尺寸；复制轮廓线，依据款式特点和制作工艺要求放缝，生成全套裁剪样板；能按照样板制作的规范，完成样板编号、标注、打孔、分类等工作。

5. 能根据改良旗袍基础样板进行白坯试样，记录制版、试样过程中的疑难点，根据立体修正的结果对基础样板进行调整；能参照世界技能大赛时装技术制版项目考核标准对样板进行自检、修改，确保样板质量。

6. 能使用专业术语与相关人员沟通，解决制版过程中的技术问题。

7. 能根据款式设计特点和面辅料特性，编写改良旗袍工艺说明书。

8. 能按照归档要求及时将合格样板、样衣和相关技术资料进行整理并妥善保管。

9. 能清扫场地和工作台，归置物品，填写设备使用记录。

10. 能遵守 8S 管理规定，养成认真负责、规范有序、严谨细致、注重质量的良好职业素养。

建议学时

28 学时。

学习任务描述

改良旗袍制版是旗袍品牌生产企业的常见任务。制版师从技术部门接受任务后，查阅相关资料，根据任务书（版单）的具体要求，确认款式，设定制版规格，制作基础样板并制成白坯，再在人台或者试衣模特身上进行立体修正，完成样衣样板，然后交给样衣师制成样衣。各部门相关人员对样衣效果进行审核，制版师根据各部门的反馈意见对基础样板进行修正，完成样板制作并交付部门主管。进入产品生产阶段，制版师要调整样衣样板，完成工业样板的基础样板制作，并参与编写工艺说明书。

学习活动

1. 偏门襟短袖旗袍制版（10 学时）
2. 喇叭袖旗袍制版（10 学时）
3. 水滴领鱼尾式旗袍制版（8 学时）

学习活动 1
偏门襟短袖旗袍制版

学习目标

1. 能遵守工作制度，服从工作安排，按要求准备好偏门襟短袖旗袍制版所需的工具、设备、材料及各项技术文件。

2. 能识读偏门襟短袖旗袍制版的各项技术文件，明确制版的流程、方法和注意事项。

3. 能查阅相关资料，制订偏门襟短袖旗袍制版计划，教师对计划进行指导和确认。

4. 能依据技术文件要求，结合国家标准 GB/T 29863—2013《服装制图》的规定，独立完成偏门襟短袖旗袍基础样板的制版、检查与复核工作。

5. 能按照企业标准（或参照世界技能大赛评分标准）对偏门襟短袖旗袍样板进行质量检验，并依据白坯试样结果，将样板修改调整到位。

6. 能记录偏门襟短袖旗袍制版、试样过程中的疑难点，进行小组讨论、合作探究，并在教师的指导下，提出解决问题的方案。

7. 能按有关归档要求，进行资料归类和现场整理。

8. 能展示、评价偏门襟短袖旗袍制版各阶段的成果，清扫场地和工作台，归置物品，填写设备使用记录。

一、学习准备

1. 场地：服装样板制作一体化教室（包括制版桌、排料台、制版工具、投影仪、多媒体计算机等设备）。

2. 材料：偏门襟短袖旗袍制版相关学材、任务单（见表 3-1）、牛皮纸、拷贝纸等。

3. 分组：划分学习小组（每组 5 ~ 6 人），分组信息填写在表 3-2 中。

4. 课前检查：

（1）检查一体化教室各项设备能否正常使用。

（2）检查各学习小组课前准备情况。

（3）检查学生工作服穿戴情况。

表 3-1　　　　偏门襟短袖旗袍制版任务单

<table>
<tr><td>订单号</td><td colspan="2">GLQP-1</td><td colspan="2">客户名称</td><td colspan="3">×××</td></tr>
<tr><td>款式号</td><td>PMJDXQP01</td><td>样衣尺码</td><td>M 号</td><td>制作人</td><td></td><td>日期</td><td>年　月　日</td></tr>
<tr><td>款式名称</td><td colspan="7">偏门襟短袖旗袍</td></tr>
<tr><td>款式图</td><td colspan="7"> 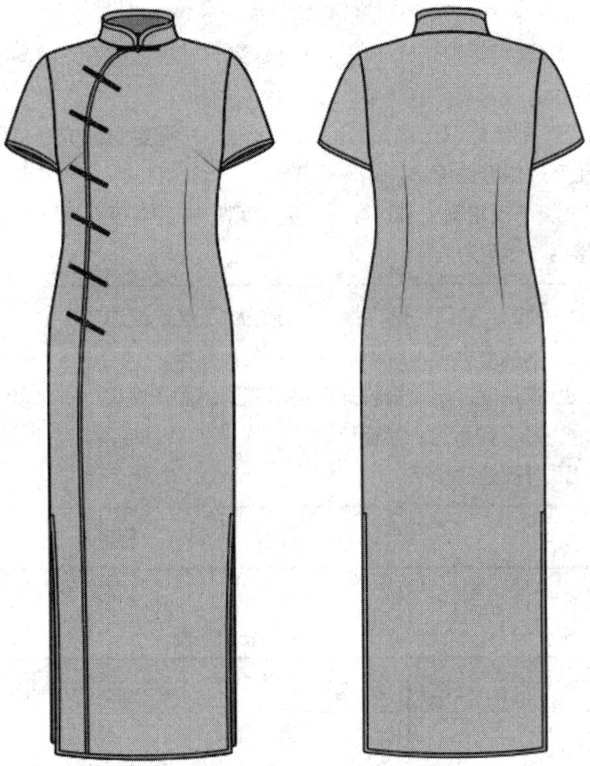</td></tr>
<tr><td>款式说明</td><td colspan="7">本款衣长至脚踝附近，前片收胸省和腰省，后片收腰省，中式立领，短袖，右偏襟斜开至前右中侧，钉盘扣；在领口、袖口、偏门襟、开衩处和下摆处绲边。</td></tr>
</table>

续表

<table>
<tr><td rowspan="4">规格尺寸</td><td rowspan="2">号型规格</td><td>部位</td><td>衣长</td><td>胸围</td><td>腰围</td><td>臀围</td><td>背长</td><td>臀高</td></tr>
<tr><td>尺寸（cm）</td><td>120</td><td>88</td><td>70</td><td>92</td><td>37.5</td><td>18</td></tr>
<tr><td rowspan="2">160/84A</td><td>部位</td><td>领围</td><td>肩宽</td><td>袖长</td><td>袖口围</td><td>领高</td><td>侧衩高</td></tr>
<tr><td>尺寸（cm）</td><td>38</td><td>38</td><td>15</td><td>28</td><td>4</td><td>52</td></tr>
<tr><td>制版要求</td><td colspan="8">1. 制版充分考虑款式特征、面料特性和工艺要求。
2. 结构造型合理，与款式吻合，尺寸符合规格要求。
3. 结构图干净整洁，各部位数据和文字说明标注清晰规范。
4. 辅助线、轮廓线界定清晰，线条平滑、圆顺、流畅，对合平顺，拼合长短一致。
5. 合理配置出相应的零部件，能够对样片进行合理放缝。净样板、毛样板、辅料样板齐全、数量准确、标注规范。
6. 样板标识正确，必须标在同一版面上，且需用水笔标识。样板标识包括产品名称、部位名称、正确的规格及样片数量序号。
7. 裁剪标识正确，包括裁剪数量、连折裁剪等。纱向线方向合理、正确，全长展示。
8. 制作标识正确，缝份标注合理，在需要的部位打有合适的剪口或对位点，为生产提供准确信息。
9. 样板轮廓光滑、顺畅，无毛刺。拼合连接后呈现出的线条平顺，所有样片拼接后长度可对准。</td></tr>
<tr><td>工艺要求</td><td colspan="8">1. 领口、袖口、偏门襟、开衩处和下摆处绲边。
2. 衣片配夹里，绲条反面用手工针缲牢。
3. 衣片底边与夹里脱开，夹里底边距面子底边 1 ~ 2 cm。
4. 钉 7 粒手工一字盘扣。
5. 开衩处打套结。</td></tr>
<tr><td>审批</td><td colspan="4"></td><td colspan="2">日期</td><td colspan="2"></td></tr>
</table>

表 3-2 小组成员表

组号	组内成员姓名	组长姓名

二、学习过程

（一）获取偏门襟短袖旗袍工作任务的相关信息

1. 知识学习

小贴士

一、改良旗袍的造型特征

民国初年，传统宽松的旗袍开始逐渐变得修身，腰身收紧使女性的身材更好地展现出来，此时，旗袍外形依旧以直线型为主，袖口也更加宽松。旗袍外在装饰进一步改进，使其更简约、典雅和大方。至此改良旗袍的基本形式得到了确立。20 世纪 30 年代之后，改良旗袍更贴合人体，尤其腰、臀部分收紧，使外部呈现出更加流畅的曲线。此外，在衣长、衣袖和领型等方面，改良旗袍的设计相比传统旗袍更加丰富。

大身设计是改良旗袍在造型设计上的重要内容，主要表现在下摆长度与侧边开衩的变化上。30 年代初期，民间的短旗袍摆长略超过膝盖以下，30 年代以后，下摆不断加长，在短短的两三年里，下摆的长度甚至能够盖住穿着者的脚面。

在衣长变长的同时，衩的位置变得越来越高。到 30 年代中期，旗袍开衩的位置几乎已经上升到了臀部。此时的旗袍腰身更加细窄，女性在穿着旗袍时能够充分展示出腿部的线条。1935 年之后，低衩旗袍开始在时尚圈流行，仅到小腿的开衩使女性的一举一动看起来愈发典雅大方，但同时也限制了穿着者的活动范围。抗日战争全面爆发后，为了方便活动，旗袍的开衩位置再次提高到膝盖的位置。

衣袖和衣领也是改良旗袍重点调整的对象。与传统旗袍相比，原先宽大过肘的袖口被缩小，改良旗袍的袖子变得细窄，袖长逐渐变短，甚至出现无袖旗袍。旗袍无袖设计能够展现女性身材的丰盈，增添了几分开放包容的气息。另外，衣领长度经历了一个由高到低的过程。一开始高领的设计比较时尚，即使是在炎热的夏天，旗袍依然采用立起的高领。后来低领逐渐流行。到 20 世纪 40 年代以后，改良旗袍的款式逐渐定型，其腰部更加贴身，臀部则适当放大，下摆回收，开高衩，衣长变长，右衽大襟。

二、现代改良旗袍的结构设计特点

在改良旗袍发展初期，设计师按照确定前后中心线、袖子中心线、领口弧线、前后侧缝线、开襟弧线、腋下省、前后腰臀弧线、下摆弧线的顺序完成旗袍结构制图。此时，旗袍的前后中线依然是连裁的，而长袖旗袍的下半部分则是断裁的。与传统旗袍相比，改良旗袍的设计开始运用省道以实现立体效果，前片的侧缝线经过收省处理，肩缝也不再垂直于前后的中心线，这样在穿着者手臂下垂时，腋下褶皱显著减少。此外，改良旗袍的前后中心线与面料丝线的走向并非完全对正，而是有一定的偏差，这种设计巧妙地协调了底襟与门襟之间的交叉重叠，使旗袍更加贴合身体。

20世纪40年代之后，改良旗袍的结构有了进一步发展，前后片的分离以及袖子、肩部的改造成为设计者关注的重点。与传统旗袍相比，改良旗袍的前后片更贴合女性自然站立时的身体斜线，看起来更自然舒展。在原有制图方法的基础上，设计师重新将前后中心线与面料线条的走向对齐，并增加了前后腰省、肩线和袖窿的结构，使旗袍设计从平面设计提升为立体设计。

总之，相较于传统旗袍的设计，改良旗袍在结构设计上实现了4个方面的改进：

第一，采用收腋下省和腰省的设计，解决了传统旗袍在胸腰差和臀腰差方面的不足，使旗袍的整体外观表现更为流畅，这一改进奠定了改良旗袍整体造型结构的基础。

第二，前后片的分离设计使旗袍的肩线与上平线之间形成了夹角，使旗袍的结构更加贴合女性身体的自然曲线。

第三，装袖、绱袖的设计，要求设计师重新调整袖山高、袖山弧线和袖肥围之间的关系，在解决传统旗袍腋下面料堆积问题的同时，提升了旗袍穿着的舒适度和美观度。

第四，垫肩的引入和抬高的肩斜线改变了旗袍袖窿的设计，使改良旗袍的肩部造型更饱满，对女性形体起到修饰的作用。

旗袍作为中国女装经典代表，继承了中国传统服饰的基本造型，在西方立体设计理念影响下，融入了丰富的异国情调和新时尚元素。正是由于这些设计上的改良和创新，旗袍在漫长的历史长河中得以传承和发展，完美地展现了东方女性特有的柔美和含蓄的优雅姿态。

引导问题

（1）请同学们查阅资料，简要描述改良旗袍的发展演变过程。

引导问题

（2）请同学们查阅资料，简要描述改良旗袍的造型特征。

引导问题

（3）对比图 3-1 和图 3-2，说一说传统旗袍和改良旗袍在结构上有哪些不同之处。

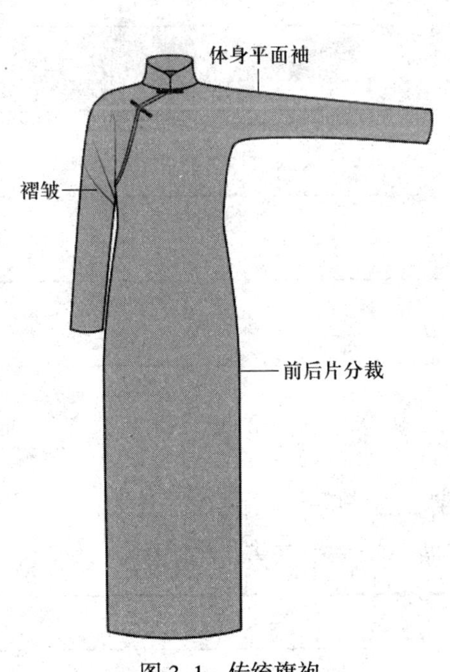

图 3-1　传统旗袍

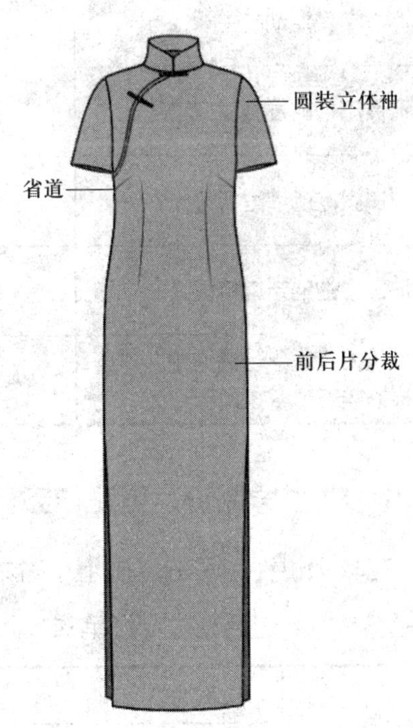

图 3-2　改良旗袍

2. 学习检验

引导问题

（4）在教师的引导下，独立完成表 3-3 的填写。

表 3-3　学习任务与学习活动简要归纳表

本次学习任务的名称	
本次学习任务的主要目标	
本次学习任务的活动内容	
本次学习活动的名称	
本次学习活动的主要目标	
改良旗袍的发展演变过程	
改良旗袍的造型特征	
改良旗袍的结构特征	
你认为本次学习活动中，哪些目标的实现难度较大？	

引导评价、更正与完善

在教师讲评引导的基础上，对本阶段的学习活动成果进行自我评分和小组评分（100 分制），之后独立用红笔对本阶段引导问题的回答进行更正和完善。

自我评分	关键能力		小组评分	关键能力	
	专业能力			专业能力	

（二）制订偏门襟短袖旗袍制版计划并决策

1. 知识学习

介绍制订计划的基本方法、内容和注意事项，重点围绕学习活动展开。

（计划制订参考意见：整个工作的内容和目标是什么？整个工作分几步实施？过程中要注意什么？小组成员之间应该如何配合？出现问题应该如何处理？）

2. 学习检验

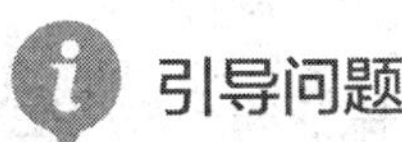

引导问题

（1）简要写出你们小组的偏门襟短袖旗袍制版计划。

引导问题

（2）你在制订偏门襟短袖旗袍制版计划的过程中承担了哪些工作？有什么体会？

引导问题

（3）对小组制订的偏门襟短袖旗袍制版计划，教师给出了什么修改建议？为什么？

引导问题

（4）你认为偏门襟短袖旗袍制版计划中哪些工作比较难实施？为什么？你有什么想法？

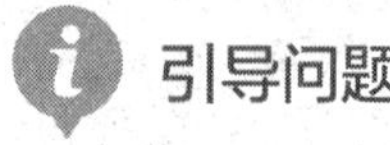

引导问题

（5）对偏门襟短袖旗袍制版计划，小组最终做出了什么决定？是如何做出的？

____

____

____

引导评价、更正与完善

在教师讲评引导的基础上，对本阶段的学习活动成果进行自我评分和小组评分（100 分制），之后独立用红笔对本阶段引导问题的回答进行更正和完善。

自我评分	关键能力		小组评分	关键能力	
	专业能力			专业能力	

（三）偏门襟短袖旗袍制版与检验

● 改良旗袍量体与控制松量

1. 知识学习

小贴士

改良旗袍量体方法

1. 胸围

软尺绕胸部最丰满处水平测量一周，如图 3–3 所示，松紧度以能插进一根手指为宜，测量的数据即胸围净尺寸。

2. 腰围

软尺水平绕腰部最细处测量一周，如图 3–4 所示，松紧度以能插进一根手指为宜，测量的数据即腰围净尺寸。

3. 腹围

腹围也称中腰围，是在腰围线与臀围线中央的位置（低于腰围线 8 ~ 10 cm）水平测量一周的长度，如图 3–5 所示。

4. 下胸围

软尺水平测量胸部下围一周，测量的数据即下胸围净尺寸，如图 3–6 所示。

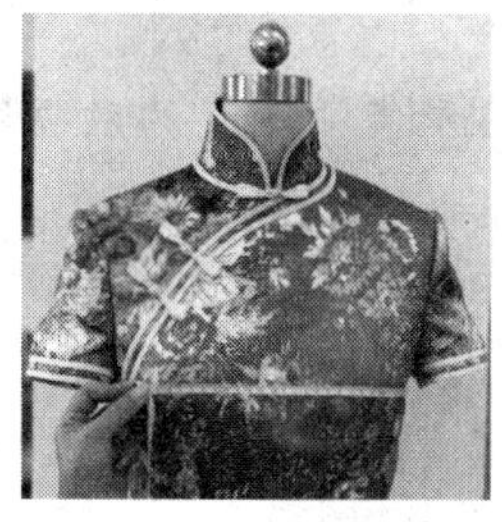

图 3-3 胸围测量

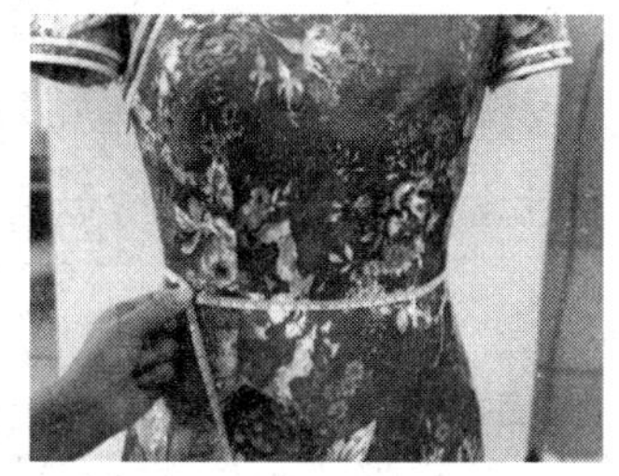
图 3-4 腰围测量

图 3-5 腹围测量

5. 袖口

软尺绕上臂一周，两处水平最宽位置的围度即袖口尺寸，如图 3-7 所示。

6. 臀围

臀围也称下腰围。沿臀部最丰满处水平测量一周，松紧程度以能插进一根手指为宜，测量的数据即臀围净尺寸，如图 3-8 所示。

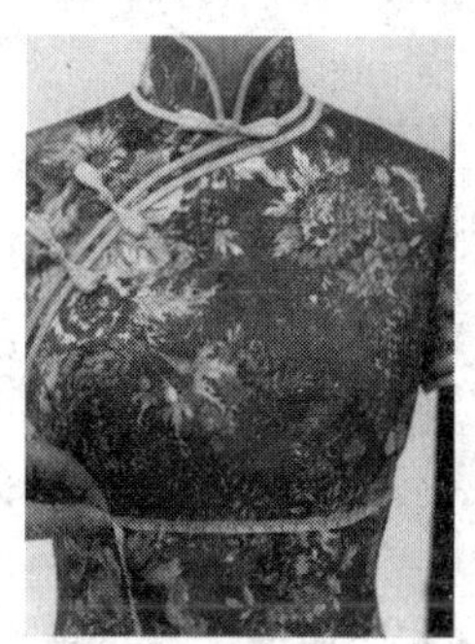
图 3-6 下胸围测量

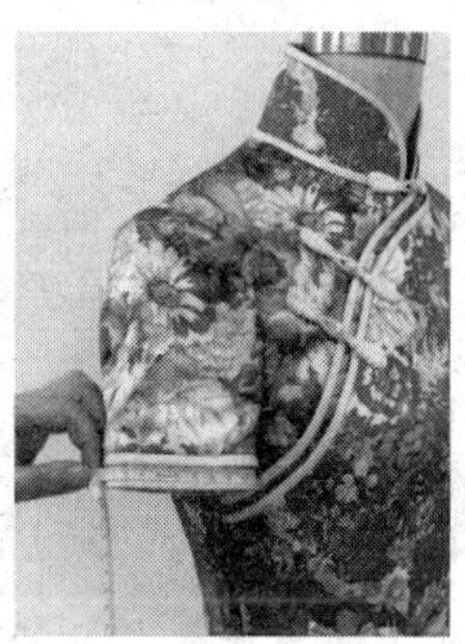
图 3-7 袖口测量

图 3-8 臀围测量

7. 领围

沿颈根部围圆圈，即立起软尺，经过颈后中心点、颈侧点至颈围前中心点测量一周，测量的数据即领围净尺寸，如图 3-9 所示。

8. 肘围

胳膊微微弯曲，经过肘点处，量取肘部一周的尺寸即肘围净尺寸。制作长袖旗袍时，需要量取该数据。

9. 手腕围

量取手腕一周的尺寸即手腕围净尺寸，由此确定袖口所需宽度。袖口围以不妨碍日常运动为宜。

10. 肩宽

软尺从后背左肩点经后颈点（略向上呈弧形）至右肩点，测量的数据即肩宽，如图 3–10 所示。须注意根据款式要求增加或减少肩宽尺寸。

11. 前宽

前宽也称前平，指两臂自然下垂，从前身测量左右后腋点之间的长度，如图 3–11 所示。

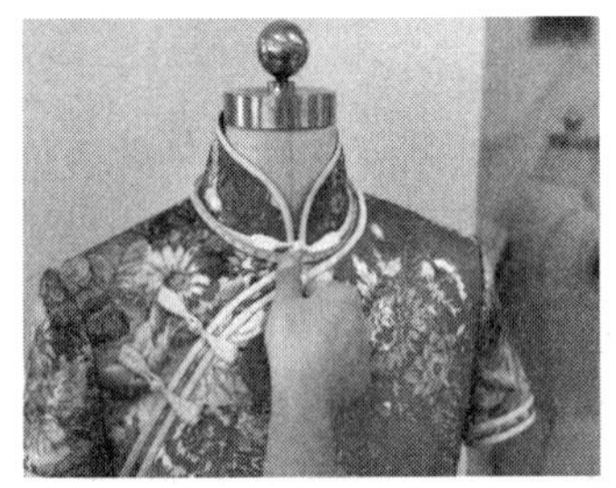
图 3–9　领围测量

图 3–10　肩宽测量

图 3–11　前宽测量

12. 前肩宽

前肩宽是指从前身量取左右肩点之间的距离，如图 3–12 所示。

13. 胸距

胸距是指穿着内衣，量取两个胸点的距离，如图 3–13 所示。

14. 后宽

后宽也称后平，指两臂自然下垂，从后身量取左右后腋点之间的长度，如图 3–14 所示。

15. 总体高

总体高指的是身高，代表服装的“号”，即测量从头部顶点至脚跟的垂直距离。

图 3–12　前肩宽测量

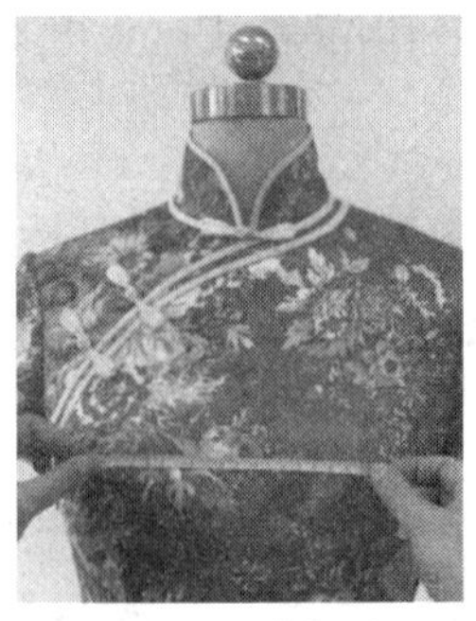
图 3–13　胸距测量

图 3–14　后宽测量

16. 衣长

须根据不同身型选择合适的衣长。衣长是由前身左侧脖根处（肩领点），经过胸部最高点量至旗袍末端的距离，如图 3–15 所示。

17. 前腰节

从颈侧点通过胸高点量至腰围线的长度为前腰节长，如图 3–16 所示。

18. 乳高

乳高是指从颈侧点量至胸点的距离，如图 3–17 所示。

图 3–15　衣长测量

图 3–16　前腰节测量

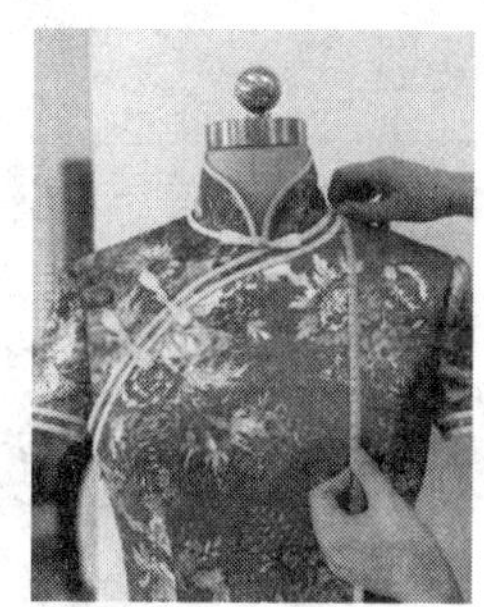

图 3–17　乳高测量

19. 背长

背长是指从后颈点（第七颈椎点）量至后腰节点的长度，如图 3–18 所示。

20. 后腰节

后腰节是指从颈侧点经过肩胛骨隆起位置到后腰围线的长度，如图 3–19 所示。

21. 袖长

袖长是指由肩点顺着手臂量至腕点的长度。须注意根据服装款式要求增加或减少袖长。

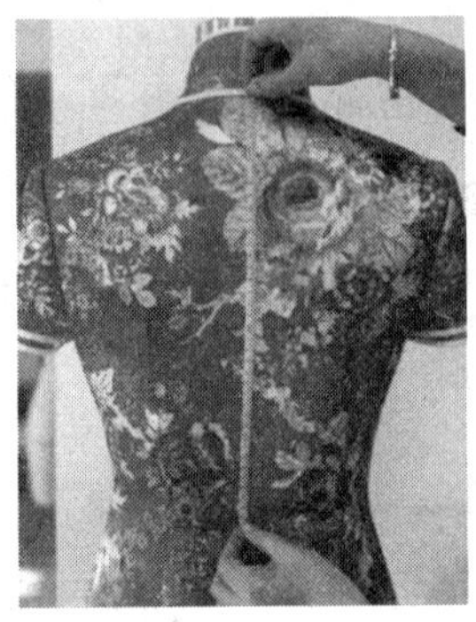
图 3–18　背长测量

图 3–19　后腰节测量

22. 膝盖长

膝盖长是指腰围线到膝盖的距离。

23. 手臂长

手臂自然伸直垂下，测量肩膀到手腕关节的长度即手臂长。

24. 肘长

肩点到肘部的距离即肘长。它是制作中长袖旗袍需要量取的数据。

引导问题

（1）在教师的指导下，总结量体操作方法，完成表 3–4 的填写。

表 3–4　量体部位及方法

序号	围度的 9 个测量部位及方法	高度的 7 个测量部位及方法	宽度的 3 个测量部位及方法
1			
2			
3			
4			
5			
6			
7			
8			
9			

引导问题

（2）偏门襟短袖旗袍的胸围、腰围、臀围在净体尺寸测量基础上如何加放松量？袖窿松量应如何加放？领圈松量应如何加放？

____

____

____

2. 技能训练

实践

（3）每个小组推荐一名学生作为模特，分组进行旗袍的量体，并记录测量数据。

①衣长________ ②胸围________ ③腰围________ ④臀围________

⑤背长________ ⑥臀高________ ⑦领围________ ⑧肩宽________

⑨袖长________ ⑩袖口围________ ⑪领高________ ⑫侧衩高________

3. 学习检验

引导问题

（4）请同学们通过测量人体或者人台，参考国家号型标准，独立完成表 3-5 号型 160/84A 偏门襟短袖旗袍成品规格尺寸的填写。

表 3-5　　号型 160/84A 偏门襟短袖旗袍成品规格尺寸

部位	衣长	胸围	腰围	臀围	背长	臀高
尺寸（cm）						
部位	领围	肩宽	袖长	袖口围	领高	侧衩高
尺寸（cm）						

引导评价、更正与完善

在教师讲评引导的基础上，对本阶段的学习活动成果进行自我评分和小组评分（100 分制），之后独立用红笔对本阶段引导问题的回答进行更正和完善。

自我评分	关键能力		小组评分	关键能力	
	专业能力			专业能力	

● 偏门襟短袖旗袍结构制图

1. 知识学习

小贴士

旗袍立领前、后领高配比关系见表 3-6。

表 3-6　旗袍立领前、后领高配比关系（根据个人喜好选择）　单位：cm

前领高	1.4	1.7	2.0	2.2	2.4	2.6	2.7
后领高	2	2.5	3	3.5	4	4.5	5

旗袍立领领型与颈形的关系见表 3-7。

表 3-7　旗袍立领领型与颈形的关系

92° 接领线			101° 接领线			110° 接领线		
颈的倾斜度		92°	95°	98°	101°	104°	107°	110°
制图顺序代号	颈形	直立形	较直形	稍直形	一般形	稍斜形	较斜形	梯形
ab	半领围（领围 ×%）	49.8%	49.5%	49.2%	48.9%	48.6%	48.3%	48.0%
bc	前领中心起翘量（领围 ×%）	2.0%	3.5%	5.10%	6.5%	8.0%	9.5%	11.0%
∠ecf	前领角度	89°	89°	88°	88°	87°	87°	86°

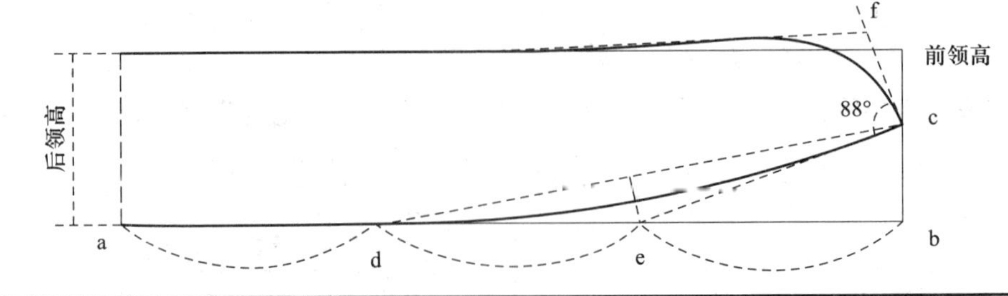

引导问题

（1）根据表 3-6、表 3-7，简述颈形与旗袍立领领型之间的关系。

____

____

____

学习思考

旗袍立领结构设计

旗袍领型分类见表 3-8。旗袍立领分为内倾型立领（其变化见图 3-20）和外倾型立领（其变化见图 3-21）。

表 3-8　旗袍领型分类

分类	旗袍领型图例
无领	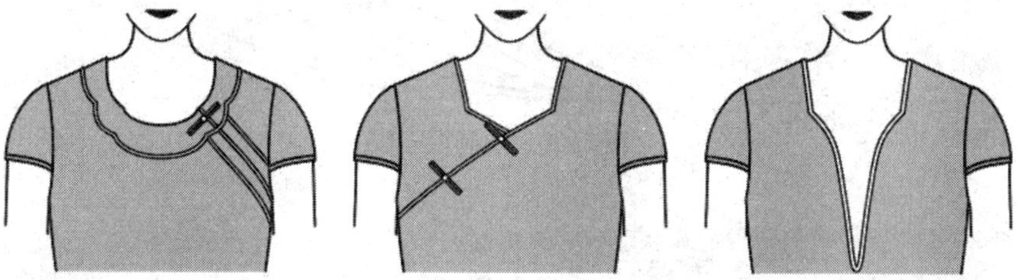
立领	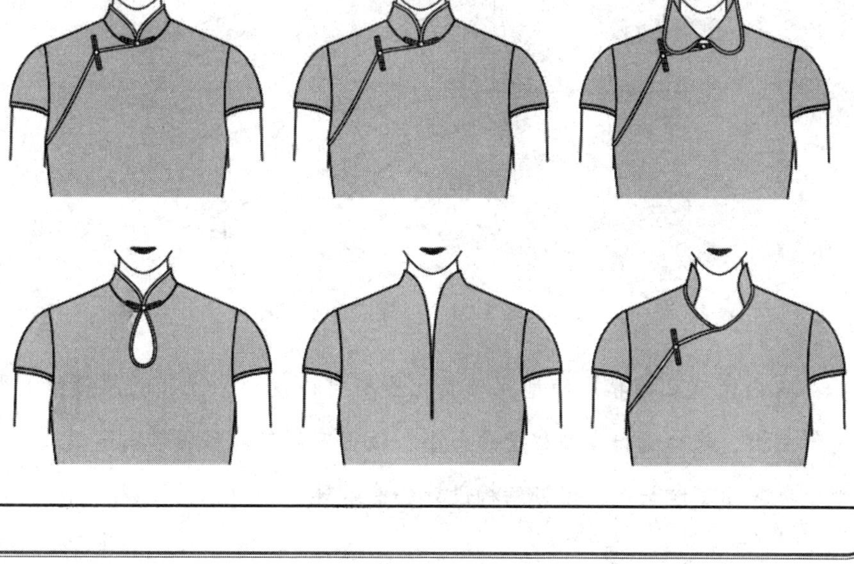

续表

分类	旗袍领型图例
综合变化领	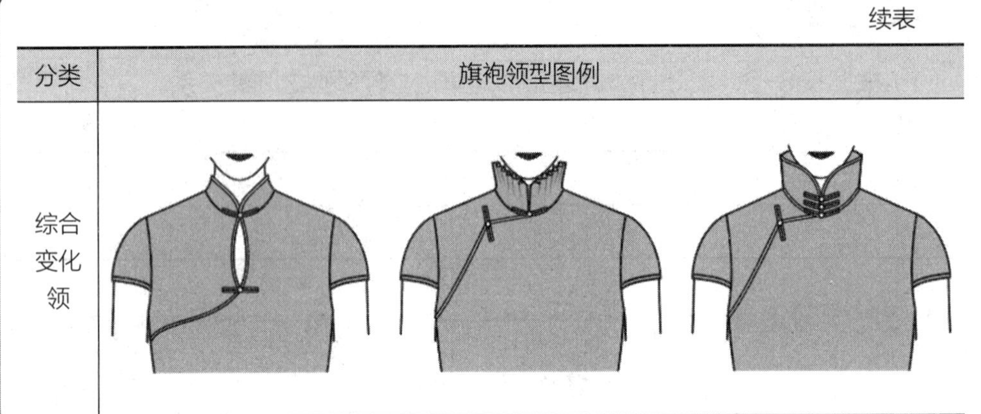

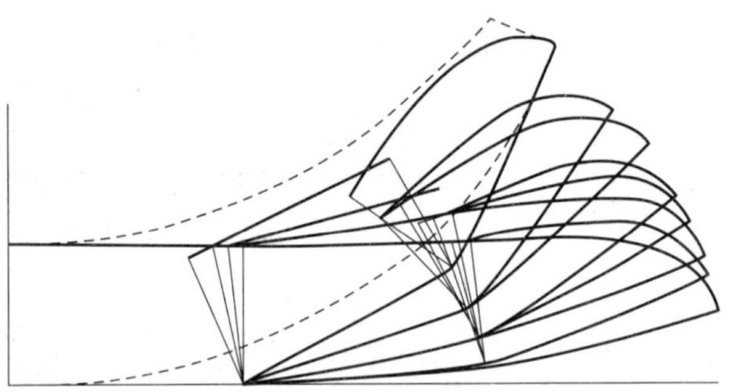

图 3–20 内倾型立领变化

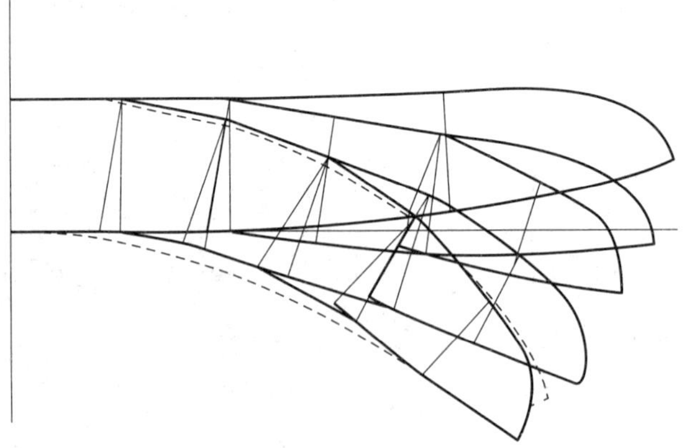

图 3–21 外倾型立领变化

从内倾型立领和外倾型立领变化分析可以发现，立领的装领线是制约领型的关键，起翘量和弯曲程度的大小、位置不同可以形成不同造型选择。它的变化也揭示了翻折领、坦领结构设计的基本规律和内容。

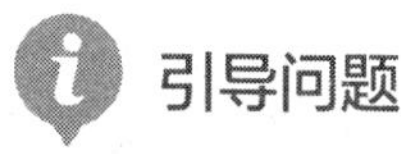

引导问题

（2）根据表 3-8、图 3-20、图 3-21，写出立领结构变化原理，并简述合体立领、元宝领和凤仙领的结构制图方法。

____

____

____

教师指导

（3）请同学们在教师讲解的基础上，写出偏门襟短袖旗袍结构制图的步骤及主要部位尺寸的计算公式。

____

____

____

2. 技能训练

实践

（4）在教师的指导下，根据号型 160/84A 的成品尺寸，填写制版规格尺寸（见表 3-9），并参考图 3-22、图 3-23，独立完成偏门襟短袖旗袍的结构图绘制和检验。

表 3-9　　　　偏门襟短袖旗袍制版规格尺寸

部位	衣长	胸围	腰围	臀围	背长	臀高
成品尺寸（cm）	120	88	70	92	37.5	18
制版规格尺寸（cm）						
部位	领围	肩宽	袖长	袖口围	领高	侧衩高
成品尺寸（cm）	38	38	15	28	4	52
制版规格尺寸（cm）						

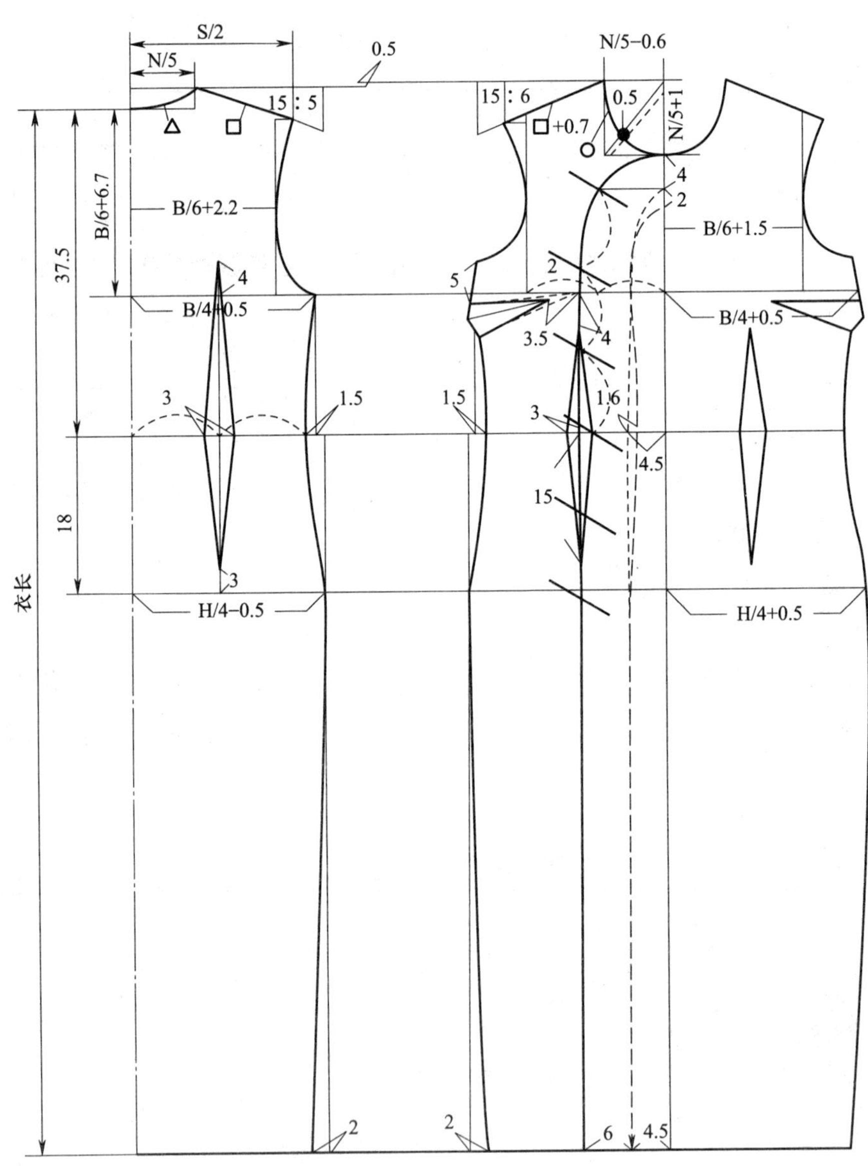

图 3-22　偏门襟短袖旗袍前后片结构图

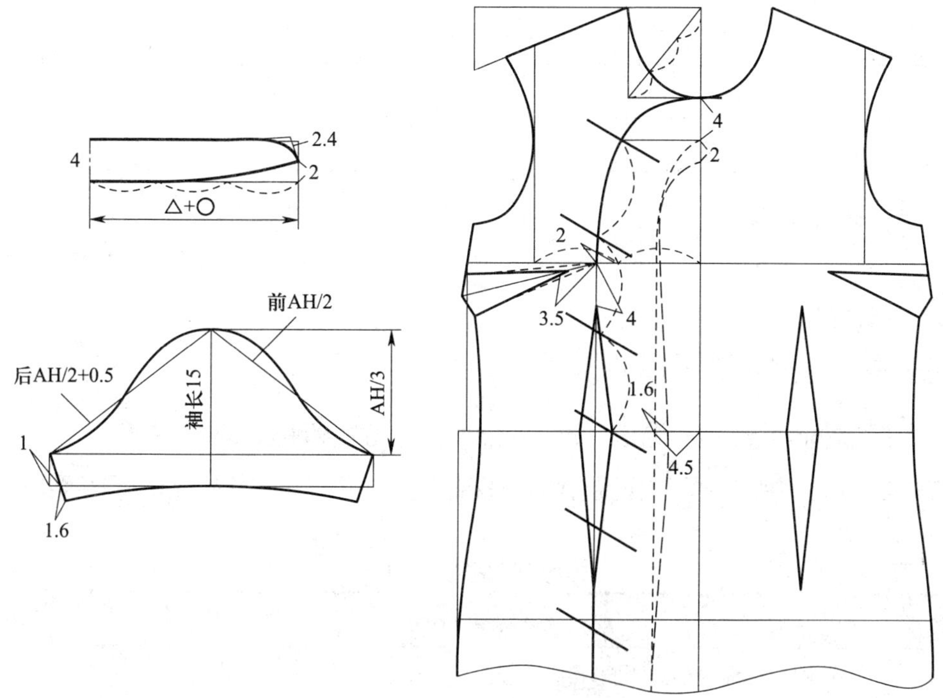

图 3-23　偏门襟短袖旗袍领、袖结构图和偏门襟局部图

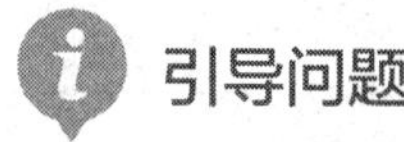

引导问题

（5）绘制偏门襟短袖旗袍结构图的轮廓线需要注意哪些事项？前片腰省和腋下省如何设置才能使胸腰造型美观合体？

____

____

____

引导问题

（6）如何设计偏门襟的分割位置？开衩功能如何隐藏其中？

____

____

____

引导问题

（7）偏门襟处的几粒纽扣符合整体美感设计吗？纽扣位置应如何设置才符合功

能性要求？

3. 学习检验

世赛链接

（8）请同学们在教师的指导下，参照世界技能大赛评分标准（见表 3-10），完成偏门襟短袖旗袍结构图的质量检验，并将偏门襟短袖旗袍结构图修改调整到位。

表 3-10　　　　结构制图考核评分表

序号	考评内容		分值	得分
1	页面呈现清晰整洁，图形布局合理 页面干净，无皱痕，无多余线迹，姓名、学号展现清晰、位置正确。横平纵直，基础框架线与纸边的距离误差不超过 0.1 cm	每处错误扣 5 分	10	
2	结构设计准确、合理 前后身造型美观、合理，轮廓准确；领、袖、大襟造型与款式图相符，制图方法正确；盘扣位置与款式图相符、分布合理	每处错误扣 5 分	30	
3	各主要部位规格与所给成衣规格表相符 衣长、袖长、胸围、腰围、臀围、肩宽、领围等各部位与规格相符合	每处错误扣 5 分	10	
4	用线规范 辅助线、轮廓线、对折线使用正确规范，辅助线、轮廓线区分清楚，粗细有别	每处错误扣 5 分	10	
5	制图规格表 标明工位，制图单位、号型、技术文件中要求的尺寸名称和对应的具体尺寸	每处错误扣 5 分	10	
6	线条质量 线条清晰、圆顺、流畅，对合圆顺，拼合长短一致	每处错误扣 5 分	10	

续表

<table>
<tr><th>序号</th><th colspan="2">考评内容</th><th>分值</th><th>得分</th></tr>
<tr><td rowspan="2">7</td><td>数据标注规范</td><td rowspan="2">每处错误扣 5 分</td><td rowspan="2">10</td><td rowspan="2"></td></tr>
<tr><td>数据标注明确具体、清晰规范，无难以识读或无法确认的点位</td></tr>
<tr><td rowspan="2">8</td><td>标注规范</td><td rowspan="2">每处错误扣 5 分</td><td rowspan="2">10</td><td rowspan="2"></td></tr>
<tr><td>裥、褶、省、抽缩、归、拔、对合、纽扣、扣眼、布纹线等制图符号标注规范齐全</td></tr>
<tr><td colspan="3">合计</td><td>100</td><td></td></tr>
</table>

评分日期：　　　　　　　　　　　　　　　　　评分人：

引导评价、更正与完善

在教师讲评引导的基础上，对本阶段的学习活动成果进行自我评分和小组评分（100 分制），之后独立用红笔对本阶段引导问题的回答进行更正和完善。

<table>
<tr><td rowspan="2">自我评分</td><td>关键能力</td><td></td><td rowspan="2">小组评分</td><td>关键能力</td><td></td></tr>
<tr><td>专业能力</td><td></td><td>专业能力</td><td></td></tr>
</table>

● 偏门襟短袖旗袍样板制作

1. 知识学习

学习思考

偏门襟短袖旗袍样板具体放缝情况见表 3-11。

表 3-11　　偏门襟短袖旗袍样板放缝

序号	放缝	要求
1	后片放缝	领圈、袖窿 0.8 cm，肩、侧缝 1 cm，底边 4 cm
2	右前片放缝	领圈、袖窿 0.8 cm，肩、侧缝、前中缝 1 cm，底边 4 cm
3	左前片放缝	领圈、袖窿 0.8 cm，肩、侧缝、前中缝、大襟弧线 1 cm，底边 4 cm
4	左前片贴边放缝	底边 4 cm，其余 1 cm
5	领子放缝	领底 0.8 cm，领上口线 1 cm
6	袖子放缝	袖山弧线 0.8 cm，袖侧缝 1 cm，袖口 1.5 cm

● 偏门襟短袖旗袍样板修改与完善

1. 知识学习

引导问题

（1）样衣上身后，发现偏门襟位置不服帖，胸腰处有豁开现象，这是什么原因造成的？应如何调整样板？

____

____

____

（2）样衣上身后，前侧开衩处不垂直闭合，这是什么原因造成的？应如何处理？

____

____

____

（3）样衣上身后，发现肩部不服帖，产生袖窿褶皱，结合图 3-25 所示不同肩部造型进行分析，这是什么原因造成的？应如何处理？

____

____

____

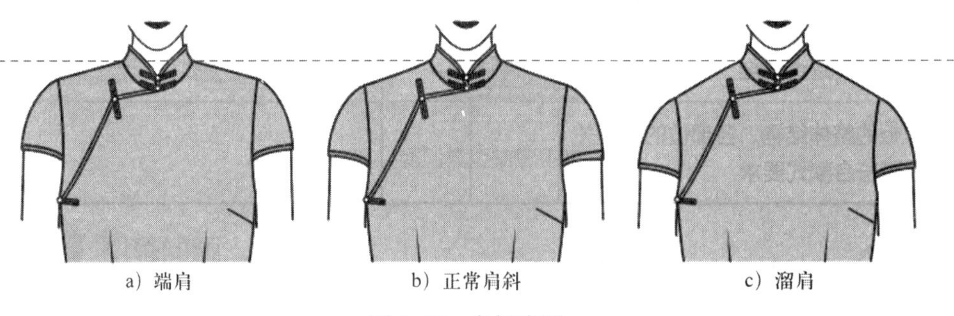

a）端肩　　b）正常肩斜　　c）溜肩

图 3-25　肩部造型

2. 技能训练

实践

（4）在教师的指导下，独立完成偏门襟短袖旗袍样衣的尺寸复核，并将测量结果填写在表 3-13 中，写出封样意见，然后对照封样意见，将结构图和样板调整到位。

表 3-13　　成品尺寸记录表

部位	衣长	胸围	腰围	臀围	背长	臀高
设定尺寸（cm）	120	88	70	92	37.5	18
实测尺寸（cm）						
部位	领围	肩宽	袖长	袖口围	领高	侧衩高
设定尺寸（cm）	38	38	15	28	4	52
实测尺寸（cm）						

封样意见

____

____

____

____

____

____

3. 学习检验

世赛链接

（5）请同学们在教师的指导下，参照世界技能大赛评分标准（见表 3-14），完成偏门襟短袖旗袍样板的质量检验，并将偏门襟短袖旗袍样板修改调整到位。

表 3-14　　样板制作考核评分表

序号	考评内容	评分标准	分值	得分
1	纸样呈现整洁 所有样片整洁、无污垢、没有难以阅读的文字或符号；标识必须在同一版面，需用水笔标识，不包括里布	每处错误扣 5 分	10	

续表

序号	考评内容	评分标准	分值	得分
2	样板标识清晰、正确、易识读 产品名称（自定义或订单上的产品名称） 部位名称（如前片、后片、领子、袖子等） 样板功能及样板尺寸（如面板、里板、衬板、净板、160/84A 等） 正确的样片数量及序号（如 1/15、2/15、3/15…15/15 等）	每处错误扣 5 分	10	
3	裁剪标识 裁剪数量（如左前片面料 ×1，右前片面料 ×1，后片面料 ×1，左前片贴边面料 ×1，袖子面料 ×2，立领面料 ×2 等） 纱向线方向合理、正确，全长展示	每处错误扣 5 分	10	
4	制作标记 缝份：缝份标注合理，宽窄一致 剪口：在需要的部位打有合适的剪口或对位点，包括所有的褶、省和拼接（但边角处不得两边都打剪口） 为生产提供准确信息（如归、拔、褶的位置以及方向，明线宽窄，纽扣和扣眼的位置、大小等）	每处错误扣 5 分	25	
5	线条流畅（包括缝份画线和边缘裁剪） 所有样片线条流畅，边缘无毛刺，拼合连接后呈现出的线条平顺	每处错误扣 5 分	15	
6	所有样片可对准（长度） 所有样片拼合连接后长度可对准，必要的归、拔，松量或抽褶部位需标明准确长度	每处错误扣 5 分	10	
7	测量 尺寸需在规定的误差范围内（衣长误差不超过 ±0.5 cm；胸围误差不超过 ±0.3 cm；领围与领口相吻合；袖长误差不超过 ±0.3 cm；总肩宽误差不超过 ±0.3 cm；袖口误差不超过 ±0.3 cm）	每处错误扣 5 分	10	
8	样片功能（必要时可参考款式图） 所有生产用样片得以呈现，样板可以做出款式图中的服装（不包括净板、里板和衬板）	每处错误扣 5 分	10	
合计			100	

评分日期：　　　　　　　　　　　　　　　　　评分人：

引导评价、更正与完善

在教师讲评引导的基础上，对本阶段的学习活动成果进行自我评分和小组评分（100 分制），之后独立用红笔对本阶段引导问题的回答进行更正和完善。

自我评分	关键能力		小组评分	关键能力	
	专业能力			专业能力	

● 偏门襟短袖旗袍用料计算与排料方法

1. 知识学习

查询与收集

（1）请同学们查阅资料，简述偏门襟短袖旗袍适用的面料种类、各种面料的性能以及幅宽。

____

____

____

讨论

（2）改良旗袍排料时要注意哪些事项？为了节省面料，哪些部位可以拼接？不对称款式排料时应该注意哪些事项？

____

____

____

____

2. 技能训练

实践

（3）在教师的指导下，参考图 3-26 至图 3-28，独立完成偏门襟短袖旗袍不同幅宽的排料并计算用料长度。

①幅宽 70 cm 用料计算：____________________

②幅宽 110 cm 用料计算：____________________

③幅宽 148 cm 用料计算：____________________

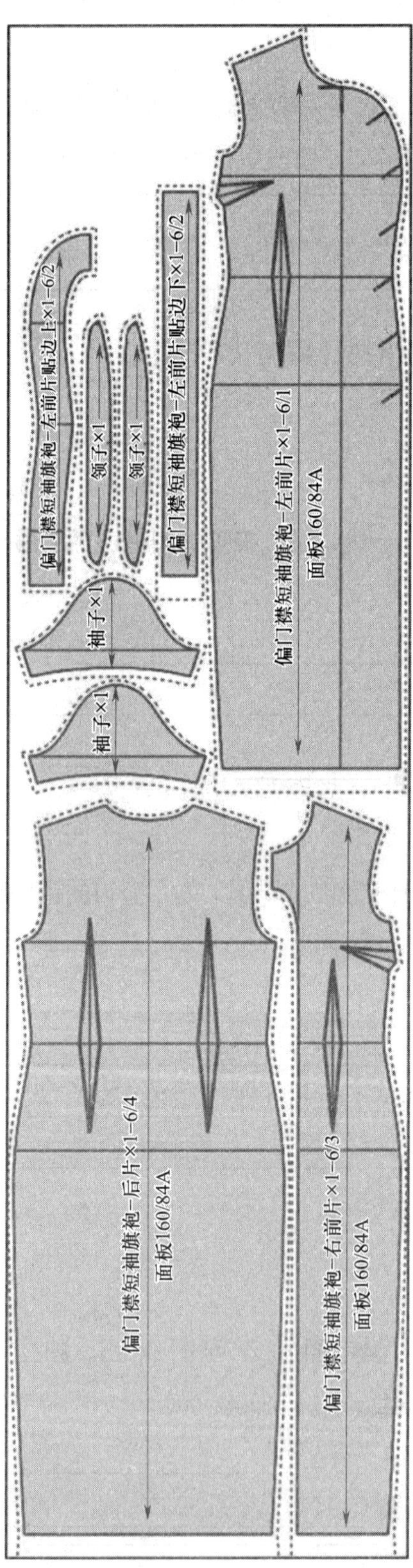

图 3-26 偏门襟短袖旗袍幅宽 70 cm 面料排料图

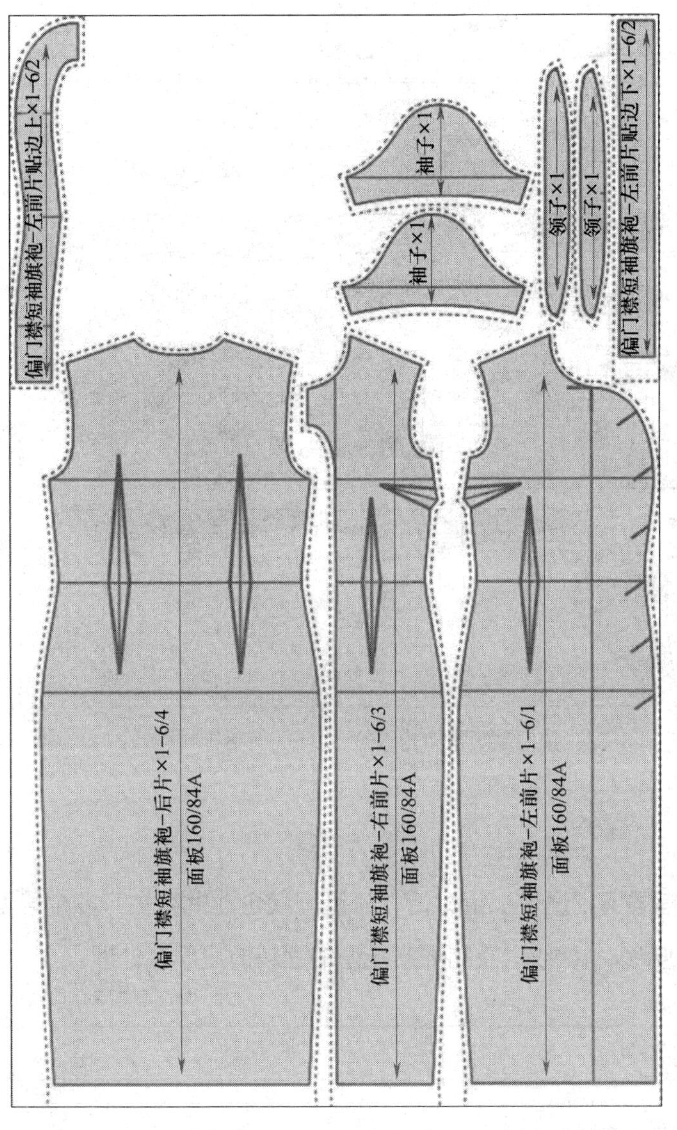

图 3-27 偏门襟短袖旗袍幅宽 110 cm 面料排料图

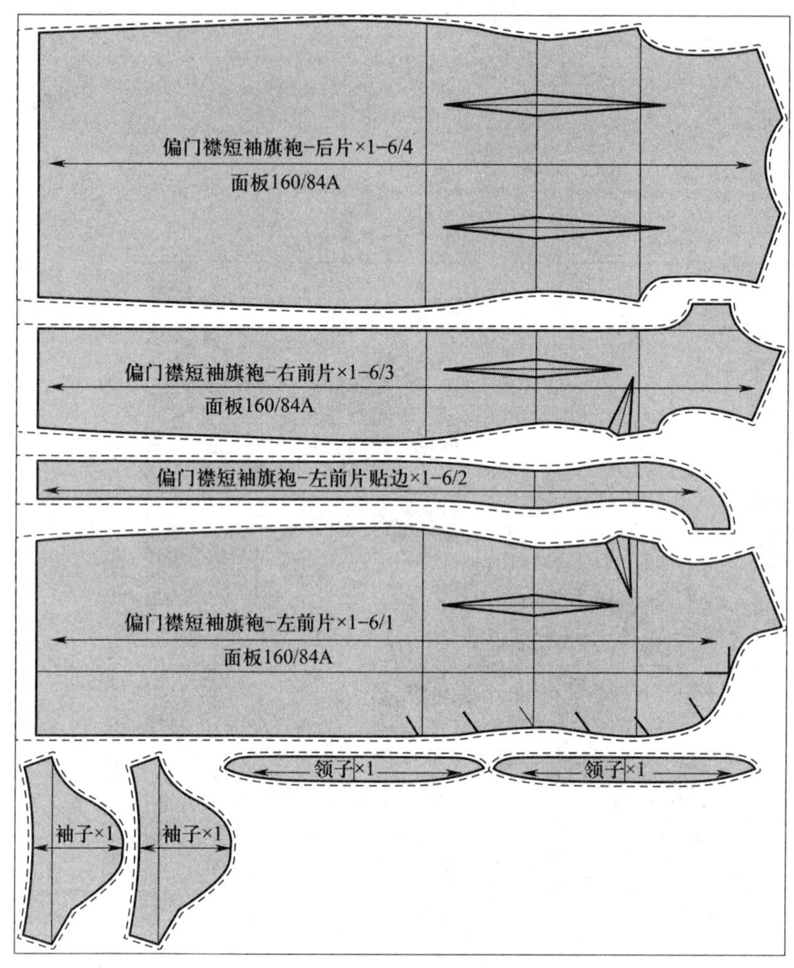

图 3-28　偏门襟短袖旗袍幅宽 148 cm 面料排料图

讨论

（4）在教师的指导下，通过小组讨论，分析服装企业批量生产多个号型样板应如何合理套排，遇到条纹、格纹以及需要对花型的面料时应怎么处理。

____

____

____

3. 学习检验

世赛链接

（5）请同学们在教师的指导下，参照世界技能大赛评分标准（见表 3-15），完成偏门襟短袖旗袍排料检验。

表 3-15　　排料考核评分表

序号	考评内容	评分标准	分值	得分
1	版面正确有效 依照要求排在材料正面，面料正反面、倒顺绒正确，图案对位，画有正确的幅宽线和起止线	每处错误扣 5 分	15	
2	整体版面 整体版面平整干净、无污垢，所有版片铺排正确，直接裁剪后可以做出款式图中的服装	每处错误扣 5 分	15	
3	样片固定 样板固定平服，无交叠，别针用量适宜，便于裁剪	每处错误扣 5 分	20	
4	纱向线（测量不少于 4 片，误差需小于 0.2 cm） 以幅宽线或中心丝道为丝道评判依据	每处错误扣 5 分	20	
5	排料合理性 排料经济合理；整体排版规范，遵循直对直、弧接弧，凹凸相套，便于裁剪	每处错误扣 5 分	30	
合计			100	

评分日期：　　　　　　　　　　　　评分人：

引导评价、更正与完善

在教师讲评引导的基础上，对本阶段的学习活动成果进行自我评分和小组评分（100 分制），之后独立用红笔对本阶段引导问题的回答进行更正和完善。

自我评分	关键能力		小组评分	关键能力	
	专业能力			专业能力	

（四）偏门襟短袖旗袍工作任务的成果展示与评价反馈

1. 知识学习

服装制版完成后，需要进行展示和评价，并作出相应反馈。

（1）展示的方法：将偏门襟短袖旗袍全套样板平铺在工作台上，将制作的样衣穿在人台上一起展示。

（2）评价的方法：看样衣效果，对照评分细则检查样板质量。

世赛链接

以世界技能大赛时装技术项目服装制版、排料模块的评分标准作为评价标准。

2. 技能训练

实践

（3）将偏门襟短袖旗袍全套样板平铺在干净的工作台上进行平面展示。

（4）依据评分标准，对平铺展示的偏门襟短袖旗袍全套样板进行自我评价和小组评价。

3. 学习检验

引导问题

（5）在教师的指导下，先在小组内进行作品展示，然后经小组讨论，推选出一组最佳作品，进行全班展示与评价，并由组长简要介绍推选的理由，小组其他成员做补充并记录。

小组最佳作品制作人：______________

推选理由：____

____

其他小组评价意见：____

____

教师评价意见：____

____

引导问题

（6）将本次学习活动中出现的问题及其产生的原因和解决的办法填写在表 3-16 中。

表 3-16　　问题分析表

出现的问题	产生的原因	解决的办法
1.		
2.		
3.		
……		

自我评价

（7）本次学习活动中自己最满意的地方和最不满意的地方各写一点，并简要说明原因。然后完成表 3-17 学习活动考核评价表的填写。

最满意的地方：____________________

最不满意的地方：____________________

表 3-17　　学习活动考核评价表

学习活动名称：偏门襟短袖旗袍制版

班级：　　学号：　　姓名：　　指导教师：

<table>
<tr><th rowspan="3">评价项目</th><th rowspan="3">评价标准</th><th rowspan="3">评价依据（信息、佐证）</th><th colspan="3">评价方式</th><th rowspan="3">权重</th><th rowspan="3">得分小计</th><th rowspan="3">总分</th></tr>
<tr><th>自我评价</th><th>小组评价</th><th>教师（企业）评价</th></tr>
<tr><th>10%</th><th>20%</th><th>70%</th></tr>
<tr><td>关键能力</td><td>1. 能穿戴劳动保护服装，执行安全操作规程
2. 能参与小组讨论，相互交流与评价
3. 能积极主动、勤学好问
4. 能清晰、准确地表达
5. 能清扫场地和工作台，归置物品，填写活动记录</td><td>1. 课堂表现
2. 工作页填写</td><td></td><td></td><td></td><td>40%</td><td></td><td></td></tr>
</table>

续表

<table>
<tr><td rowspan="3">评价项目</td><td rowspan="3">评价标准</td><td rowspan="3">评价依据（信息、佐证）</td><td colspan="3">评价方式</td><td rowspan="3">权重</td><td rowspan="3">得分小计</td><td rowspan="3">总分</td></tr>
<tr><td>自我评价</td><td>小组评价</td><td>教师（企业）评价</td></tr>
<tr><td>10%</td><td>20%</td><td>70%</td></tr>
<tr><td>专业能力</td><td>1. 能准确测量人体，制定偏门襟短袖旗袍制版规格
2. 能制订偏门襟短袖旗袍制版计划，准备相关制图工具与材料
3. 能识读偏门襟短袖旗袍制版任务单，完成偏门襟短袖旗袍平面结构制图
4. 能正确复制轮廓线，依据偏门襟短袖旗袍款式特点和制作工艺要求，准确加放，完成全套裁剪样板制作
5. 能按照样板制作规范，完成样板编号、标注、打孔、分类等工作
6. 能记录偏门襟短袖旗袍制版过程中的疑难点，在教师指导下，通过小组讨论或独立思考与实践加以解决
7. 能按照企业标准（或世界技能大赛评分标准）对偏门襟短袖旗袍样板进行检验并展示</td><td>1. 课堂表现
2. 工作页填写
3. 提交的偏门襟短袖旗袍结构图
4. 提交的偏门襟短袖旗袍裁剪样板
5. 提交的偏门襟短袖旗袍全套样板</td><td></td><td></td><td></td><td>60%</td><td></td><td></td></tr>
<tr><td>指导教师综合评价</td><td colspan="8">指导教师签名：　　　　　　　　　　日期：</td></tr>
</table>

三、学习拓展

说明：本阶段学习拓展建议学时为 8 ~ 16 学时，要求学生在课后独立完成。教师可根据本校的教学需要和学生的实际情况，选择部分或全部进行实践，也可另

行选择相关拓展内容，亦可不实施本学习拓展，将其所需学时用于强化学习过程阶段的实践内容。

拓展 1

请同学们根据偏门襟中袖旗袍款式图（见图 3-29），在教师的指导下，设计成衣的各部位尺寸，填写在表 3-18 中，并完成款式图、结构图和基础样板的绘制与检验。

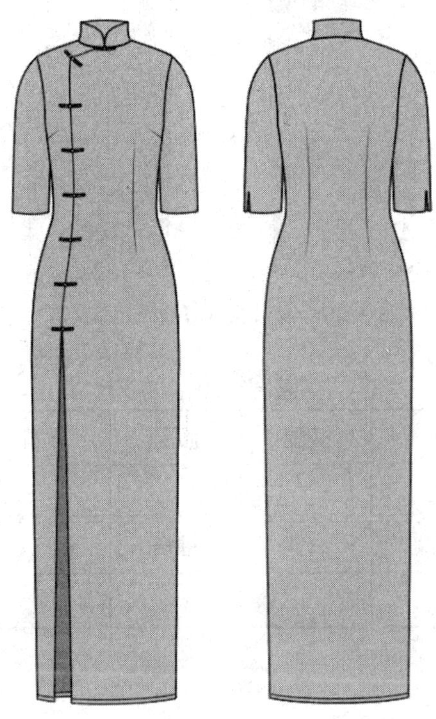

图 3-29 偏门襟中袖旗袍款式图

表 3-18 偏门襟中袖旗袍成衣尺寸

部位	衣长	胸围	腰围	臀围	背长	臀高
尺寸（cm）						
部位	领围	肩宽	袖长	袖口围	领高	侧衩高
尺寸（cm）						

拓展 2

请同学们根据偏门襟盖肩袖旗袍款式图（见图 3-30），在教师的指导下，设计成衣的各部位尺寸，填写在表 3-19 中，并完成款式图、结构图和基础样板的绘制与检验。

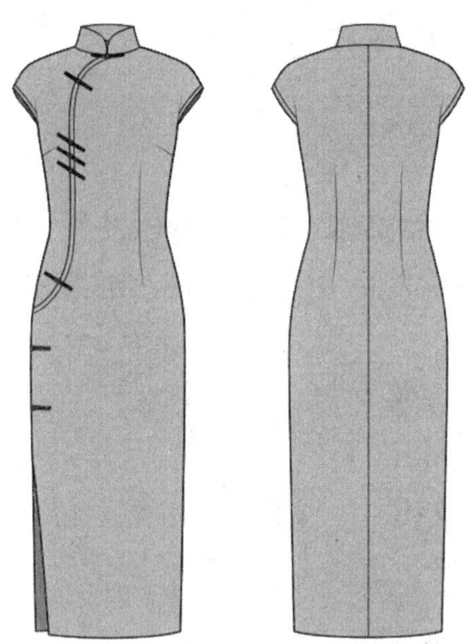

图 3-30　偏门襟盖肩袖旗袍款式图

表 3-19　　偏门襟盖肩袖旗袍成衣尺寸

部位	衣长	胸围	腰围	臀围	背长	臀高
尺寸（cm）						
部位	领围	肩宽	袖长	袖口围	领高	侧衩高
尺寸（cm）						

学习活动 2
喇叭袖旗袍制版

学习目标

1. 能遵守工作制度，服从工作安排，按要求准备好喇叭袖旗袍制版所需的工具、设备、材料及各项技术文件。

2. 能识读喇叭袖旗袍制版的各项技术文件，明确制版的流程、方法和注意事项。

3. 能查阅相关资料，制订喇叭袖旗袍制版的计划，教师对计划进行指导和确认。

4. 能依据技术文件要求，结合国家标准 GB/T 29863—2013《服装制图》的规定，独立完成喇叭袖旗袍基础样板的制版、检查与复核工作。

5. 能按照企业标准（或参照世界技能大赛评分标准）对喇叭袖旗袍样板进行质量检验，并依据白坯试样结果，将样板修改调整到位。

6. 能记录喇叭袖旗袍制版、试样过程中的疑难点，进行小组讨论、合作探究，并在教师的指导下，提出解决问题的方案。

7. 能按有关归档要求，进行资料归类和现场整理。

8. 能展示、评价喇叭袖旗袍制版各阶段的成果，清扫场地和工作台，归置物品，填写设备使用记录。

一、学习准备

1. 场地：服装样板制作一体化教室（包括制版桌、排料台、制版工具、投影仪、多媒体计算机等设备）。

2. 材料：喇叭袖旗袍制版相关学材、任务单（见表 3-20）、牛皮纸、拷贝

二、学习过程

（一）获取喇叭袖旗袍工作任务的相关信息

1. 知识学习

小贴士

改良旗袍不同袖型的结构设计见表3-22。

表3-22 改良旗袍袖型结构设计

分类	改良旗袍袖型结构设计图例
无袖、削肩袖、盖肩袖	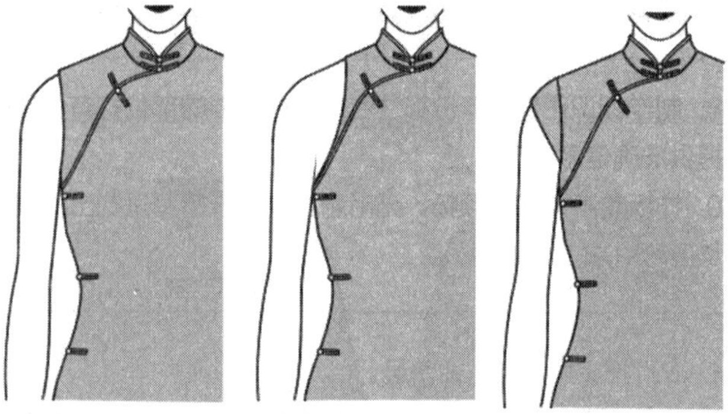 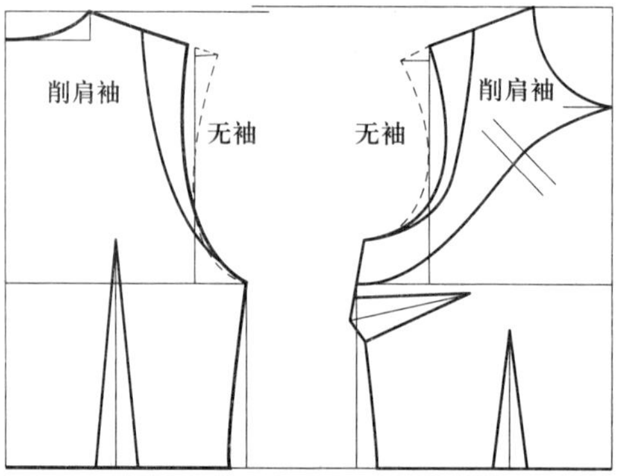 削肩袖　无袖　无袖　削肩袖 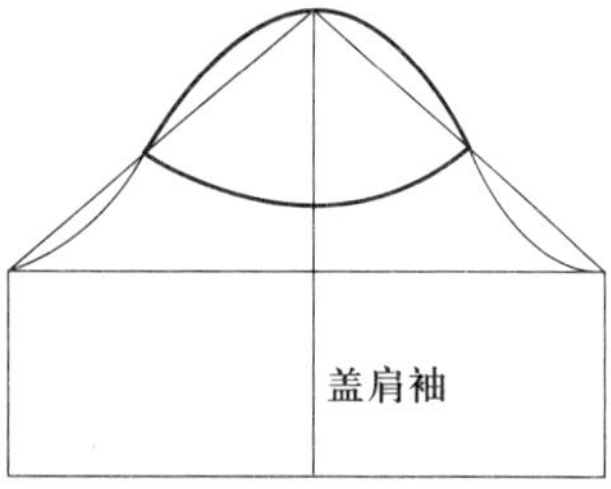　盖肩袖
短袖、中袖	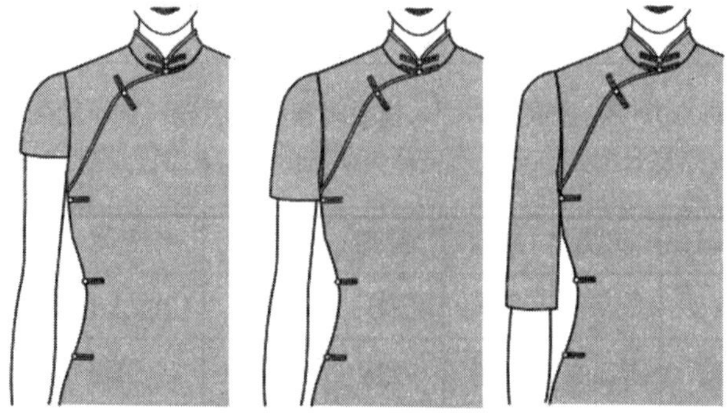

续表

分类	改良旗袍袖型结构设计图例
短袖、中袖	
袖子造型综合变化	

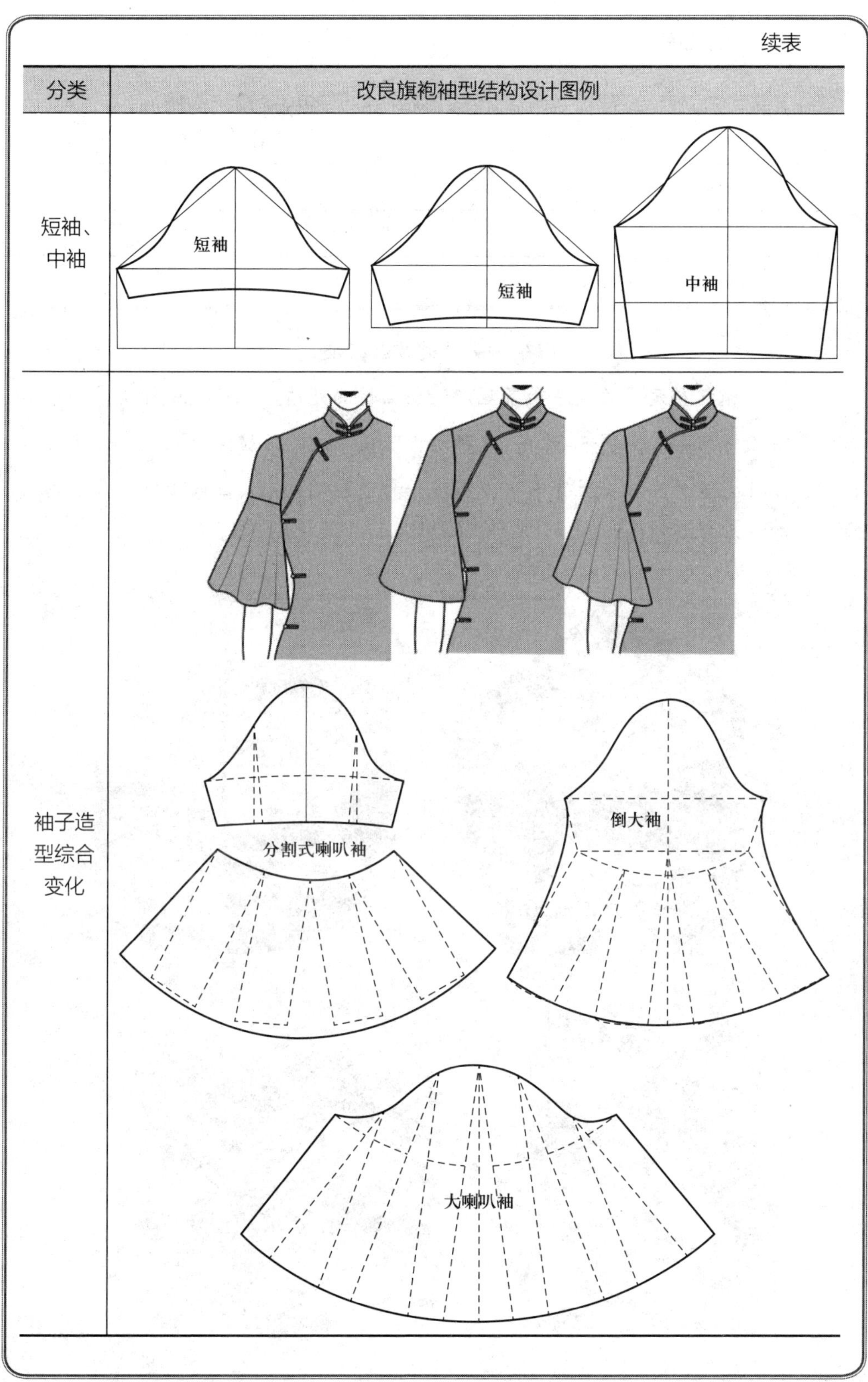

引导问题

（1）请同学们查阅资料，简要描述改良旗袍袖型的种类及结构特征。

____

____

____

学习思考

旗袍喇叭袖的款式特征

带有喇叭袖元素的服装大多呈现清新甜美的气质。在旗袍设计中，喇叭袖元素炙手可热（见图 3-31），这种元素既使人减龄、显瘦，又提升优雅气质。二十几岁的年轻女性穿着可以展现一种浪漫的风采，三四十岁的女性则能演绎出别样的精致魅力。

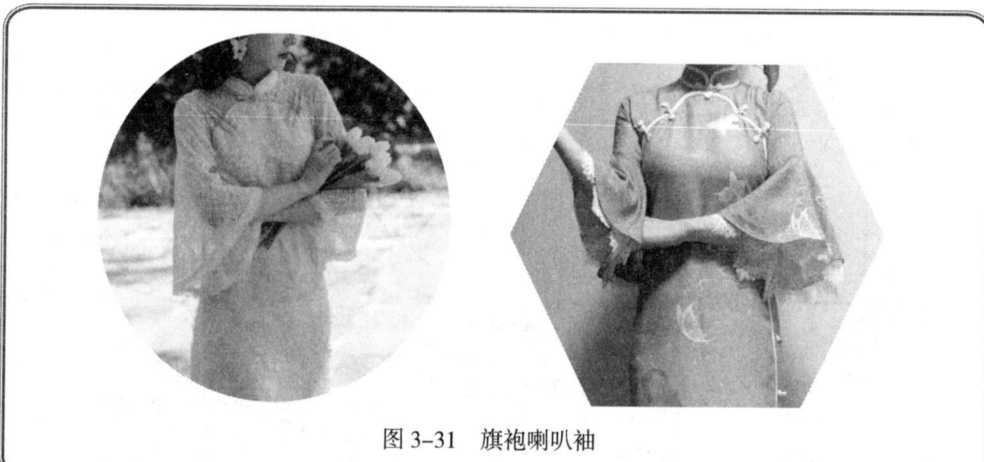

图 3-31　旗袍喇叭袖

引导问题

（2）请同学们查阅资料，根据图 3-31 说一说旗袍喇叭袖的款式特征。

____

____

____

学习思考

喇叭袖的结构设计

喇叭袖是在一片袖基础纸样上，通过剪切展开得到的，袖口呈喇叭状，绱袖合体、无碎褶状。喇叭袖结构变化处理方法如图 3-32 至图 3-35 所示。

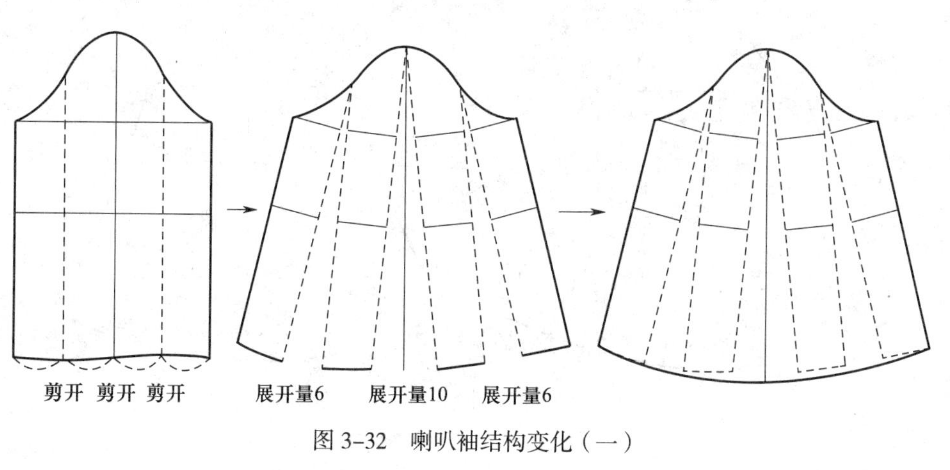

图 3-32　喇叭袖结构变化（一）

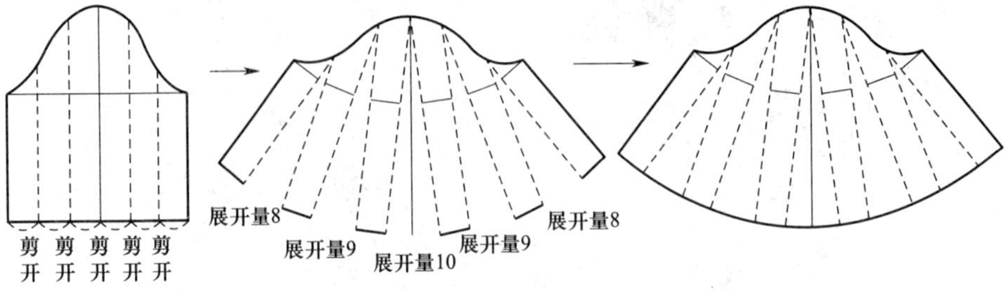

剪 剪 剪 剪 剪
开 开 开 开 开
展开量8
展开量9
展开量10
展开量9
展开量8

图 3-33　喇叭袖结构变化（二）

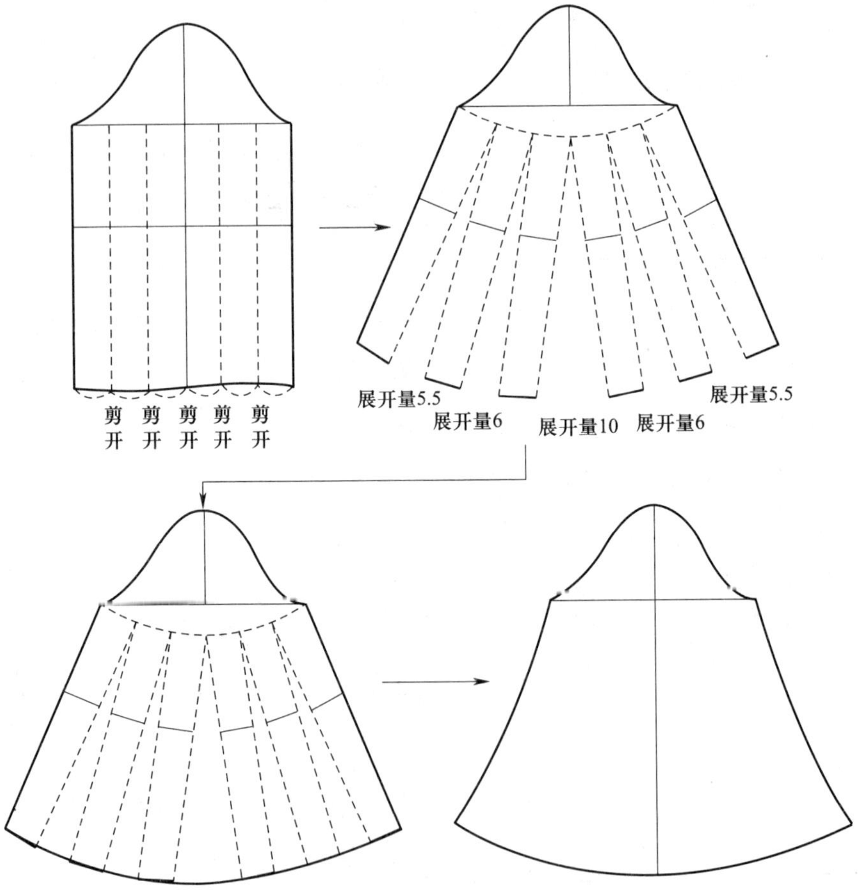

剪 剪 剪 剪 剪
开 开 开 开 开
展开量5.5
展开量6
展开量10
展开量6
展开量5.5

图 3-34　喇叭袖结构变化（三）

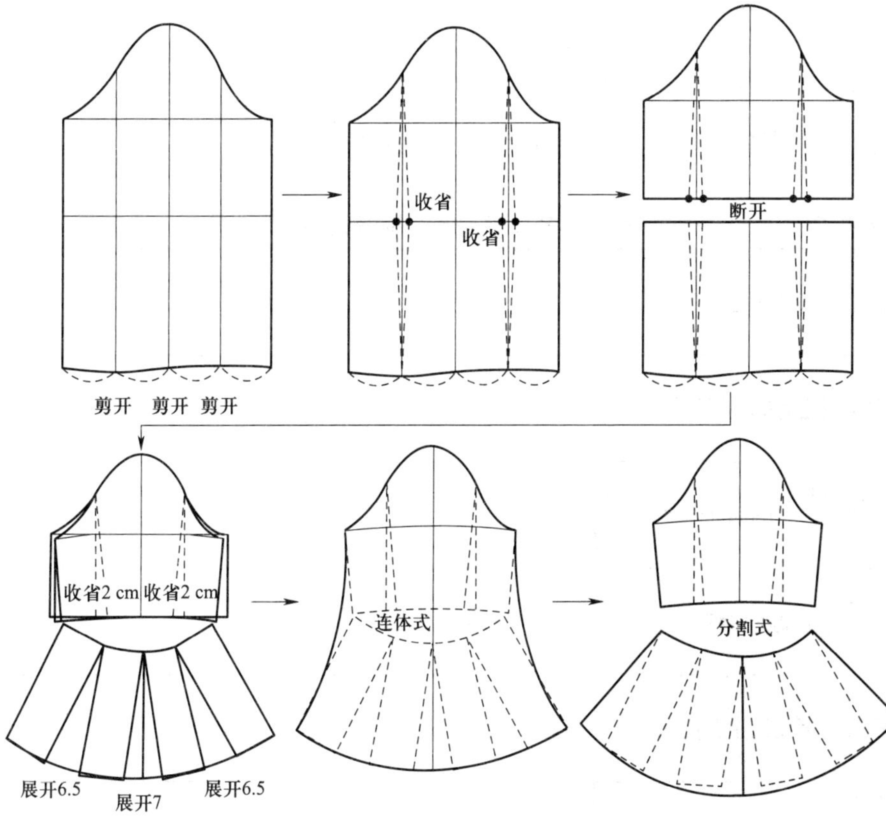

图 3-35　喇叭袖结构变化（四）

引导问题

（3）请同学们查阅资料，结合图 3-32 至图 3-35，简述喇叭袖结构设计方法及原理。

____

____

____

引导问题

（4）请同学们谈一谈喇叭袖的展开量应怎样分配才合理，为什么？

____

____

____

引导问题

（5）对喇叭袖旗袍制版计划，小组最终做出了什么决定？是如何做出的？

____

____

____

引导评价、更正与完善

在教师讲评引导的基础上，对本阶段的学习活动成果进行自我评分和小组评分（100 分制），之后独立用红笔对本阶段引导问题的回答进行更正和完善。

自我评分	关键能力		小组评分	关键能力	
	专业能力			专业能力	

（三）喇叭袖旗袍制版与检验

● 喇叭袖旗袍量体与控制松量

1. 知识学习

小贴士

喇叭袖旗袍测量部位及松量

衣长：第七颈椎点至所需长度（一般在膝盖以下所需长度）。

领围：水平围量颈根围一周（放二指以软尺能自然转动为宜）。

胸围：水平围量胸部最丰满处一周（以软尺能自然转动为宜），增加松量为 4 cm。

腰围：水平围量腰围最细处一周（以软尺能自然转动为宜），增加松量为 2 cm。

臀围：水平围量臀部最丰满处一周（以软尺能自然转动为宜），增加松量为 4 cm。

背长：第七颈椎点量至腰节最细处。

袖长：肩端点至袖肘线上方的长度。

肩宽：两肩端点之间的宽度，中间通过第七颈椎点。

袖窿：测量臂根围一周，增加松量为 6 cm。

引导问题

（1）要获得喇叭袖旗袍规格尺寸需要测量哪些部位？各部位放松量应如何控制？在测量过程中，哪些重点部位测量与体型有关？你是如何测量的？

____

____

____

2. 技能训练

实践

（2）每个小组推荐一名学生作为模特，分组进行旗袍的量体，并记录测量数据。

①衣长________ ②胸围_______ ③腰围_________ ④臀围_________

⑤背长________ ⑥臀高_______ ⑦领围_________ ⑧肩宽_________

⑨袖长________ ⑩袖口围_____ ⑪领高_________ ⑫侧衩高_______

3. 学习检验

引导问题

（3）请同学们通过测量人体或者人台，参考国家号型标准，独立完成表 3-24 号型 160/84A 喇叭袖旗袍成品规格尺寸的填写。

表 3-24　　号型 160/84A 喇叭袖旗袍成品规格尺寸

部位	衣长	胸围	腰围	臀围	背长	臀高
尺寸（cm）						
部位	领围	肩宽	袖长	袖口围	领高	侧衩高
尺寸（cm）						

引导评价、更正与完善

在教师讲评引导的基础上，对本阶段的学习活动成果进行自我评分和小组评分（100 分制），之后独立用红笔对本阶段引导问题的回答进行更正和完善。

自我评分	关键能力		小组评分	关键能力	
	专业能力			专业能力	

● 喇叭袖旗袍结构制图

1. 知识学习

喇叭袖旗袍结构制图要点如下：

（1）按号型 160/84A（净胸围 84 cm，净腰围 68 cm，净臀围 92 cm）合体风格设计制版尺寸。

（2）衣长：衣长至膝下 95 cm。

（3）背长：按人体原型背长 37.5 cm 确定，设置前腰节长 40 cm。

（4）胸围：净胸围 84 cm，加放松量 4 cm，设置胸围大 88 cm。

（5）腰围：净腰围 66 cm，加放松量 2 cm，设置腰围大 68 cm。

（6）臀围：净臀围 88 cm，加放松量 4 cm，设置臀围大 92 cm。

（7）领围：领围净体 36 cm，加放松量 2 cm，设置领围 38 cm。

（8）肩宽：两肩端点之间宽度为 38 cm。

（9）袖长：25 cm。

（10）袖口宽：袖口展开宽度为 56 cm。

（11）侧缝开衩：底边上抬 23 cm。

（12）袖窿深：可以按原型袖窿深 24.5 cm 确定，也可测量从颈侧点至胸高点的长度。

 教师指导

（1）请同学们在教师讲解的基础上，写出喇叭袖旗袍结构制图的步骤及主要部位尺寸的计算公式。

____

____

____

2. 技能训练

 实践

（2）在教师的指导下，根据号型 160/84A 的成品尺寸，填写制版规格尺寸（见表 3-25），并参考图 3-36 至图 3-38，独立完成喇叭袖旗袍的结构图绘制和检验。

表 3-25　　喇叭袖旗袍制版规格尺寸

部位	衣长	胸围	腰围	臀围	背长	臀高
成品尺寸（cm）	95	88	68	92	37.5	18
制版规格尺寸（cm）						
部位	领围	肩宽	袖长	袖口围	领高	侧衩高
成品尺寸（cm）	38	38	25	56	4	23
制版规格尺寸（cm）						

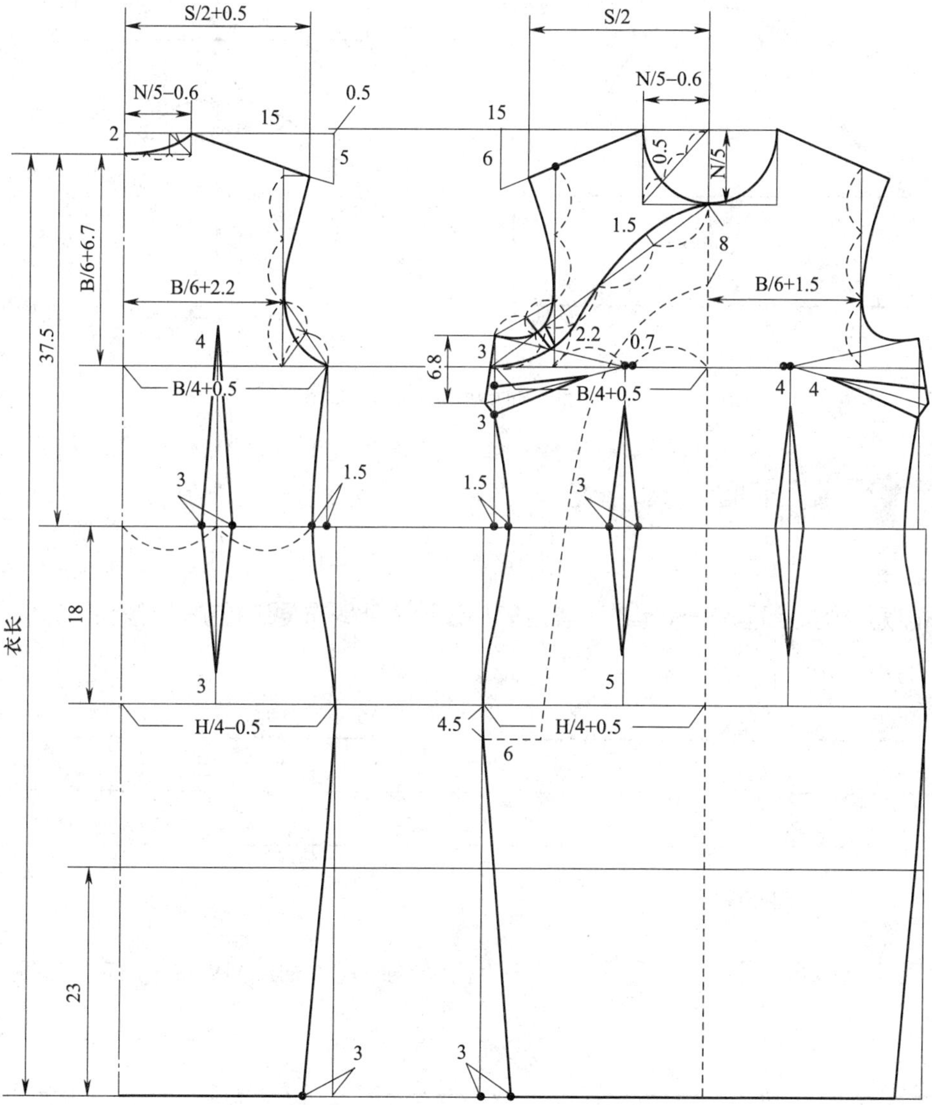

图 3-36　喇叭袖旗袍前后片结构图

扫描二维码，观看喇叭袖旗袍前片结构设计

扫描二维码，观看喇叭袖旗袍后片结构设计

扫描二维码，观看喇叭袖旗袍领子和袖子结构设计

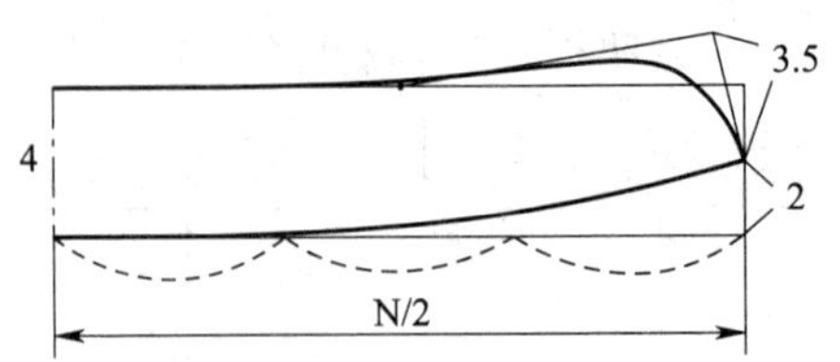

图 3-37 喇叭袖旗袍领子结构图

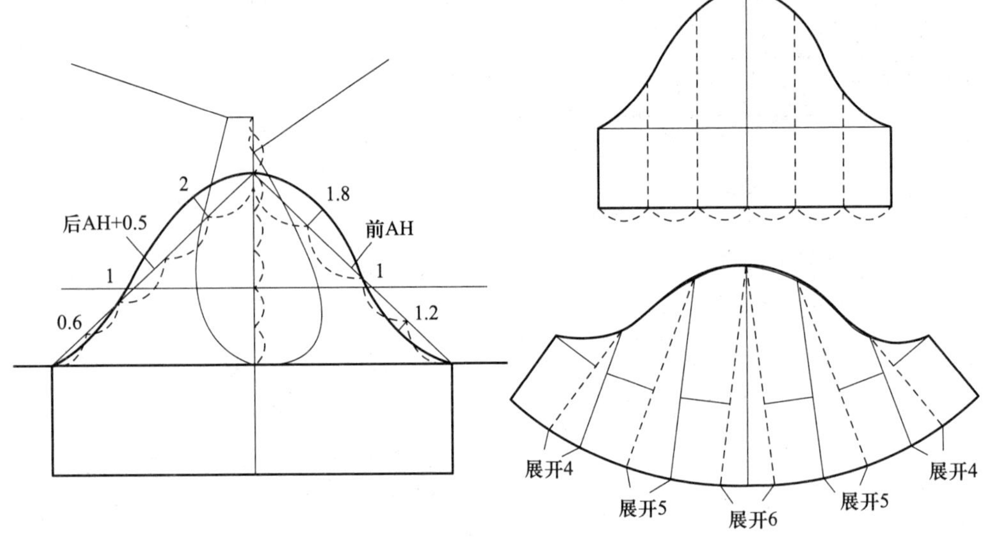

图 3-38 喇叭袖旗袍袖子结构图

引导问题

（3）绘制喇叭袖旗袍斜襟结构图需要注意哪些事项？左襟造型结构应如何设计才能既美观又合理？右小襟的位置应如何设计才能既方便装拉链、钉盘扣，又不影响开摆衩？

引导问题

（4）若把拉链设计在后背，后背中缝应如何绘制？前片斜襟结构应如何绘制？

3. 学习检验

世赛链接

（5）请同学们在教师的指导下，参照世界技能大赛评分标准（见表 3-26），完成喇叭袖旗袍结构图的质量检验，并将喇叭袖旗袍结构图修改调整到位。

表 3-26　　结构制图考核评分表

序号	考评内容		分值	得分
1	页面呈现清晰整洁，图形布局合理 页面干净，无皱痕，无多余线迹，姓名、学号展现清晰、位置正确；横平纵直，基础框架线与纸边的距离误差不超过 0.1 cm	每处错误扣 5 分	10	
2	结构设计准确、合理 前后身造型美观、合理，轮廓准确；领、袖、大襟造型与款式图相符，制图方法正确；盘扣位置与款式图相符、分布合理	每处错误扣 5 分	30	
3	各主要部位规格与所给成衣规格表相符 衣长、袖长、胸围、腰围、臀围、肩宽、领围等各部位与规格相符合	每处错误扣 5 分	10	
4	用线规范 辅助线、轮廓线、对折线使用正确规范，辅助线、轮廓线区分清楚，粗细有别	每处错误扣 5 分	10	
5	制图规格表 标明工位、制图单位、号型、技术文件中要求的尺寸名称和对应的具体尺寸	每处错误扣 5 分	10	
6	线条质量 线条清晰、圆顺、流畅，对合圆顺，拼合长短一致	每处错误扣 5 分	10	
7	数据标注规范 数据标注明确具体、清晰规范，无难以识读或无法确认的点位	每处错误扣 5 分	10	
8	标注规范 裥、褶、省、抽缩、归、拔、对合、纽扣、扣眼、布纹线等制图符号标注规范齐全	每处错误扣 5 分	10	
合计			100	

评分日期：　　　　　　　　　　　　　　评分人：

引导评价、更正与完善

在教师讲评引导的基础上，对本阶段的学习活动成果进行自我评分和小组评分（100 分制），之后独立用红笔对本阶段引导问题的回答进行更正和完善。

自我评分	关键能力		小组评分	关键能力	
	专业能力			专业能力	

● 喇叭袖旗袍样板制作

1. 知识学习

学习思考

喇叭袖旗袍样板具体放缝情况见表 3–27。

表 3–27　　喇叭袖旗袍样板放缝

序号	放缝	要求
1	后片放缝	领圈、袖窿 0.8 cm，肩、侧缝 1 cm，衩贴边、底边 4 cm
2	左大襟放缝	大襟弧线、领圈、袖窿 0.8 cm，肩、侧缝 1 cm，衩贴边、底边 4 cm
3	右小襟放缝	领圈、袖窿 0.8 cm，肩、侧缝、前中缝 1 cm，小襟弧线、底边 1 cm
4	大襟贴边放缝	领圈、大襟弧线 0.8 cm，其余 1 cm
5	领子放缝	领底 0.8 cm，领上口线 1 cm
6	袖子放缝	袖山弧线 0.8 cm，袖侧缝 1 cm，袖口 1 cm

2. 技能训练

实践

（1）在教师的指导下，参考图 3–39，写出喇叭袖旗袍所有样板的具体放缝情况，并独立完成喇叭袖旗袍样板图绘制和检验。

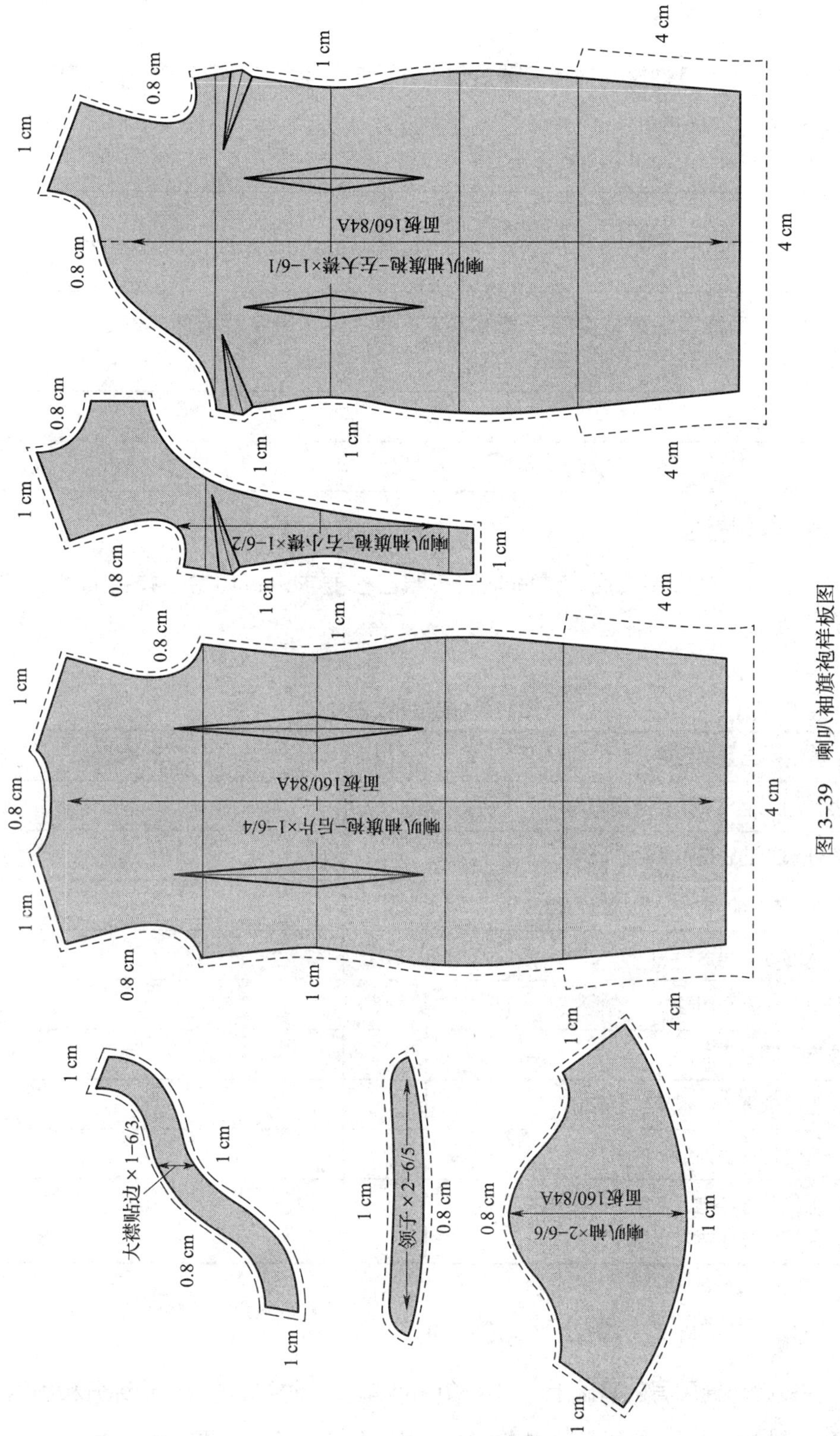

图 3-39　喇叭袖旗袍样板图

引导问题

（2）写出喇叭袖旗袍样板具体放缝要求。若本款旗袍是单层、不配里子，右前片前中缝应如何处理？

______

______

______

（3）如果需要配置全夹里，请根据工艺要求设置里子样板放缝量。

______

______

______

3. 学习检验

（4）样板制作完成后，请同学们按照自检要求进行自检，并完成表 3-28 的填写。

表 3-28　　　　喇叭袖旗袍样板自检表

自检项目要求	是	否	修改方案
裁片的规格尺寸是否准确无误			
各细部的曲线是否圆顺、流畅			
相关结构线的大小、形状是否吻合			
样板的标记是否错漏			
丝绺标记是否遗缺			
文字说明是否准确			
样板的数量（片数）是否欠缺			
各种部件是否齐全			
样板的整体结构、各部位的比例关系是否符合款式要求			

引导评价、更正与完善

在教师讲评引导的基础上，对本阶段的学习活动成果进行自我评分和小组评分（100 分制），之后独立用红笔对本阶段引导问题的回答进行更正和完善。

自我评分	关键能力		小组评分	关键能力	
	专业能力			专业能力	

● **喇叭袖旗袍样板修改与完善**

1. 知识学习

引导问题

（1）样衣上身后，发现喇叭袖袖口垂下来的波浪堆积在腋窝位置，这是什么原因造成的？应如何调整样板？

____

____

____

（2）样衣上身后，左大襟弧线起空、不服帖，这是什么原因造成的？应如何处理？右侧拉链拉好后右小襟的长度怎样控制才合适？过长或过短会产生什么问题？

____

____

____

（3）样衣上身后，发现胸下围到腰节处绷紧或者空隙量较大，结合图 3-40 进行分析，这是什么原因造成的？应如何处理？

____

____

____

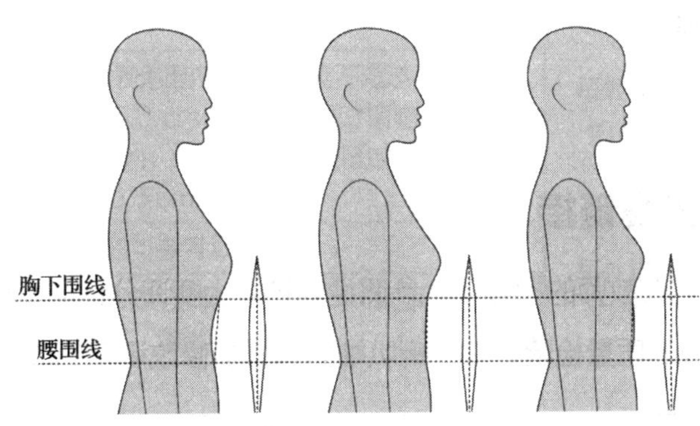

图 3-40　腰省和胃型的关系

引导评价、更正与完善

在教师讲评引导的基础上，对本阶段的学习活动成果进行自我评分和小组评分（100 分制），之后独立用红笔对本阶段引导问题的回答进行更正和完善。

自我评分	关键能力		小组评分	关键能力	
	专业能力			专业能力	

● 喇叭袖旗袍用料计算与排料方法

1. 知识学习

查询与收集

（1）请同学们查阅资料，通过小组讨论，分析喇叭袖旗袍排料的基本原则和注意事项。

____

____

____

讨论

（2）要使喇叭袖旗袍袖子上身效果好，垂下来的波浪均匀美观，面料的选择有什么要求？排料的丝绺方向有什么要求？

____

____

____

2. 技能训练

实践

（3）在教师的指导下，参考图 3-41 至图 3-43，独立完成喇叭袖旗袍不同幅宽的排料并计算用料长度。

①幅宽 70 cm 用料计算：________________________

②幅宽 110 cm 用料计算：________________________

③幅宽 148 cm 用料计算：________________________

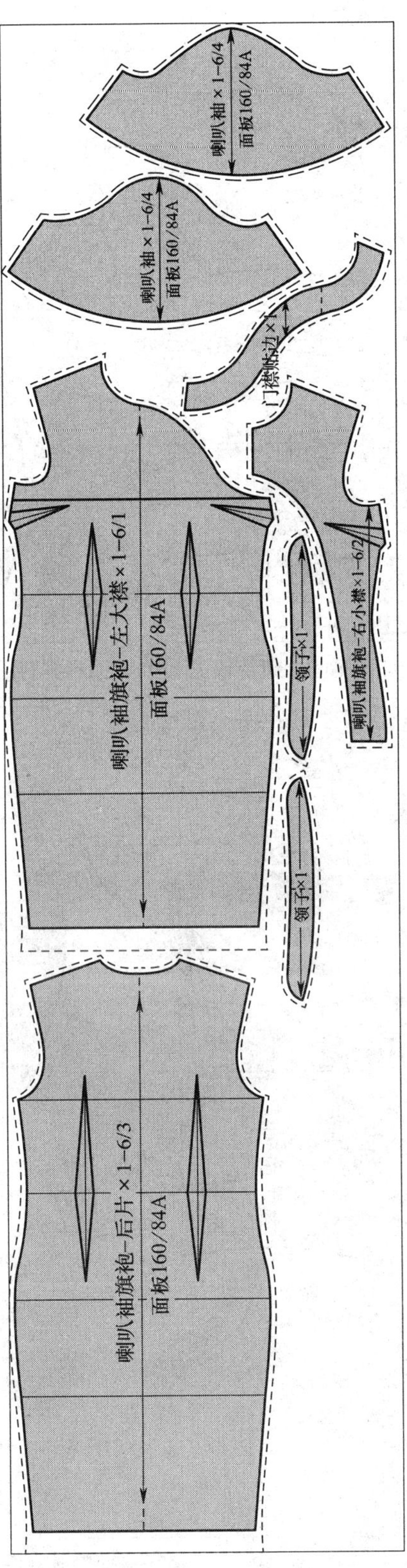

图 3-41　喇叭袖旗袍幅宽 70 cm 面料排料图

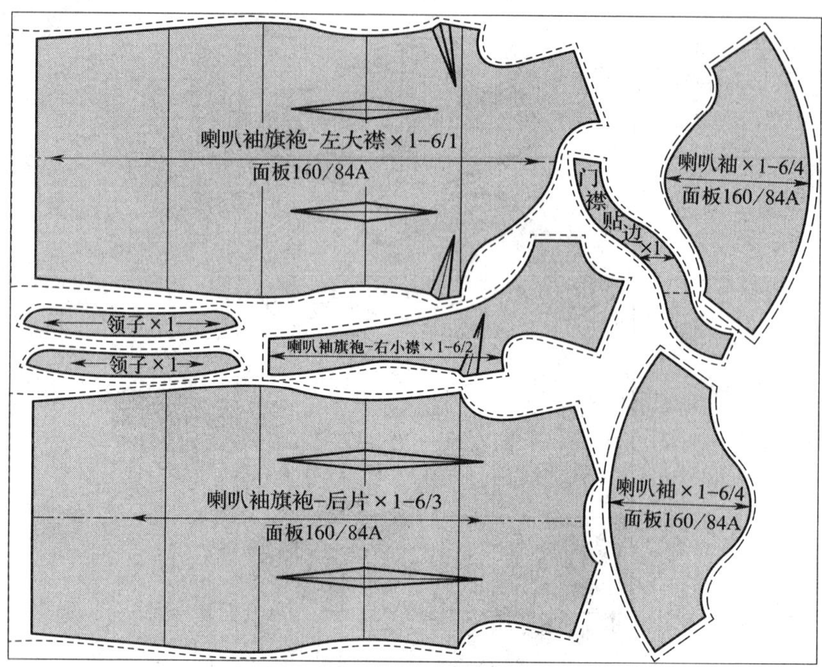

图 3-42 喇叭袖旗袍幅宽 110 cm 面料排料图

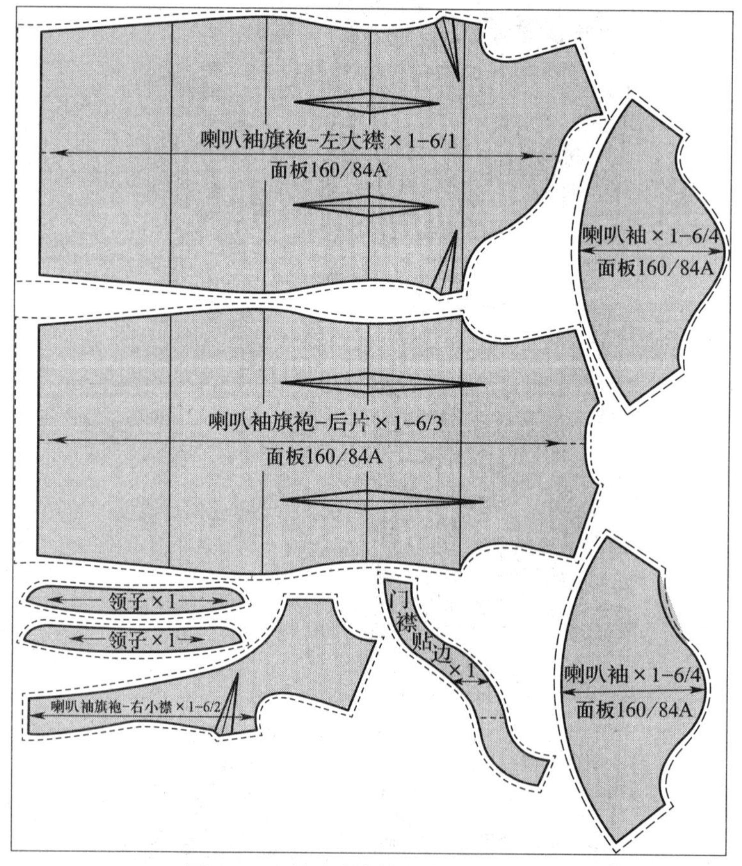

图 3-43 喇叭袖旗袍幅宽 148 cm 面料排料图

讨论

（4）在教师的指导下，通过小组讨论，分析喇叭袖旗袍可倒顺排料比只能顺向排料能节省多少用料？如果用垂感好的面料裁剪，整件喇叭袖旗袍的用料是多少？

____

____

____

3. 学习检验

世赛链接

（5）请同学们在教师的指导下，参照世界技能大赛评分标准（见表 3-31），完成喇叭袖旗袍排料检验。

表 3-31　　排料考核评分表

<table>
<tr><th>序号</th><th>考评内容</th><th>评分标准</th><th>分值</th><th>得分</th></tr>
<tr><td rowspan="2">1</td><td>版面正确有效</td><td rowspan="2">每处错误扣 5 分</td><td rowspan="2">15</td><td rowspan="10"></td></tr>
<tr><td>依照要求排在材料正面，面料正反面、倒顺绒正确，图案对位，画有正确的幅宽线和起止线</td></tr>
<tr><td rowspan="2">2</td><td>整体版面</td><td rowspan="2">每处错误扣 5 分</td><td rowspan="2">15</td></tr>
<tr><td>整体版面平整干净，无污垢，所有版片铺排正确，直接裁剪后可以做出款式图中的服装</td></tr>
<tr><td rowspan="2">3</td><td>样片固定</td><td rowspan="2">每处错误扣 5 分</td><td rowspan="2">20</td></tr>
<tr><td>样板固定平服，无交叠，别针用量适宜，便于裁剪</td></tr>
<tr><td rowspan="2">4</td><td>纱向线（测量不少于 4 片，误差需小于 0.2 cm）</td><td rowspan="2">每处错误扣 5 分</td><td rowspan="2">20</td></tr>
<tr><td>以幅宽线或中心丝道为丝道评判依据</td></tr>
<tr><td rowspan="2">5</td><td>排料合理性</td><td rowspan="2">每处错误扣 5 分</td><td rowspan="2">30</td></tr>
<tr><td>排料经济合理；整体排版规范，遵循直对直、弧接弧，凹凸相套，便于裁剪</td></tr>
<tr><td colspan="3">合计</td><td>100</td><td></td></tr>
</table>

评分日期：　　　　　　　　　　　　　　　　评分人：

引导评价、更正与完善

在教师讲评引导的基础上，对本阶段的学习活动成果进行自我评分和小组评分

（100 分制），之后独立用红笔对本阶段引导问题的回答进行更正和完善。

自我评分	关键能力		小组评分	关键能力	
	专业能力			专业能力	

（四）喇叭袖旗袍工作任务的成果展示与评价反馈

1. 知识学习

服装制版完成后，需要进行展示和评价，并作出相应反馈。

（1）展示的方法：将喇叭袖旗袍全套样板平铺在工作台上，将制作的样衣穿在人台上一起展示。

（2）评价的方法：看样衣效果，对照评分细则检查样板质量。

世赛链接

以世界技能大赛时装技术项目服装制版、排料模块的评分标准作为评价标准。

2. 技能训练

实践

（3）将喇叭袖旗袍全套样板平铺在干净的工作台上进行平面展示。

（4）依据评分标准，对平铺展示的喇叭袖旗袍全套样板进行自我评价和小组评价。

3. 学习检验

引导问题

（5）在教师的指导下，先在小组内进行作品展示，然后经小组讨论，推选出一组最佳作品，进行全班展示与评价，并由组长简要介绍推选的理由，小组其他成员做补充并记录。

小组最佳作品制作人：______________

推选理由：____

____

其他小组评价意见：____

____

教师评价意见：________________

____

引导问题

（6）将本次学习活动中出现的问题及其产生的原因和解决的办法填写在表 3-32 中。

表 3-32　　问题分析表

出现的问题	产生的原因	解决的办法
1.		
2.		
3.		
……		

自我评价

（7）本次学习活动中自己最满意的地方和最不满意的地方各写一点，并简要说明原因。然后完成表 3-33 学习活动考核评价表的填写。

最满意的地方：________________

最不满意的地方：________________

表 3-33　　学习活动考核评价表

学习活动名称：喇叭袖旗袍制版

班级：　　学号：　　姓名：　　指导教师：

评价项目	评价标准	评价依据（信息、佐证）	评价方式			权重	得分小计	总分
			自我评价	小组评价	教师（企业）评价			
			10%	20%	70%			
关键能力	1. 能穿戴劳动保护服装，执行安全操作规程 2. 能参与小组讨论，相互交流与评价 3. 能积极主动、勤学好问 4. 能清晰、准确地表达 5. 能清扫场地和工作台，归置物品，填写活动记录	1. 课堂表现 2. 工作页填写				40%		

续表

<table>
<tr><th rowspan="3">评价项目</th><th rowspan="3">评价标准</th><th rowspan="3">评价依据（信息、佐证）</th><th colspan="3">评价方式</th><th rowspan="3">权重</th><th rowspan="3">得分小计</th><th rowspan="3">总分</th></tr>
<tr><th>自我评价</th><th>小组评价</th><th>教师（企业）评价</th></tr>
<tr><th>10%</th><th>20%</th><th>70%</th></tr>
<tr><td>专业能力</td><td>1. 能准确测量人体，制定喇叭袖旗袍制版规格
2. 能制订喇叭袖旗袍制版计划，准备相关制图工具与材料
3. 能识读喇叭袖旗袍制版任务单，完成喇叭袖旗袍平面结构制图
4. 能正确复制轮廓线，依据喇叭袖旗袍款式特点和制作工艺要求，准确加放，完成全套裁剪样板制作
5. 能按照样板制作规范，完成样板编号、标注、打孔、分类等工作
6. 能记录喇叭袖旗袍制版过程中的疑难点，在教师的指导下，通过小组讨论或独立思考与实践加以解决
7. 能按照企业标准（或世界技能大赛评分标准）对喇叭袖旗袍样板进行检验并展示</td><td>1. 课堂表现
2. 工作页填写
3. 提交的喇叭袖旗袍结构图
4. 提交的喇叭袖旗袍裁剪样板
5. 提交的喇叭袖旗袍全套样板</td><td></td><td></td><td></td><td>60%</td><td></td><td></td></tr>
<tr><td>指导教师综合评价</td><td colspan="8">指导教师签名:　　　　　　　　　　　　　　　　日期:</td></tr>
</table>

三、学习拓展

说明：本阶段学习拓展建议学时为 8 ~ 16 学时，要求学生在课后独立完成。教师可根据本校的教学需要和学生的实际情况，选择部分或全部进行实践，也可另

行选择相关拓展内容，亦可不实施本学习拓展，将其所需学时用于强化学习过程阶段的实践内容。

拓展 1

请同学们根据喇叭袖 A 摆旗袍款式图（见图 3-44），在教师的指导下，设计出成衣的各部位尺寸，填写在表 3-34 中，并完成款式图、结构图和基础样板的绘制与检验（喇叭袖和衣身外罩一层用薄纱面料）。

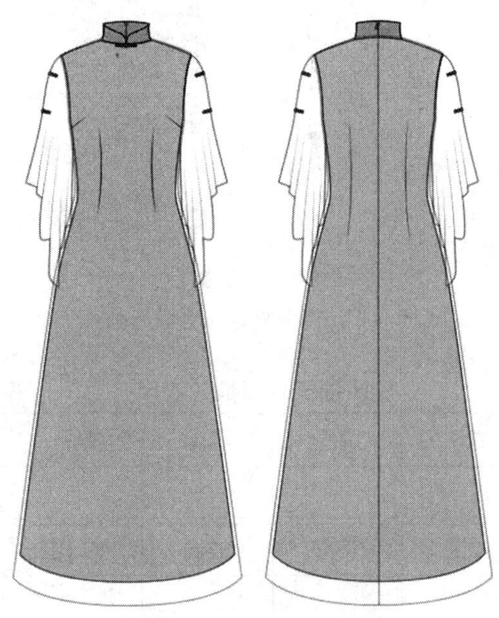

图 3-44　喇叭袖 A 摆旗袍款式图

表 3-34　喇叭袖 A 摆旗袍成衣尺寸

部位	衣长	胸围	腰围	臀围	背长	臀高
尺寸（cm）						
部位	领围	肩宽	袖长	袖口围	领高	下摆大
尺寸（cm）						

拓展 2

请同学们根据喇叭袖长款旗袍款式图（见图 3-45），在教师的指导下，设计出成衣的各部位尺寸，填写在表 3-35 中，并完成款式图、结构图和基础样板的绘制与检验。

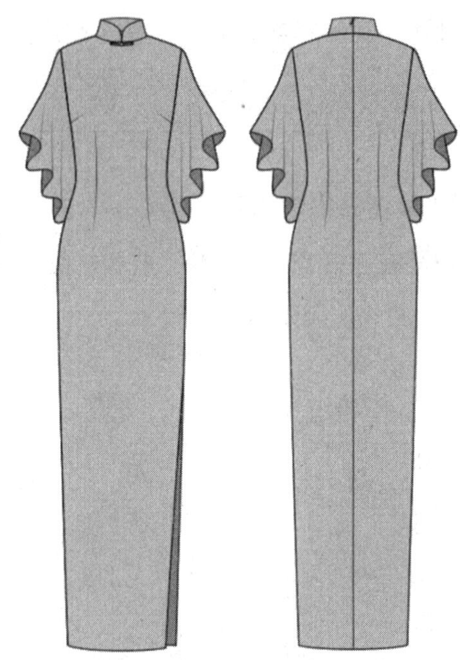

图 3-45　喇叭袖长款旗袍款式图

表 3-35　　喇叭袖长款旗袍成衣尺寸

部位	衣长	胸围	腰围	臀围	背长	臀高
尺寸（cm）						
部位	领围	肩宽	袖长	袖口围	领高	侧衩高
尺寸（cm）						

学习活动 3
水滴领鱼尾式旗袍制版

学习目标

1. 能遵守工作制度，服从工作安排，按要求准备好水滴领鱼尾式旗袍制版所需的工具、设备、材料及各项技术文件。

2. 能识读水滴领鱼尾式旗袍制版的各项技术文件，明确制版的流程、方法和注意事项。

3. 能查阅相关资料，制订水滴领鱼尾式旗袍制版的计划，教师对计划进行指导和确认。

4. 能依据技术文件要求，结合国家标准 GB/T 29863—2013《服装制图》的规定，独立完成水滴领鱼尾式旗袍基础样板的制版、检查与复核工作。

5. 能按照企业标准（或参照世界技能大赛评分标准）对水滴领鱼尾式旗袍样板进行质量检验，并依据白坯试样结果，将样板修改调整到位。

6. 能记录水滴领鱼尾式旗袍制版、试样过程中的疑难点，进行小组讨论、合作探究，并在教师的指导下，提出解决问题的方案。

7. 能按有关归档要求，进行资料归类和现场整理。

8. 能展示、评价水滴领鱼尾式旗袍制版各阶段的成果，清扫场地和工作台，归置物品，填写设备使用记录。

一、学习准备

1. 场地：服装样板制作一体化教室（包括制版桌、排料台、制版工具、投影仪、多媒体计算机等设备）。

2. 材料：水滴领鱼尾式旗袍制版相关学材、任务单（见表 3-36）、牛皮纸、拷贝纸等。

3. 分组：划分学习小组（每组 5 ~ 6 人），分组信息填写在表 3-37 中。

4. 课前检查

（1）检查一体化教室各项设备能否正常使用。

（2）检查各学习小组课前准备情况。

（3）检查学生工作服穿戴情况。

表 3-36　　　　水滴领鱼尾式旗袍制版任务单

<table>
<tr><td>订单号</td><td colspan="2">GLQP-3</td><td colspan="2">客户名称</td><td colspan="3">× × ×</td></tr>
<tr><td>款式号</td><td>SDLYWSQP01</td><td>样衣尺码</td><td>M 号</td><td>制作人</td><td></td><td>日期</td><td>年　月　日</td></tr>
<tr><td>款式名称</td><td colspan="7">水滴领鱼尾式旗袍</td></tr>
<tr><td>款式图</td><td colspan="7">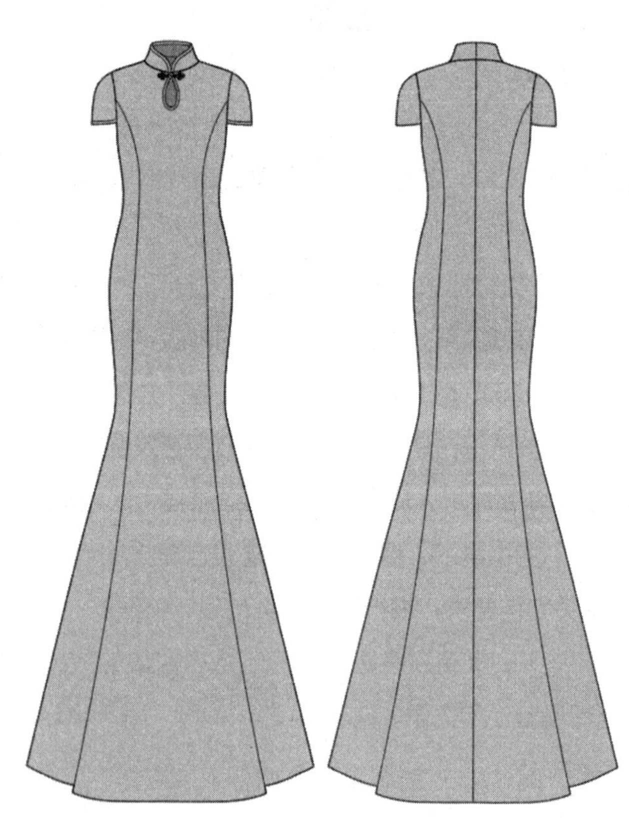</td></tr>
<tr><td>款式说明</td><td colspan="7">本款衣长至脚背，中式立领，盖肩袖，前中领口水滴形设计，领口、水滴口、袖口绲边，钉一粒花式盘扣，衣身前后片公主线分割，下摆放开呈鱼尾状，后中装拉链。</td></tr>
</table>

续表

<table>
<tr><td rowspan="4">规格尺寸</td><td rowspan="2">号型规格</td><td>部位</td><td>衣长</td><td>胸围</td><td>腰围</td><td>臀围</td><td>背长</td><td>臀高</td></tr>
<tr><td>尺寸（cm）</td><td>135</td><td>88</td><td>68</td><td>92</td><td>37.5</td><td>18</td></tr>
<tr><td rowspan="2">160/84A</td><td>部位</td><td>领围</td><td>肩宽</td><td>袖长</td><td>袖口围</td><td>领高</td><td>下摆围</td></tr>
<tr><td>尺寸（cm）</td><td>38</td><td>38</td><td>10</td><td>22</td><td>4</td><td>210</td></tr>
<tr><td>制版要求</td><td colspan="8">1. 制版充分考虑款式特征、面料特性和工艺要求。
2. 结构造型合理，与款式吻合，尺寸符合规格要求。
3. 结构图干净整洁，各部位数据和文字说明标注清晰规范。
4. 辅助线、轮廓线界定清晰，线条平滑、圆顺、流畅，对合平顺，拼合长短一致。
5. 合理配置出相应的零部件，能够对样片进行合理放缝。净样板、毛样板、辅料样板齐全、数量准确、标注规范。
6. 样板标识正确，必须标在同一版面上，且需用水笔标识。样板标识包括产品名称、部位名称、正确的规格及样片数量序号。
7. 裁剪标识正确，包括裁剪数量、连折裁剪等。纱向线方向合理、正确，全长展示。
8. 制作标识正确，缝份标注合理，在需要的部位打有合适的剪口或对位点，为生产提供准确信息。
9. 样板轮廓光滑、顺畅，无毛刺。拼合连接后呈现出的线条平顺，所有样片拼接后长度可对准。</td></tr>
<tr><td>工艺要求</td><td colspan="8">1. 领口、水滴口、袖口绲边。
2. 领口钉一粒花式盘扣。
3. 衣片配半夹里至膝盖以上。
4. 后中装拉链至领。
5. 裙摆卷边 0.6 cm。</td></tr>
<tr><td>审批</td><td colspan="4"></td><td colspan="2">日期</td><td colspan="2"></td></tr>
</table>

表 3-37　　小组编号表

组号	组内成员姓名	组长姓名

二、学习过程

（一）获取水滴领鱼尾式旗袍工作任务的相关信息

1. 知识学习

小贴士

水滴领的款式特征

水滴领旗袍是我国女性服饰解放的产物。水滴领的出现使改良后的旗袍彻底摆脱了禁锢的老面孔，融入了时代的精神，注入了时代的血液，赋予了青春的活力。如图 3–46 所示，水滴领是在旗袍领口下方设计出一个水滴状的镂空造型，露出些许肌肤，领口处通常钉花式盘扣，使女性内敛中显露着一些性感的风情，展现出柔美、优雅、婉转的气质。此外，水滴领还有拉长脸型的视觉效果，适合短脸、方脸的女性穿着。

图 3–47 所示反映了水滴领的结构变化。

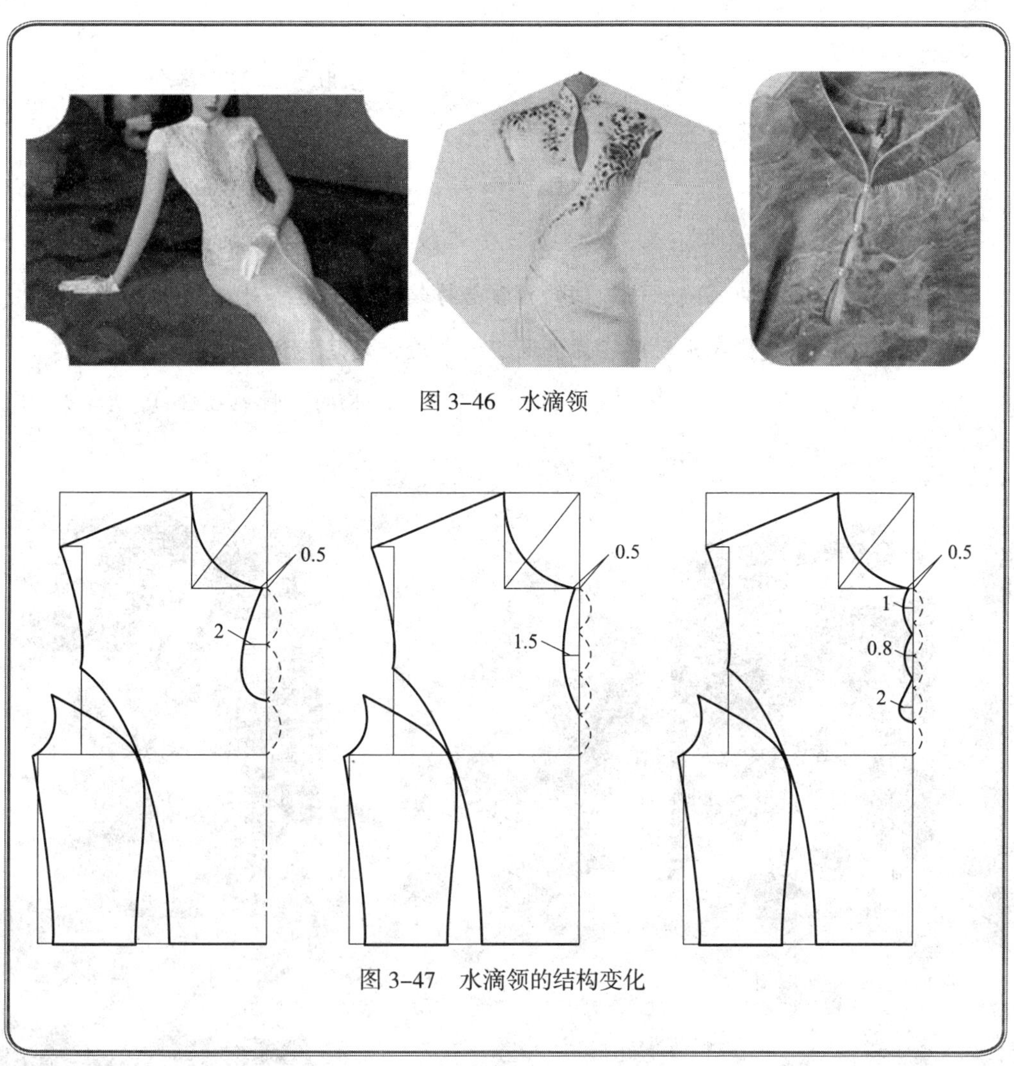

图 3-46　水滴领

图 3-47　水滴领的结构变化

引导问题

（1）请同学们查阅资料，简要描述水滴领的款式特征及结构变化原理。

____

____

____

小贴士

鱼尾裙的款式特征

鱼尾裙指裙体呈鱼尾状的裙子，其腰部、臀部及大腿中部呈合体造型，再往下逐步放开下摆，展开呈鱼尾状。为了保证“鱼肚”三围合体和“鱼尾”展开均匀，鱼尾裙多采用 6 片以上的结构形式，如 6 片鱼尾裙、8 片鱼尾裙及 12 片鱼尾裙等。

鱼尾裙是提升臀部轮廓、突显女性优雅线条的最佳方案。鱼尾裙的合理搭配可以修饰身材的缺陷，使纤细的腰肢与撑起的胯部形成对比，对于清瘦型的人来说，这种后摆在走动时能为臀围视觉营造出意想不到的效果。但鱼尾裙不适合腰部赘肉较多、臀部过于丰满和下身不够修长的女性。图 3–48 所示为鱼尾式礼服，图 3–49 所示为鱼尾式旗袍。

图 3–48　鱼尾式礼服

图 3-49　鱼尾式旗袍

引导问题

（2）请同学们查阅资料，结合图 3-48 和图 3-49，简要描述鱼尾裙的款式特征。

___

___

___

鱼尾裙的结构变化

方法一如图 3-50 至图 3-52 所示。

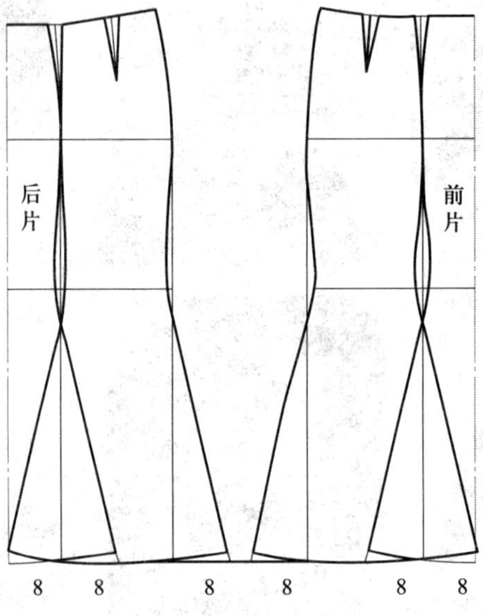

图 3-50　6 片鱼尾裙结构图

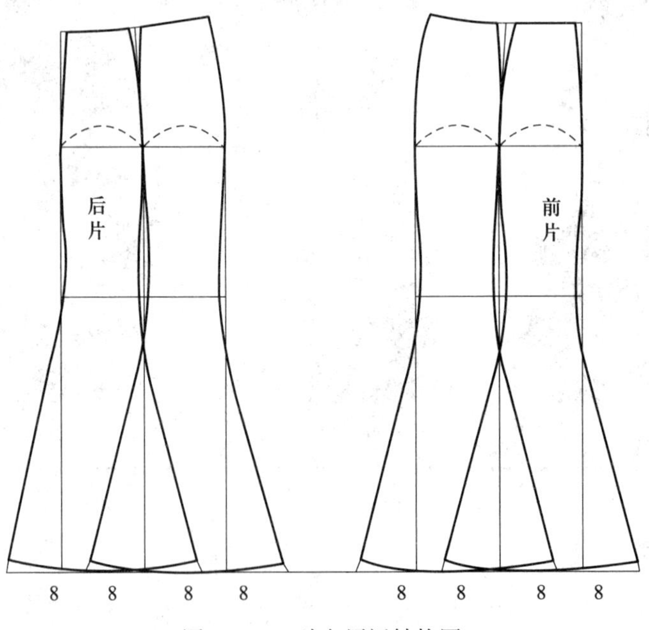

图 3-51　8 片鱼尾裙结构图

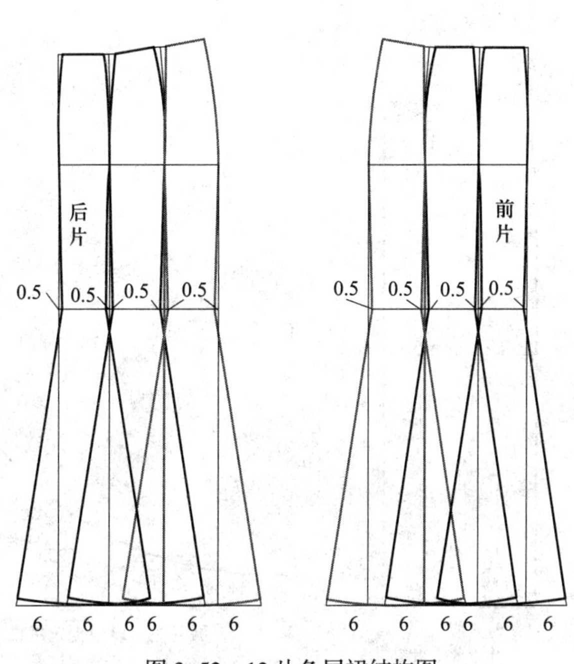

图 3-52 12 片鱼尾裙结构图

方法二如图 3-53 所示。

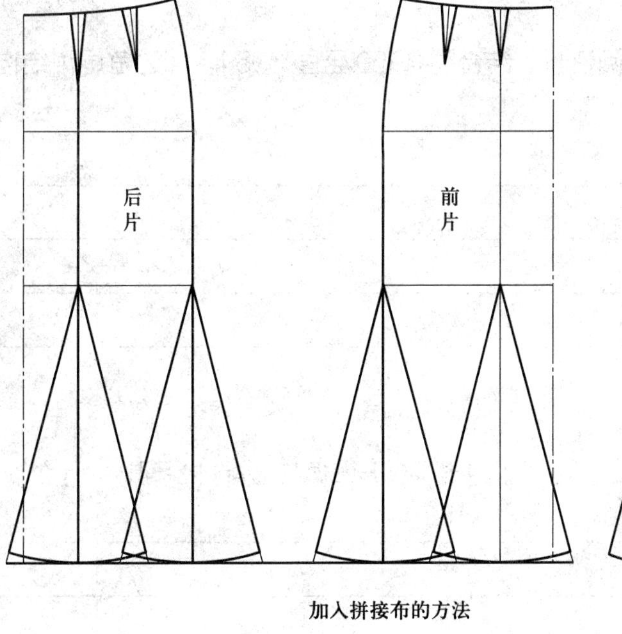

图 3-53 插拼接布式鱼尾裙结构图

方法三如图 3-54 所示。

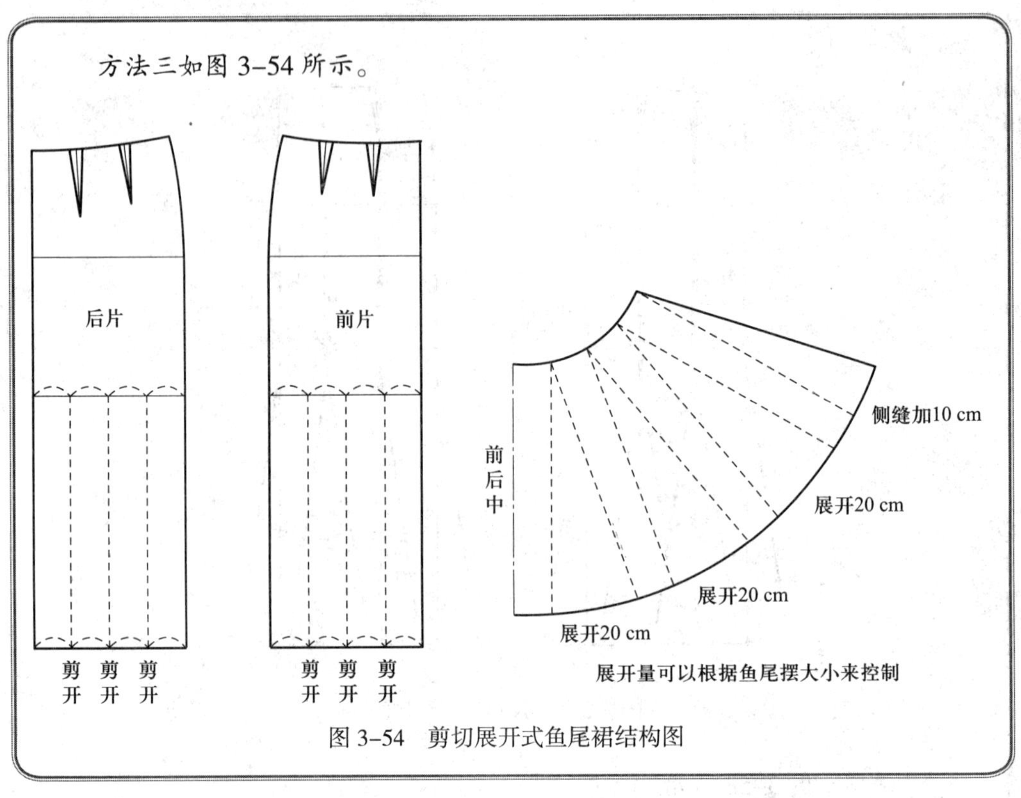

图 3-54　剪切展开式鱼尾裙结构图

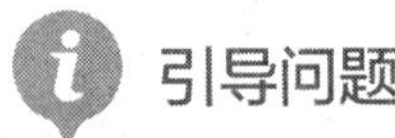

引导问题

（3）请同学们查阅资料，结合图 3-50 至图 3-54，简述鱼尾裙结构设计方法及变化原理。

____

____

____

____

引导问题

（4）请同学们谈一谈鱼尾裙的裙摆展开量怎样分配才合理，为什么？

____

____

____

2. 学习检验

引导问题

（5）在教师的引导下，独立完成表 3-38 的填写。

表 3-38　　学习任务与学习活动简要归纳表

本次学习任务的名称	
本次学习任务的主要目标	
本次学习任务的活动内容	
本次学习活动的名称	
本次学习活动的主要目标	
水滴领的款式特征及结构变化原理	
鱼尾裙的款式特征	
鱼尾裙结构设计方法及变化原理	
你认为本次学习活动中，哪些目标的实现难度较大？	

引导评价、更正与完善

在教师讲评引导的基础上，对本阶段的学习活动成果进行自我评分和小组评分（100 分制），之后独立用红笔对本阶段引导问题的回答进行更正和完善。

自我评分	关键能力		小组评分	关键能力	
	专业能力			专业能力	

（二）制订水滴领鱼尾式旗袍制版计划并决策

1. 知识学习

介绍制订计划的基本方法、内容和注意事项，重点围绕学习活动展开。

（计划制订参考意见：整个工作的内容和目标是什么？整个工作分几步实施？过程中要注意什么？小组成员之间应该如何配合？出现问题应该如何处理？）

2. 学习检验

引导问题

（1）简要写出你们小组的水滴领鱼尾式旗袍制版计划。

____

____

____

引导问题

（2）你在制订水滴领鱼尾式旗袍制版计划的过程中承担了哪些工作？有什么体会？

____

____

____

引导问题

（3）对小组制订的水滴领鱼尾式旗袍制版计划，教师给出了什么修改建议？为什么？

____

____

____

引导问题

（4）你认为水滴领鱼尾式旗袍制版计划中哪些工作比较难实施？为什么？你有什么想法？

____

____

____

引导问题

（5）对水滴领鱼尾式旗袍制版计划，小组最终做出了什么决定？是如何做出的？

____

____

____

引导评价、更正与完善

在教师讲评引导的基础上，对本阶段的学习活动成果进行自我评分和小组评分（100 分制），之后独立用红笔对本阶段引导问题的回答进行更正和完善。

<table>
<tr><td rowspan="2">自我评分</td><td>关键能力</td><td></td><td rowspan="2">小组评分</td><td>关键能力</td><td></td></tr>
<tr><td>专业能力</td><td></td><td>专业能力</td><td></td></tr>
</table>

（三）水滴领鱼尾式旗袍制版与检验

● 水滴领鱼尾式旗袍量体与控制松量

1. 知识学习

小贴士

水滴领鱼尾式旗袍测量部位及松量

衣长：第七颈椎点至所需长度（一般在脚踝以下所需长度）。

领围：水平围量颈根围一周（放二指以软尺能自然转动为宜）。

胸围：水平围量胸部最丰满处一周（以软尺能自然转动为宜），增加松量为 4 cm。

腰围：水平围量腰围最细处一周（以软尺能自然转动为宜），增加松量为 2 cm。

臀围：水平围量臀部最丰满处一周（以软尺能自然转动为宜），增加松量为 4 cm。

背长：第七颈椎点量至腰节最细处。

袖长：肩端点至袖肘线上方的长度。

肩宽：两肩端点之间的宽度，中间通过第七颈椎点。

袖窿：测量臂根围一周，增加松量为 6 cm。

鱼尾摆放开处：腰围最细处量至膝围抬上 10 cm 处。

引导问题

（1）要获得水滴领鱼尾式旗袍规格尺寸需要测量哪些部位？各部位放松量应如何控制？在测量过程中，哪些重点部位测量与体型有关？你是如何测量的？

2. 技能训练

实践

（2）每个小组推荐一名学生作为模特，分组进行旗袍的量体，并记录测量数据。

①衣长________ ②胸围________ ③腰围________ ④臀围________

⑤背长________ ⑥臀高________ ⑦领围________ ⑧肩宽________

⑨袖长________ ⑩袖口围________ ⑪领高________ ⑫下摆围________

3. 学习检验

引导问题

（3）请同学们通过测量人体或者人台，参考国家号型标准，独立完成表 3-39 号型 160/84A 水滴领鱼尾式旗袍成品规格尺寸的填写。

表 3-39　　号型 160/84A 水滴领鱼尾式旗袍成品规格尺寸

部位	衣长	胸围	腰围	臀围	背长	臀高
尺寸（cm）						
部位	领围	肩宽	袖长	袖口围	领高	下摆围
尺寸（cm）						

引导评价、更正与完善

在教师讲评引导的基础上，对本阶段的学习活动成果进行自我评分和小组评分（100 分制），之后独立用红笔对本阶段引导问题的回答进行更正和完善。

自我评分	关键能力		小组评分	关键能力	
	专业能力			专业能力	

● 水滴领鱼尾式旗袍结构制图

1. 知识学习

水滴领鱼尾式旗袍结构制图要点如下：

（1）按号型 160/84A（净胸围 84 cm，净腰围 66 cm，净臀围 88 cm）合体风格设计制版尺寸。

（2）衣长：衣长至脚踝以下至脚面 135 cm。

（3）背长：按人体原型背长 37.5 cm 确定，设置前腰节长 40 cm。

（4）胸围：净胸围 84 cm，加放松量 4 cm，设置胸围大 88 cm。

（5）腰围：净腰围 66 cm，加放松量 2 cm，设置腰围大 68 cm。

（6）臀围：净臀围 88 cm，加放松量 4 cm，设置臀围大 92 cm。

（7）领围：领围净体 36 cm，加放松量 2 cm，设置领围 38 cm。

（8）肩宽：两肩端点之间宽度为 38 cm。

（9）前胸宽：B/6+1.5，设置前胸宽 16.2 cm。

（10）后胸宽：B/6+2.2，设置后胸宽 16.9 cm。

（11）袖窿深：可以按原型袖窿深 24.5 cm 确定，也可以测量从颈侧点至胸高点的长度。

（12）鱼尾放摆处：膝围向上 10 cm 左右、设置为 38 cm。

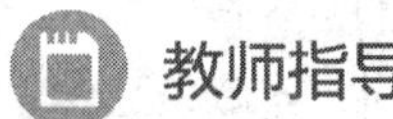

（1）请同学们在教师讲解的基础上，写出水滴领鱼尾式旗袍结构制图的步骤及主要部位尺寸的计算公式。

____

____

____

2. 技能训练

实践

（2）在教师的指导下，根据号型 160/84A 的成品尺寸，填写制版规格尺寸（见表 3-40），并参考图 3-55 至图 3-57，独立完成水滴领鱼尾式旗袍的结构图绘制和检验。

表 3-40　　水滴领鱼尾式旗袍制版规格尺寸

部位	衣长	胸围	腰围	臀围	背长	臀高
成品尺寸（cm）	135	88	68	92	37.5	18
制版规格尺寸（cm）						
部位	领围	肩宽	袖长	袖口围	领高	下摆围
成品尺寸（cm）	38	38	10	22	4	210
制版规格尺寸（cm）						

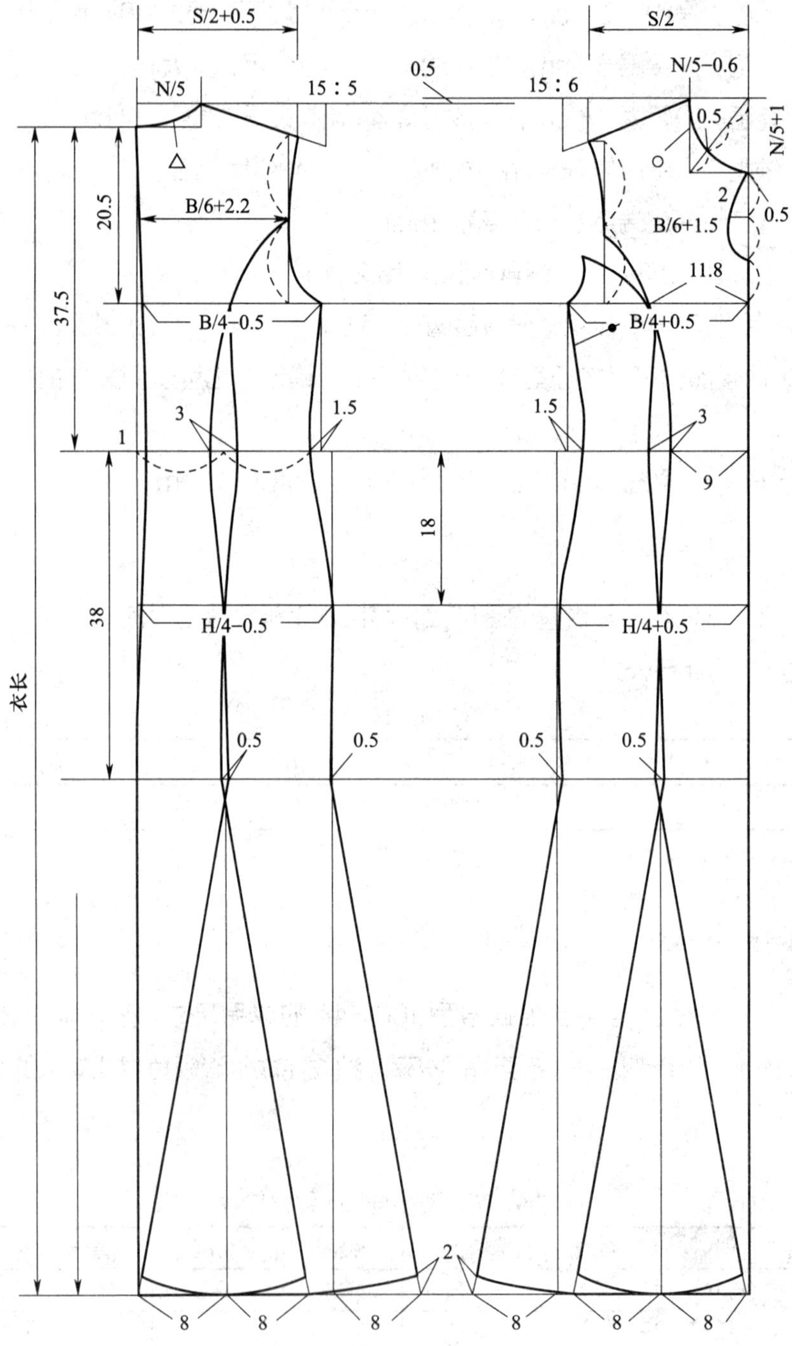

图 3-55　水滴领鱼尾式旗袍前后片结构图

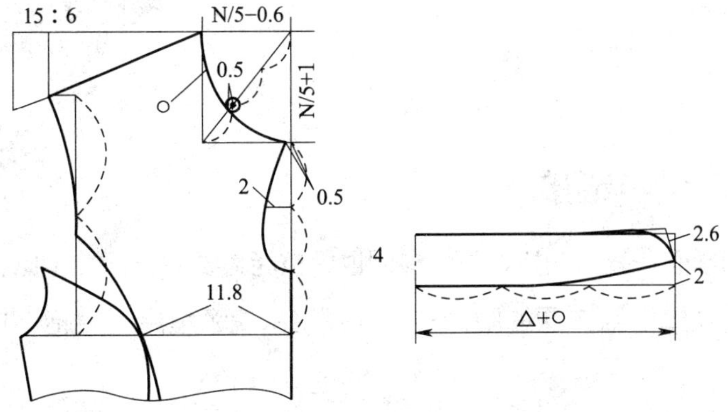

图 3-56　水滴领鱼尾式旗袍领子结构图

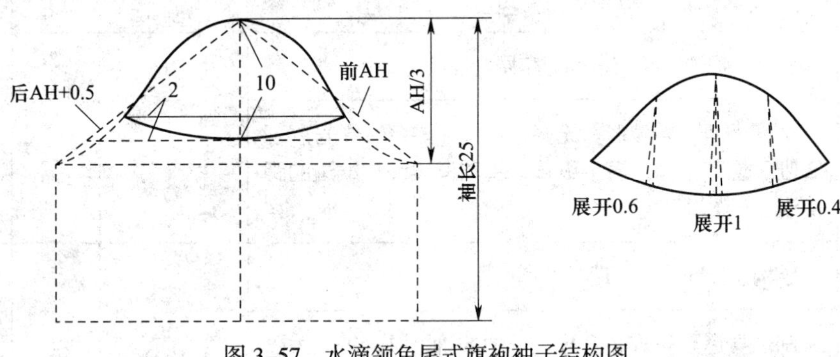

图 3-57　水滴领鱼尾式旗袍袖子结构图

引导问题

（3）绘制水滴领鱼尾式旗袍水滴领结构图时需要注意哪些事项？领口处为什么要离开 0.5 cm？水滴领造型结构如何设计才能既美观又合理？小盖袖袖口围多大才能穿着舒适？

____

____

____

引导问题

（4）鱼尾摆在什么位置放开不影响行走？摆量放多少合适？有哪几种放摆方法？

____

____

____

3. 学习检验

世赛链接

（5）请同学们在教师的指导下，参照世界技能大赛评分标准（见表 3-41），完成水滴领鱼尾式旗袍结构图的质量检验，并将水滴领鱼尾式旗袍结构图修改调整到位。

表 3-41　　　　　　结构制图考核评分表

序号	考评内容		分值	得分
1	页面呈现清晰整洁，图形布局合理	每处错误扣 5 分	10	
	页面干净，无皱痕，无多余线迹，姓名、学号展现清晰、位置正确；横平纵直，基础框架线与纸边的距离误差不超过 0.1 cm			
2	结构设计准确、合理	每处错误扣 5 分	30	
	前后身造型美观、合理，轮廓准确；领、袖、大襟造型与款式图相符，制图方法正确；盘扣位置与款式图相符、分布合理			
3	各主要部位规格与所给成衣规格表相符	每处错误扣 5 分	10	
	衣长、袖长、胸围、腰围、臀围、肩宽、领围等各部位与规格相符合			
4	用线规范	每处错误扣 5 分	10	
	辅助线、轮廓线、对折线使用正确规范，辅助线、轮廓线区分清楚，粗细有别			
5	制图规格表	每处错误扣 5 分	10	
	标明工位、制图单位、号型、技术文件中要求的尺寸名称和对应的具体尺寸			
6	线条质量	每处错误扣 5 分	10	
	线条清晰、圆顺、流畅，对合圆顺，拼合长短一致			

续表

序号	考评内容		分值	得分
7	数据标注规范 数据标注明确具体、清晰规范，无难以识读或无法确认的点位	每处错误扣 5 分	10	
8	标注规范 裥、褶、省、抽缩、归、拔、对合、纽扣、扣眼、布纹线等制图符号标注规范齐全	每处错误扣 5 分	10	
合计			100	

评分日期：　　　　　　　　　　　　　　　　　评分人：

引导评价、更正与完善

在教师讲评引导的基础上，对本阶段的学习活动成果进行自我评分和小组评分（100 分制），之后独立用红笔对本阶段引导问题的回答进行更正和完善。

自我评分	关键能力		小组评分	关键能力	
	专业能力			专业能力	

● 水滴领鱼尾式旗袍样板制作

1. 知识学习

学习思考

水滴领鱼尾式旗袍样板具体放缝情况见表 3-42。

表 3-42　　　　　　水滴领鱼尾式旗袍样板放缝

序号	放缝	要求
1	前片放缝	领圈、袖窿 0.8 cm，肩、分割片放缝 1 cm，底边 1.5 cm
2	前侧片放缝	袖窿 0.8 cm，侧缝、分割片放缝 1 cm，底边 1.5 cm
3	后片放缝	领圈、袖窿 0.8 cm，肩、分割片放缝 1 cm，后中缝、底边 1.5 cm
4	后侧片放缝	袖窿 0.8 cm，侧缝、分割片放缝 1 cm，底边 1.5 cm
5	立领放缝	领底 0.8 cm，领上口线 1 cm
6	袖子放缝	袖山弧线 0.8 cm，袖口 1 cm

2. 技能训练

实践

（1）在教师的指导下，参考图 3-58，写出水滴领鱼尾式旗袍所有样板的具体放缝情况，并独立完成水滴领鱼尾式旗袍样板图绘制和检验。

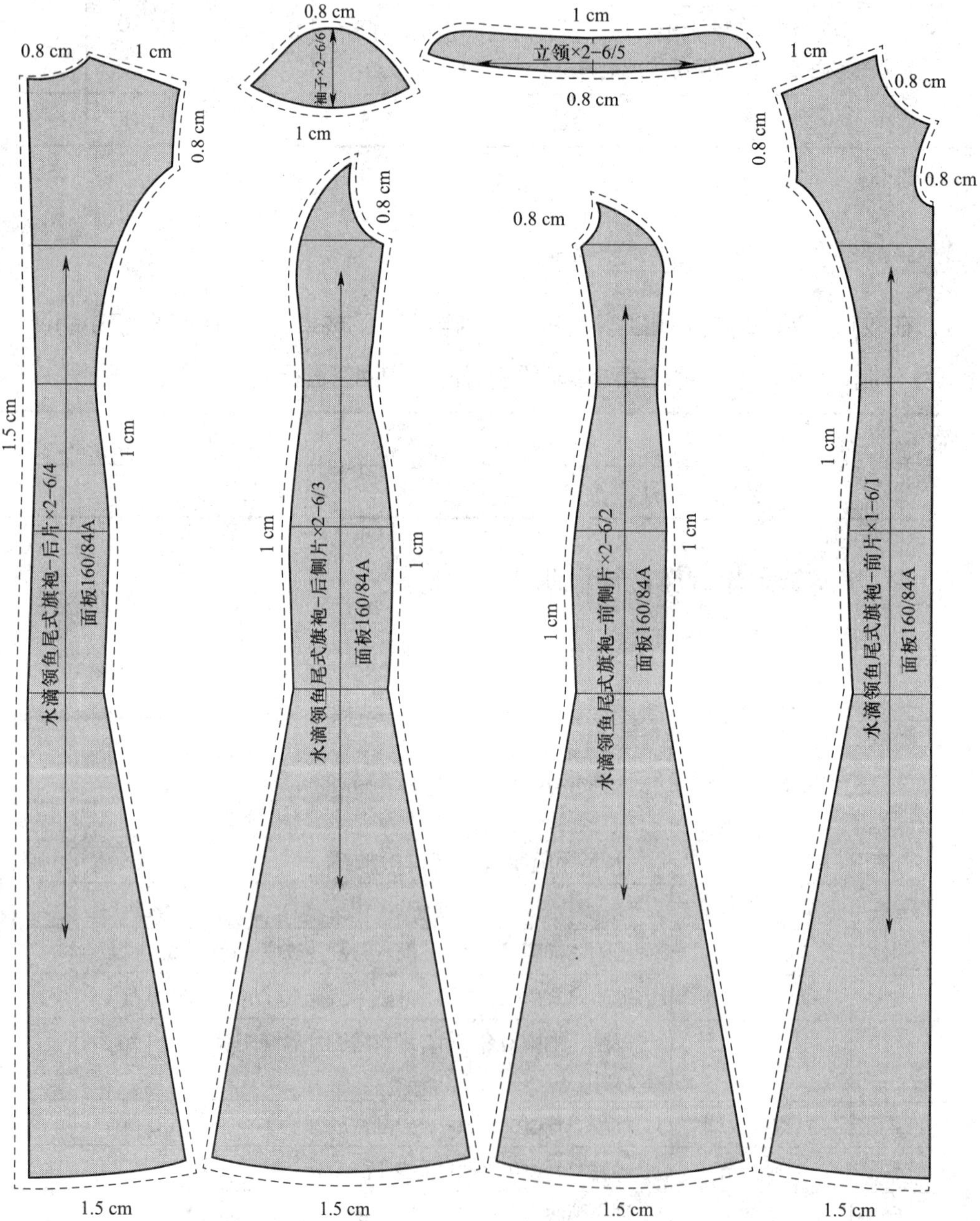

图 3-58　水滴领鱼尾式旗袍样板图

引导问题

（2）写出水滴领鱼尾式旗袍样板具体放缝要求。

___

___

___

引导问题

（3）如果需要配置全夹里，请根据工艺要求设置里子样板放缝量。

___

___

___

3. 学习检验

（4）样板制作完成后，请同学们按照自检要求进行自检，并完成表 3-43 的填写。

表 3-43　水滴领鱼尾式旗袍样板自检表

自检项目要求	是	否	修改方案
裁片的规格尺寸是否准确无误			
各细部的曲线是否圆顺、流畅			
相关结构线的大小、形状是否吻合			
样板的标记是否错漏			
丝绺标记是否遗缺			
文字说明是否准确			
样板的数量（片数）是否欠缺			
各种部件是否齐全			
样板的整体结构、各部位的比例关系是否符合款式要求			

引导评价、更正与完善

在教师讲评引导的基础上，对本阶段的学习活动成果进行自我评分和小组评分（100 分制），之后独立用红笔对本阶段引导问题的回答进行更正和完善。

自我评分	关键能力		小组评分	关键能力	
	专业能力			专业能力	

● 水滴领鱼尾式旗袍样板修改与完善

1. 知识学习

引导问题

（1）样衣上身后，发现水滴领领口豁开、不服帖，这是什么原因造成的？应如何调整样板？小盖袖抬手臂时受阻或者袖口飞边，这是什么原因造成的？应如何调整样板？

____

____

____

引导问题

（2）样衣上身后，走动时鱼尾摆绕腿且绊脚，这是什么原因造成的？应如何调整样板？

____

____

____

引导问题

（3）图 3-59 所示为前腰省和腹部的关系，图 3-60 所示为后腰省和臀翘的关系。请结合图示分析在不同体型情况下应如何设计旗袍前、后腰省。

____

____

____

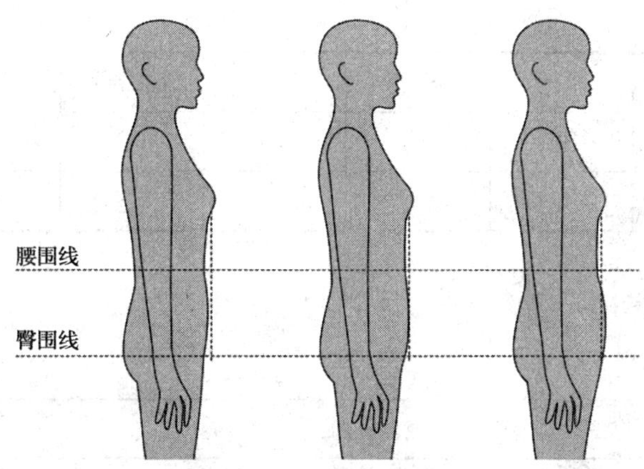

图 3-59　前腰省和腹部的关系

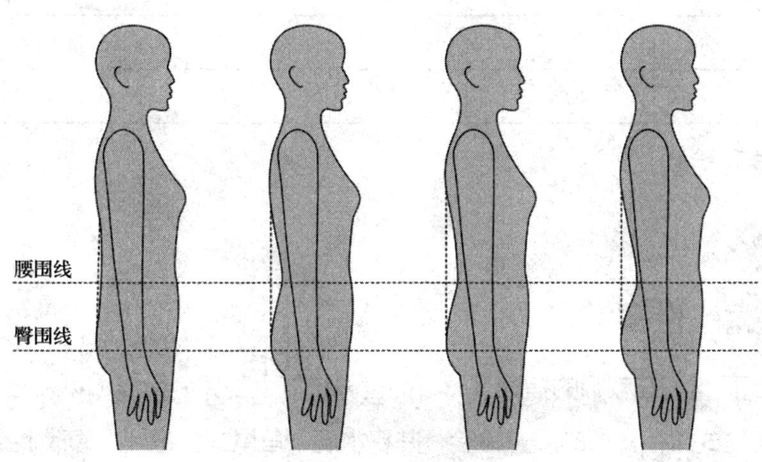

图 3-60　后腰省和臀翘的关系

2. 技能训练

 实践

（4）在教师的指导下，独立完成水滴领鱼尾式旗袍样衣的尺寸复核，并将测量结果填写在表 3-44 中，写出封样意见，然后对照封样意见，将结构图和样板调整到位。

表 3-44　　成品尺寸记录表

部位	衣长	胸围	腰围	臀围	背长	臀高
设定尺寸（cm）	135	88	68	92	37.5	18
实测尺寸（cm）						

续表

部位	领围	肩宽	袖长	袖口围	领高	下摆围
设定尺寸（cm）	38	38	10	22	4	210
实测尺寸（cm）						

封样意见

3. 学习检验

世赛链接

（5）请同学们在教师的指导下，参照世界技能大赛评分标准（见表3-45），完成水滴领鱼尾式旗袍样板的质量检验，并将水滴领鱼尾式旗袍样板修改调整到位。

表3-45 样板制作考核评分表

序号	考评内容	评分标准	分值	得分
1	纸样呈现整洁	每处错误扣5分	10	
	所有样片整洁，无污垢，没有难以阅读的文字或符号；标识必须在同一版面上，需用水笔标识，不包括里布			
2	样板标识清晰、正确、易识读	每处错误扣5分	10	
	产品名称（自定义或订单上的产品名称）			
	部位名称（如前片、后片、领子、袖子等）			
	样板功能及样板尺寸（如面板、里板、衬板、净板、160/84A等）			
	正确的样片数量及序号（如1/15、2/15、3/15…15/15等）			

续表

序号	考评内容	评分标准	分值	得分
3	裁剪标识 裁剪数量（如前片面料 ×1，前侧片面料 ×2，后片面料 ×2，后侧片面料 ×2，袖子面料 ×2，立领面料 ×4 等） 纱向线方向合理、正确，全长展示	每处错误扣 5 分	10	
4	制作标识 缝份：缝份标注合理，宽窄一致 剪口：在需要的部位打有合适的剪口或对位点，包括所有的褶、省和拼接（但边角处不得两边都打剪口） 为生产提供准确信息（如归、拔，褶的位置以及方向，明线宽窄、纽扣和扣眼的位置大小等）	每处错误扣 5 分	25	
5	线条流畅（包括缝份画线和边缘裁剪） 所有样片线条流畅，边缘无毛刺，拼合连接后呈现出的线条平顺	每处错误扣 5 分	15	
6	所有样片可对准（长度） 所有样片拼合连接后长度可对准，必要的归、拔，松量或抽褶部位需标明准确长度	每处错误扣 5 分	10	
7	测量 尺寸需在规定的误差范围内（衣长误差不超过 ±0.5 cm；胸围误差不超过 ±0.3 cm；领围与领口相吻合；袖长误差不超过 ±0.3 cm；总肩宽误差不超过 ±0.3 cm；袖口误差不超过 0.3 cm）	每处错误扣 5 分	10	
8	样片功能（必要时可参考款式图） 所有生产用样片得以呈现，样板可以做出款式图中的服装（不包括净板、里板和衬板）	每处错误扣 5 分	10	
合计			100	

评分日期：　　　　　　　　　　　　评分人：

引导评价、更正与完善

在教师讲评引导的基础上，对本阶段的学习活动成果进行自我评分和小组评分（100 分制），之后独立用红笔对本阶段引导问题的回答进行更正和完善。

自我评分	关键能力		小组评分	关键能力	
	专业能力			专业能力	

● **水滴领鱼尾式旗袍用料计算与排料方法**

1. 知识学习

查询与收集

（1）请同学们查阅资料，通过小组讨论，分析水滴领鱼尾式旗袍排料的基本原则和注意事项。

____

____

____

讨论

（2）水滴领鱼尾式旗袍的鱼尾摆多大可以满足幅宽 148 cm 面料排版？若幅宽大于 148 cm，应怎样排版才能省料？

____

____

____

2. 技能训练

实践

（3）在教师的指导下，参考图 3-61、图 3-62、图 3-63，独立完成水滴领鱼尾式旗袍不同幅宽的排料并计算用料长度。

①幅宽 90 cm 用料计算：______________________________

②幅宽 110 cm 用料计算：______________________________

③幅宽 148 cm 用料计算：______________________________

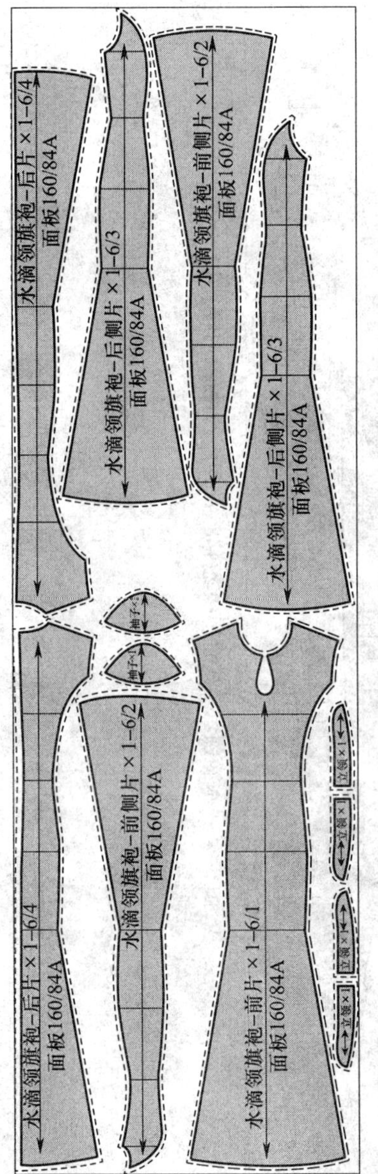

图 3-61　水滴领鱼尾式旗袍幅宽 90 cm 面料排料图

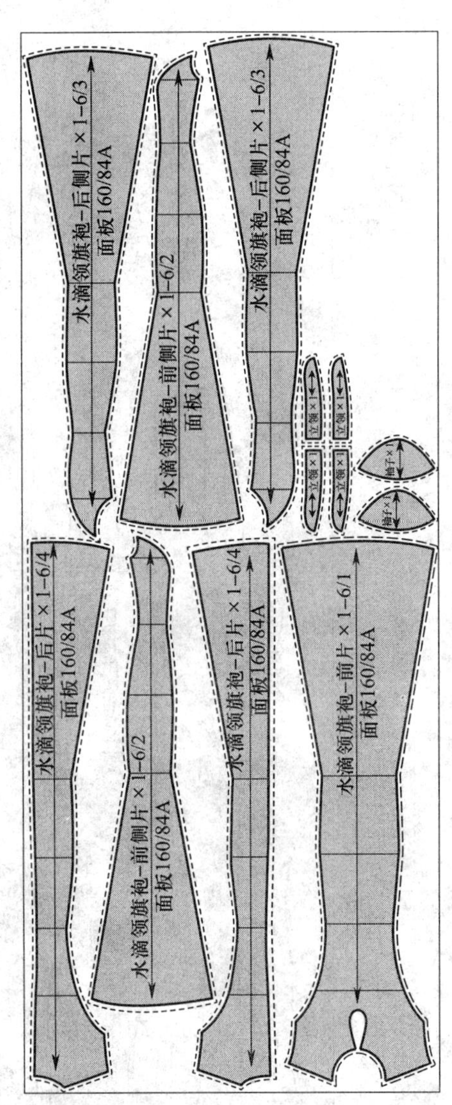

图 3-62　水滴领鱼尾式旗袍幅宽 110 cm 面料排料图

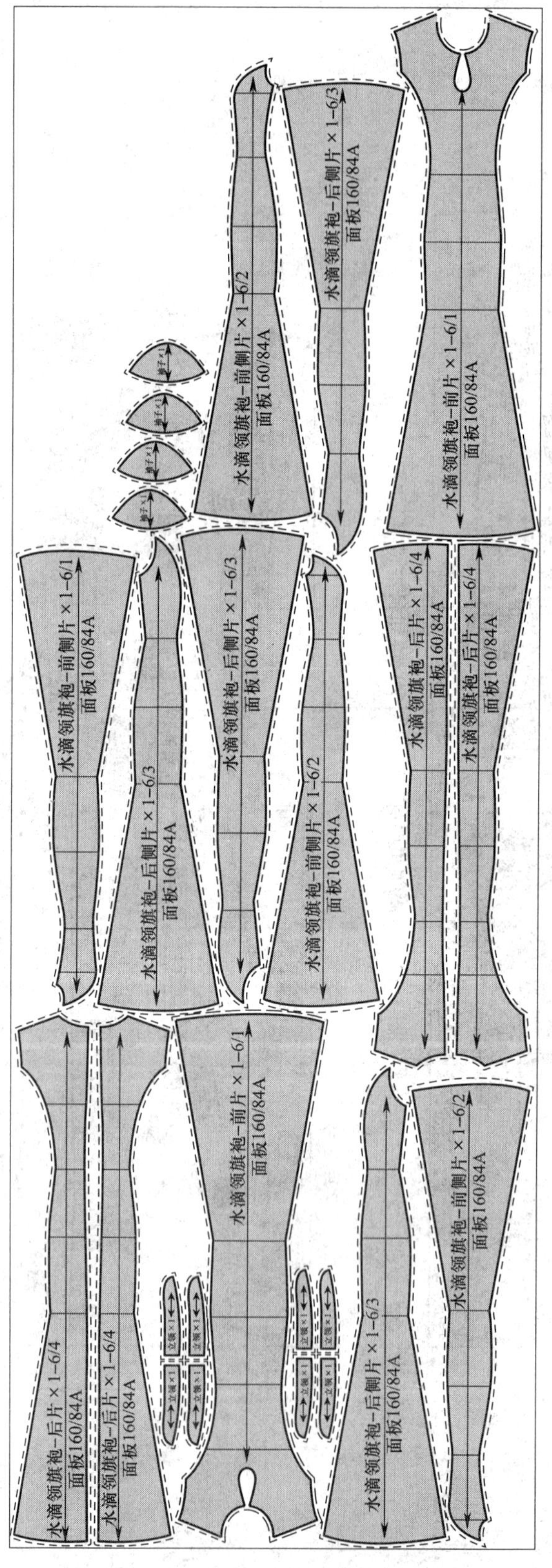

图 3–63　水滴领鱼尾式旗袍幅宽 148 cm 门幅两件面料排料图

讨论

（4）在教师的指导下，通过小组讨论，分析水滴领鱼尾式旗袍可倒顺排料和只能顺向排料各用多少料。为了节省用料，前后侧边可以改变丝绺方向吗？为什么？

3. 学习检验

世赛链接

（5）请同学们在教师的指导下，参照世界技能大赛评分标准（见表 3-46），完成水滴领鱼尾式旗袍排料检验。

表 3-46　　排料考核评分表

序号	考评内容	评分标准	分值	得分
1	版面正确有效	每处错误扣 5 分	15	
	依照要求排在材料正面，面料正反面、倒顺绒正确，图案对位，画有正确的幅宽线和起止线			
2	整体版面	每处错误扣 5 分	15	
	整体版面平整干净，无污垢，所有版片铺排正确，直接裁剪后可以做出款式图中的服装			
3	样片固定	每处错误扣 5 分	20	
	样板固定平服，无交叠，别针用量适宜，便于裁剪			
4	纱向线（测量不少于 4 片，误差需小于 0.2 cm）	每处错误扣 5 分	20	
	以幅宽线或中心丝道为丝道评判依据			
5	排料合理性	每处错误扣 5 分	30	
	排料经济合理；整体排版规范，遵循直对直、弧接弧，凹凸相套，便于裁剪			
合计			100	

评分日期：　　　　　　　　　　　　　　　　　　评分人：

引导评价、更正与完善

在教师讲评引导的基础上，对本阶段的学习活动成果进行自我评分和小组评分（100 分制），之后独立用红笔对本阶段引导问题的回答进行更正和完善。

自我评分	关键能力		小组评分	关键能力	
	专业能力			专业能力	

（四）水滴领鱼尾式旗袍工作任务的成果展示与评价反馈

1. 知识学习

服装制版完成后，需要进行展示和评价，并作出相应反馈。

（1）展示的方法：将水滴领鱼尾式旗袍全套样板平铺在工作台上，将制作的样衣穿在人台上一起展示。

（2）评价的方法：看样衣效果，对照评分细则检查样板质量。

世赛链接

以世界技能大赛时装技术项目服装制版、排料模块的评分标准作为评价标准。

2. 技能训练

实践

（3）将水滴领鱼尾式旗袍全套样板平铺在干净的工作台上进行平面展示。

（4）依据评分标准，对平铺展示的水滴领鱼尾式旗袍全套样板进行自我评价和小组评价。

3. 学习检验

引导问题

（5）在教师的指导下，先在小组内进行作品展示，然后经小组讨论，推选出一组最佳作品，进行全班展示与评价，并由组长简要介绍推选的理由，小组其他成员做补充并记录。

小组最佳作品制作人：________________

推选理由：____

____

其他小组评价意见：____

____

教师评价意见：________________

____

引导问题

（6）将本次学习活动中出现的问题及其产生的原因和解决的办法填写在表 3-47 中。

表 3-47　　问题分析表

出现的问题	产生的原因	解决的办法
1.		
2.		
3.		
……		

自我评价

（7）本次学习活动中自己最满意的地方和最不满意的地方各写一点，并简要说明原因。然后完成表 3-48 学习活动考核评价表的填写。

最满意的地方：________________

最不满意的地方：________________

表 3-48　　学习活动考核评价表

学习活动名称：水滴领鱼尾式旗袍制版

班级：　　学号：　　姓名：　　指导教师：

评价项目	评价标准	评价依据（信息、佐证）	评价方式			权重	得分小计	总分
			自我评价	小组评价	教师（企业）评价			
			10%	20%	70%			
关键能力	1. 能穿戴劳动保护服装，执行安全操作规程 2. 能参与小组讨论，相互交流与评价 3. 能积极主动、勤学好问 4. 能清晰、准确地表达 5. 能清扫场地和工作台，归置物品，填写活动记录	1. 课堂表现 2. 工作页填写				40%		

续表

<table>
<tr><th rowspan="3">评价项目</th><th rowspan="3">评价标准</th><th rowspan="3">评价依据（信息、佐证）</th><th colspan="3">评价方式</th><th rowspan="3">权重</th><th rowspan="3">得分小计</th><th rowspan="3">总分</th></tr>
<tr><th>自我评价</th><th>小组评价</th><th>教师（企业）评价</th></tr>
<tr><th>10%</th><th>20%</th><th>70%</th></tr>
<tr><td>专业能力</td><td>1. 能准确测量人体，制定水滴领鱼尾式旗袍制版规格
2. 能制订水滴领鱼尾式旗袍制版计划，准备相关制图工具与材料
3. 能识读水滴领鱼尾式旗袍制版任务单，完成水滴领鱼尾式旗袍平面结构制图
4. 能正确复制轮廓线，依据水滴领鱼尾式旗袍款式特点和制作工艺要求，准确加放，完成全套裁剪样板制作
5. 能按照样板制作规范，完成样板编号、标注、打孔、分类等工作
6. 能记录水滴领鱼尾式旗袍制版过程中的疑难点，在教师的指导下，通过小组讨论或独立思考与实践加以解决
7. 能按照企业标准（或世界技能大赛评分标准）对水滴领鱼尾式旗袍样板进行检验并展示</td><td>1. 课堂表现
2. 工作页填写
3. 提交的水滴领鱼尾式旗袍结构图
4. 提交的水滴领鱼尾式旗袍裁剪样板
5. 提交的水滴领鱼尾式旗袍全套样板</td><td></td><td></td><td></td><td>60%</td><td></td><td></td></tr>
<tr><td>指导教师综合评价</td><td colspan="8">指导教师签名：　　　　　　　　　　　　　　　　日期：</td></tr>
</table>

三、学习拓展

说明：本阶段学习拓展建议学时为 8 ~ 16 学时，要求学生在课后独立完成。教师可根据本校的教学需要和学生的实际情况，选择部分或全部进行实践，也可另

行选择相关拓展内容，亦可不实施本学习拓展，将其所需学时用于强化学习过程阶段的实践内容。

拓展 1

请同学们根据水滴领高开衩旗袍款式图（见图 3-64），在教师的指导下，设计出成衣的各部位尺寸，填写在表 3-49 中，并完成款式图、结构图和基础样板的绘制与检验。

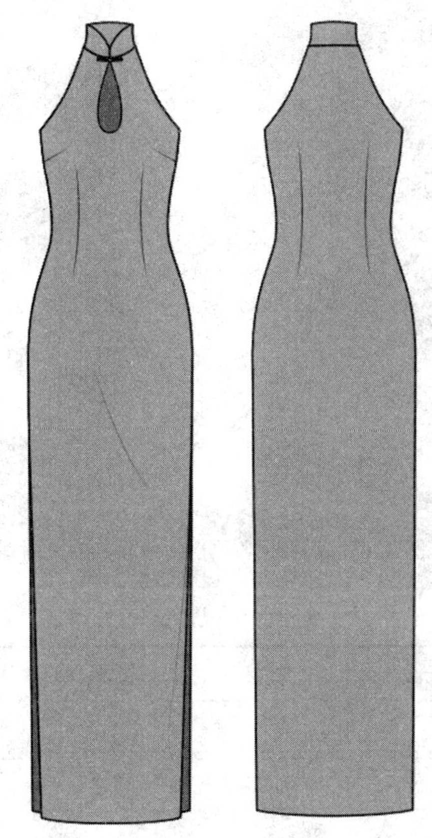

图 3-64 水滴领高开衩旗袍款式图

表 3-49 水滴领高开衩旗袍成衣尺寸

部位	衣长	胸围	腰围	臀围	背长
尺寸（cm）					
部位	臀高	领围	肩宽	领高	侧衩高
尺寸（cm）					

拓展 2

请同学们根据水滴领鱼尾摆无袖旗袍款式图（见图 3-65），在教师的指导下，设计出成衣的各部位尺寸，填写在表 3-50 中，并完成款式图、结构图和基础样板的绘制与检验。

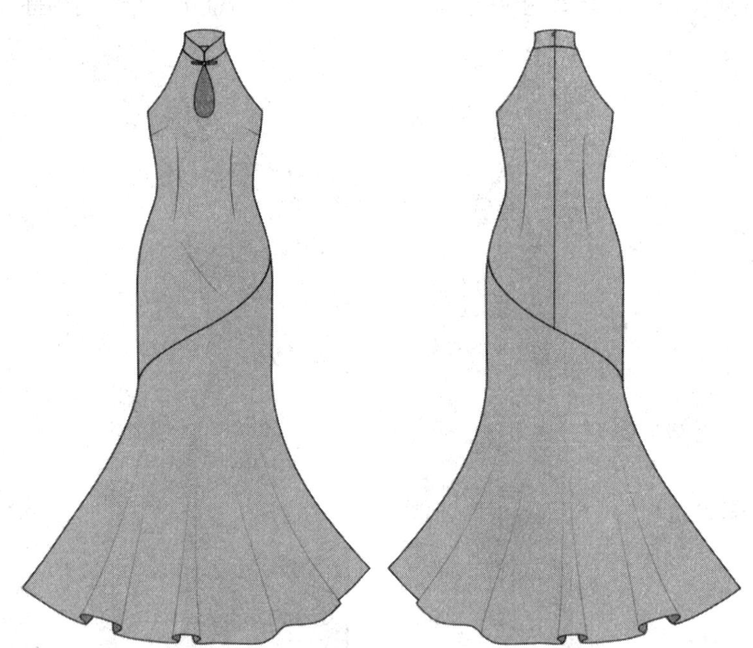

图 3-65　水滴领鱼尾摆无袖旗袍款式图

表 3-50　　水滴领鱼尾摆无袖旗袍成衣尺寸

部位	衣长	胸围	腰围	臀围	背长
尺寸（cm）					
部位	臀高	领围	肩宽	领高	下摆围
尺寸（cm）					

学习任务四

中山装及便装制版

学习目标

1. 能遵守工作制度，服从工作安排，按要求准备好制版工具、设备、材料及各项技术文件，并能按照生产安全防护规定执行安全操作规程。

2. 能识读中山装及便装制版任务书（版单），明确制版内容及具体要求。

3. 能依据国家标准 GB/T 29863—2013《服装制图》和企业标准要求，分析中山装及便装款式结构特点及面辅料特性，设定制版规格，完成中山装及便装平面结构图绘制。

4. 能按照上述技术标准有关中山装及便装的要求，复核中山装及便装各结构部位的尺寸；复制轮廓线，依据款式特点和制作工艺要求放缝，生成全套裁剪样板；能按照样板制作的规范，完成样板编号、标注、打孔、分类等工作。

5. 能根据中山装及便装基础样板进行白坯试样，记录制版、试样过程中的疑难点，根据立体修正的结果对基础样板进行调整；能参照世界技能大赛时装技术制版项目考核标准对样板进行自检、修改，确保样板质量。

6. 能使用专业术语与相关人员沟通，解决制版过程中的技术问题。

7. 能根据款式设计特点和面辅料特性，编写中山装及便装工艺说明书。

8. 能按照归档要求及时将合格样板、样衣和相关技术资料进行整理并妥善保管。

9. 能清扫场地和工作台，归置物品，填写设备使用记录。

10. 能遵守 8S 管理规定，养成认真负责、规范有序、严谨细致、注重质量的良好职业素养。

建议学时

36 学时。

学习任务描述

中山装及便装制版是传统服饰生产企业的常见任务。制版师从技术部门接受任务后，查阅相关资料，根据任务书（版单）的具体要求，确认款式，设定制版规格，制作基础样板并制成白坯，再在人台或者试衣模特身上进行立体修正，完成样衣样板，然后交给样衣师制成样衣。各部门相关人员对样衣效果进行审核，制版师根据各部门的反馈意见对基础样板进行修正，完成样板制作并交付部门主管。进入产品生产阶段，制版师要调整样衣样板，完成工业样板的基础样板制作，并参与编写工艺说明书。

学习活动

1. 中山装制版（16 学时）
2. 军便装制版（10 学时）
3. 青年装制版（10 学时）

学习活动 1 中山装制版

学习目标

1. 能遵守工作制度，服从工作安排，按要求准备好中山装制版所需的工具、设备、材料及各项技术文件。

2. 能识读中山装制版的各项技术文件，明确制版的流程、方法和注意事项。

3. 能查阅相关资料，制订中山装制版计划，教师对计划进行指导和确认。

4. 能依据技术文件要求，结合国家标准 GB/T 29863—2013《服装制图》的规定，独立完成中山装基础样板的制版、检查与复核工作。

5. 能按照企业标准（或参照世界技能大赛评分标准）对中山装样板进行质量检验，并依据白坯试样结果，将样板修改调整到位。

6. 能记录中山装制版、试样过程中的疑难点，进行小组讨论、合作探究，并在教师的指导下，提出解决问题的方案。

7. 能按有关归档要求，进行资料归类和现场整理。

8. 能展示、评价中山装制版各阶段的成果，清扫场地和工作台，归置物品，填写设备使用记录。

一、学习准备

1. 场地：服装样板制作一体化教室（包括制版桌、排料台、制版工具、投影仪、多媒体计算机等设备）。

2. 材料：中山装制版相关学材、任务单（见表 4-1）、牛皮纸、拷贝纸等。

3. 分组：划分学习小组（每组 5 ~ 6 人），分组信息填写在表 4-2 中。

4. 课前检查

（1）检查一体化教室各项设备能否正常使用。

（2）检查各学习小组课前准备情况。

（3）检查学生工作服穿戴情况。

表 4–1　　　　中山装制版任务单

<table>
<tr><td>订单号</td><td colspan="2">ZSZ–1</td><td colspan="2">客户名称</td><td colspan="4">×××</td></tr>
<tr><td>款式号</td><td>CTZSZ01</td><td>样衣尺码</td><td>M 号</td><td>制作人</td><td></td><td>日期</td><td colspan="2">年　月　日</td></tr>
<tr><td>款式名称</td><td colspan="8">中山装</td></tr>
<tr><td>款式图</td><td colspan="8"> 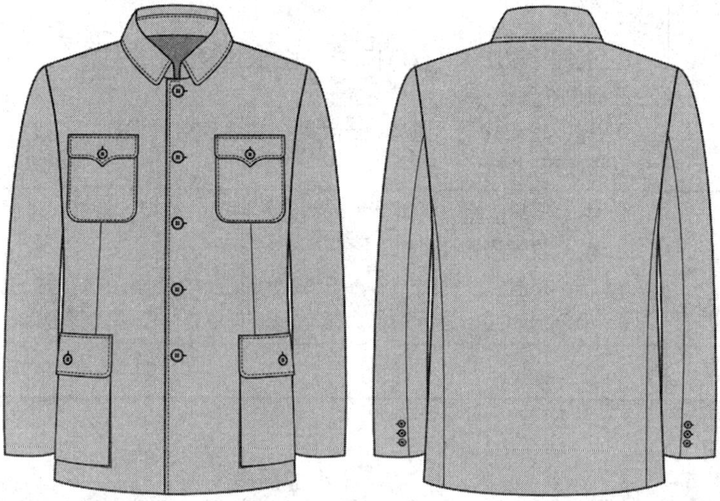</td></tr>
<tr><td>款式说明</td><td colspan="8">领型为立翻领，由上领和下领组成；五粒单排扣；前身四个贴袋，装有袋盖，小袋缉明线，且尖角袋盖，袋盖上开纽眼，大袋缉暗线；前衣片收胸腰省、肋省，后衣片为平后背；领、袋盖、门里襟止口缉单明线；圆装袖、假袖衩上有三粒装饰纽。</td></tr>
<tr><td rowspan="6">规格尺寸</td><td rowspan="3">号型规格</td><td>部位</td><td>衣长</td><td>胸围</td><td>腰围</td><td>臀围</td><td>摆围</td><td>肩宽</td></tr>
<tr><td>尺寸（cm）</td><td>78</td><td>112</td><td>100</td><td>114</td><td>116</td><td>46</td></tr>
<tr><td>部位</td><td>袖长</td><td>领围</td><td>袖口围</td><td>后腰节长</td><td>底领宽</td><td>底领口宽</td></tr>
<tr><td rowspan="3">175/92A</td><td>尺寸（cm）</td><td>61.5</td><td>43</td><td>30</td><td>45.5</td><td>3</td><td>2.8</td></tr>
<tr><td>部位</td><td>翻领宽</td><td>翻领口宽</td><td>小袋长 / 宽</td><td>小袋盖长 / 宽</td><td>大袋长 / 宽</td><td>大袋盖长 / 宽</td></tr>
<tr><td>尺寸（cm）</td><td>4</td><td>5</td><td>12.5/10.5</td><td>11/5.5</td><td>19/16.5</td><td>17/6</td></tr>
</table>

续表

制版要求	1. 制版充分考虑款式特征、面料特性和工艺要求。 2. 结构造型合理，与款式吻合，尺寸符合规格要求。 3. 结构图干净整洁，各部位数据和文字说明标注清晰规范。 4. 辅助线、轮廓线界定清晰，线条平滑、圆顺、流畅，对合平顺，拼合长短一致。 5. 合理配置出相应的零部件，能够对样片进行合理放缝。净样板、毛样板、辅料样板齐全、数量准确、标注规范。 6. 样板标识正确，必须标在同一版面上，且需用水笔标识。样板标识包括产品名称、部位名称、正确的规格及样片数量序号。 7. 裁剪标识正确，包括裁剪数量、连折裁剪等。纱向线方向合理、正确，全长展示。 8. 制作标识正确，缝份标注合理，在需要的部位打有合适的剪口或对位点，为生产提供准确信息。 9. 样板轮廓光滑、顺畅，无毛刺。拼合连接后呈现出的线条平顺，所有样片拼接后长度可对准。		
工艺要求	1. 中山装配全里，大身、挂面、领、袖口、袖衩、袋盖、袋位均要粘衬。 2. 前片收胸腰省和肋省。 3. 左小袋盖做插笔洞一个，按小袋前端 1 cm 向里做插笔洞，插笔筒宽度 4 cm。 4. 小袋缉明线、袋圆角，大袋暗兜、方角立体口袋，开里袋。		
审批		日期	

表 4-2　　小组成员表

组号	组内成员姓名	组长姓名

二、学习过程

（一）获取中山装工作任务的相关信息

1. 知识学习

小贴士

中山装形成的历史背景与形成过程

中山装产生之前，我国男子服装中的长袍马褂或西装，一般为中上层人士穿着；而对襟式短衫裤和大襟长衫多为老百姓穿着。对于大多数中国人来说，西装不便于平时穿着，感觉太洋化、不习惯；而且当时西装面料、穿配的衬衫及领带都需要进口，很不适合国情。而中国传统的长衫长袍随着时代的变迁，也显得有些过时，既不能表现当时中国人民奋发向上的斗争精神，也不能适应日益加快的生活节奏。

1911 年辛亥革命爆发，它不仅带来了社会的剧变，也使服装的变革更为迅速而明显。在孙中山的倡导和有识之士的协助下，传统的中国男子服装开始改革。孙中山将一件陆军制服拿到上海亨利服装店，要求店主改革此装"为吾所用"。于是在保留军服某些式样的基础上，吸取了中式服装和西式服装的优点，一件显得干练、简便、大方的男装由此诞生，并得名中山装。

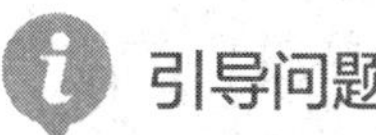

（1）请同学们查阅资料，简要描述中山装形成的历史渊源，分析当时为什么男装没有直接从长袍马褂过渡到西装。

____

____

____

____

小贴士

中山装的历史文化意义

中山装的出现不仅是中国服饰发展的一次重大变革，它还对中国近代政治、思想、文化产生了深远影响。通过中山装引导了中国近代民主思想的传播，体现了孙中山先生的政治理念和政治主张，以服装为载体振奋民族精神、增强民族凝聚力和自信心。中山装从根本上否定了中国传统服饰制度体现的等级制度、尊卑观念，这在一定程度上标志着近代服制对封建等级制度的扭转。中山装的普及有助于促进人们理解和追求平等，打破尊卑秩序，中国社会开始摒弃以封建等级划分阶层的做法，取而代之的是追求法律的、人格的平等。

中山装的诞生结束了几千年来袍服在中国服饰界的主导地位，改变了中国人的日常生活方式，满足了中西文化交流中对服装革新的需要，顺应了世界服饰近代化和现代化的潮流。中华人民共和国成立后，从国家领导人到普通老百姓，中山装成为公认的正式服装，尤其是在二十世纪六七十年代，中山装达到全社会普及的巅峰，这一时期又被称为“中山装时代”。至今，党和国家领导人在出席重大活动仍穿着中山装，所以中山装又被公认为中华人民共和国的“国服”。

引导问题

（2）在教师的指导下，分析中山装的历史文化意义。

____

____

____

____

引导问题

（3）在教师的指导下，结合图 4-1，分析中山装的款式特征。

图 4-1　中山装的款式特征

____

____

____

____

2. 学习检验

引导问题

（4）在教师的引导下，独立完成表 4-3 的填写。

表 4-3　　学习任务与学习活动简要归纳表

本次学习任务的名称	
本次学习任务的主要目标	
本次学习任务的活动内容	
本次学习活动的名称	
本次学习活动的主要目标	
中山装形成的历史背景和形成过程	
中山装的历史文化意义	
中山装的款式特征	
你认为本次学习活动中，哪些目标的实现难度较大？	

引导评价、更正与完善

在教师讲评引导的基础上，对本阶段的学习活动成果进行自我评分和小组评分（100 分制），之后独立用红笔对本阶段引导问题的回答进行更正和完善。

<table>
<tr><td rowspan="2">自我评分</td><td>关键能力</td><td></td><td rowspan="2">小组评分</td><td>关键能力</td><td></td></tr>
<tr><td>专业能力</td><td></td><td>专业能力</td><td></td></tr>
</table>

（二）制订中山装制版计划并决策

1. 知识学习

介绍制订计划的基本方法、内容和注意事项，重点围绕学习活动展开。

引导问题

（1）中山装测量时有哪些注意事项？

引导问题

（2）为什么在测量时要综合考虑中山装的长度，衣长不宜过短？

小贴士

中山装的测量方法

前衣长：由肩颈点，通过胸、腰、腹部垂直量至拇指中关节。

后衣长：由后身第七颈椎点，通过后背垂直量至拇指中关节。

背长：由后身第七颈椎点，沿后背垂直量至腰节最细处。

前腰节：由肩颈点，沿胸垂直量至腰节最细处。

袖长：由肩端点顺臂肘量至腕骨下约 3.3 cm 处。

领围：水平围量颈根处一周，加放松量 3.3 ~ 4 cm。

肩宽：由左肩端水平量至右肩端，加放松量 1.5 ~ 2 cm。

胸围：水平测量胸部最丰满处一周，加放松量 20 ~ 22 cm。

胸宽：水平测量胸部左右手臂根之间距离，加放松量 3 cm 左右。

背宽：水平测量背部左右手臂根之间距离，加放松量 4 cm 左右。

腰围：水平测量腰围最细处一周，加放松量 16 ~ 18 cm。

臀围：水平测量臀部最丰满处一周，加放松量 16 ~ 18 cm。

袖口：围量手腕一周为半袖口尺寸，可略做增减。

引导问题

（3）要获得中山装规格尺寸需要测量哪些部位？各部位放松量应如何控制？

____

____

____

____

引导问题

（4）为什么中山装肩部的宽度和斜度定点较为关键？过宽、过窄、太平、太斜会有什么影响？

____

____

____

引导问题

（5）中山装选料面广，不论是棉布、卡其布或高档面料都可用于其制作。呢料中山装和棉布、卡其布面料中山装的胸围放松量相同吗？为什么？

____

____

____

2. 技能训练

实践

（6）分组测量人体或者在人台上测量，并记录中山装不同号型制版所需要的各部位尺寸。

①衣长________ ②背长________ ③胸围________ ④腰围________

⑤臀围________ ⑥前胸宽______ ⑦后背宽______ ⑧肩宽________

⑨领围________ ⑩领高________ ⑪袖长________ ⑫袖口围______

3. 学习检验

引导问题

（7）请同学们通过测量人体或者人台，参考国家号型标准，独立完成表 4-4 中山装号型 175/92A 成品规格尺寸的填写。

表 4-4　　中山装号型 175/92 A 成品规格尺寸

部位	衣长	胸围	腰围	臀围	摆围	肩宽
尺寸（cm）						
部位	袖长	领围	袖口围	后腰节长	底领宽	底领口宽
尺寸（cm）						
部位	翻领宽	翻领口宽	小袋长 / 宽	小袋盖长 / 宽	大袋长 / 宽	大袋盖长 / 宽
尺寸（cm）						

引导评价、更正与完善

在教师讲评引导的基础上，对本阶段的学习活动成果进行自我评分和小组评分（100 分制），之后独立用红笔对本阶段引导问题的回答进行更正和完善。

自我评分	关键能力		小组评分	关键能力	
	专业能力			专业能力	

● 中山装结构制图

1. 知识学习

学习思考

表 4-5 列出了中山装制图计算方法。

表 4-5　　中山装制图计算方法

后衣片制图计算方法		前衣片制图计算方法	
部位	计算方法	部位	计算方法
后衣长	测量衣长 78 cm	前衣长	在后衣长基础上上平线抬高 1 cm，下平线下落 1.5 cm

续表

后衣片制图计算方法		前衣片制图计算方法	
部位	计算方法	部位	计算方法
后袖窿深	B/6+8 cm	前袖窿深	延长后袖窿深线
后腰节	测量后腰节 42.5 cm	前腰节	延长后腰节线
后臀长	从腰节线往下量至臀围最丰满处	前臀长	延长后臀围线
后背宽	B/6+3.5 cm	前胸宽	B/6+2.5 cm
后肩宽	S/2+0.5 cm	前肩宽	后肩斜长 -0.5 cm
后横开领	N/5-0.5 cm	前横开领	N/5-0.5 cm
后直开领	2.5 cm	前直开领	N/5 cm
半胸围	B/2+ 腋下省 1 cm	叠门	2 cm
袖子制图计算方法		撇胸	1.5 ~ 2.5 cm
袖长	按实际尺寸	大袋口	B/10 +5.3 cm
袖深	AH/3+1 cm	大袋口翘高	1 cm
袖肘线	袖长 /2+5 cm	大袋长	袋口大 ×1.15 cm
袖肥围	B/5-2.5 cm	大袋底宽	按袋口尺寸 +1.5 cm
袖口	31 cm	大袋盖宽	6.5（定寸）
偏袖	2.5 cm	小袋位	与第二扣位齐平
领子制图计算方法		小袋口	B/10-0.7 cm
翻领	翻领宽 4.2 cm，长：前领圈弧长 + 后领圈弧长 -1.5 cm	小袋口翘高	1 cm
底领	底领宽：3.5 cm，长：前领圈弧长 + 后领圈弧长	小袋长	袋口大 ×1.2 cm
		小袋底宽	按袋口尺寸 +1.5 cm
		第一粒扣位	领口往下 1.5 cm
		第五粒扣位	与大袋口齐平

 教师指导

（1）请同学们在教师讲解的基础上，写出中山装结构制图的步骤及主要部位尺寸的计算公式。

____

____

____

____

 讨论

（2）中山装一般用毛呢料或毛涤料制作，并采取干洗的方式。请分析中山装制版时，需要考虑哪几个方面的缩率，缩率是如何加放的，为什么？

____

____

2. 技能训练

 实践

（3）在教师的指导下，根据号型 175/92A 的成品尺寸，填写制版规格尺寸（见表 4-6），并参考图 4-2、图 4-3、图 4-4，独立完成中山装的结构图绘制和检验。

表 4-6　中山装制版规格尺寸

部位	衣长	胸围	腰围	臀围	摆围	肩宽
成品尺寸（cm）	78	112	100	114	116	46
制版规格尺寸（cm）						
部位	袖长	领围	袖口围	后腰节长	底领宽	底领口宽
成品尺寸（cm）	61.5	43	30	45.5	3	2.8
制版规格尺寸（cm）						

续表

部位	翻领宽	翻领口宽	小袋长 / 宽	小袋盖长 / 宽	大袋长 / 宽	大袋盖长 / 宽
成品尺寸（cm）	4	5	12.5/10.5	11/5.5	19/16.5	17/6
制版规格尺寸（cm）						

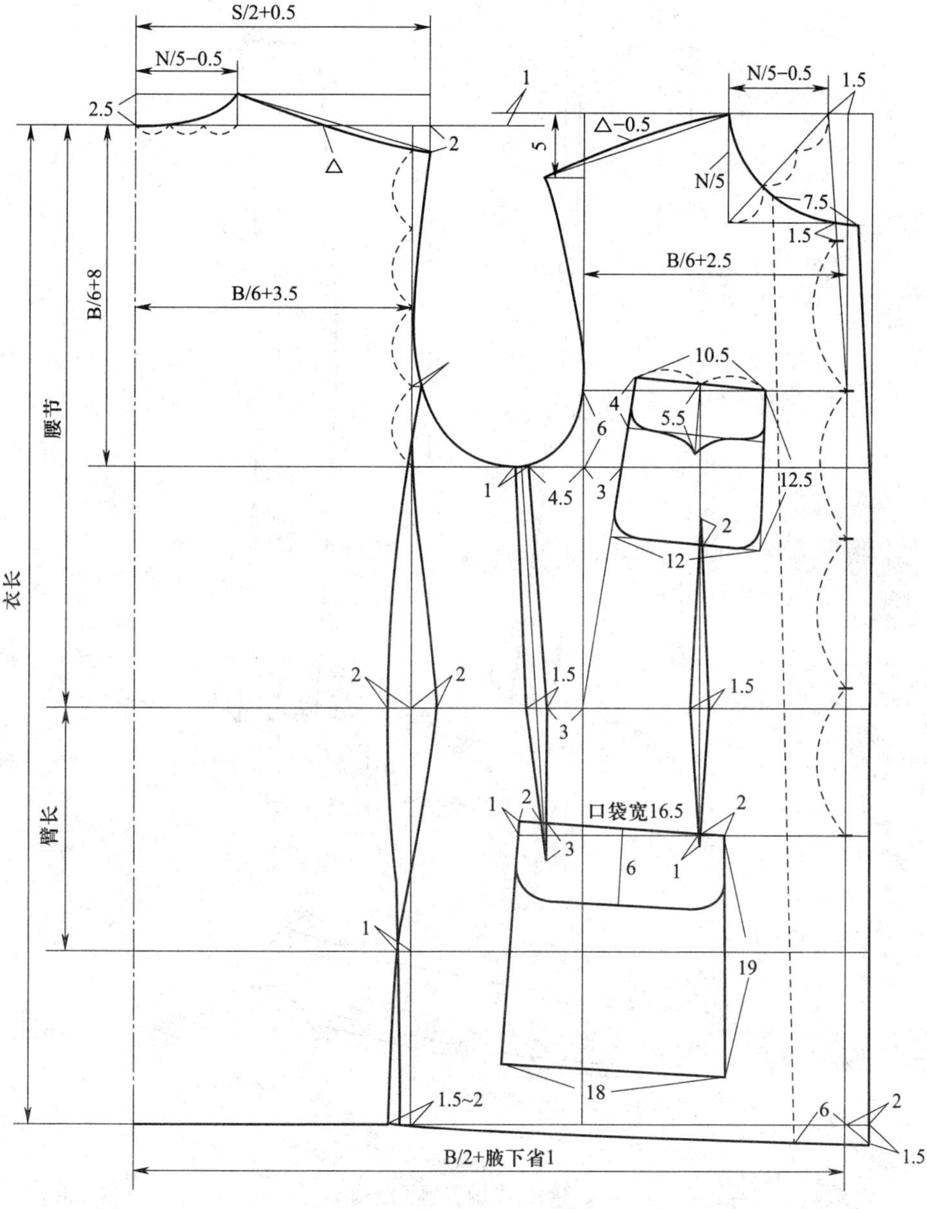

扫描二维码，观看中山装前后片结构设计

扫描二维码，观看中山装口袋结构设计

图 4–2　中山装前后片结构图

扫描二维码，观看中山装袖子结构设计

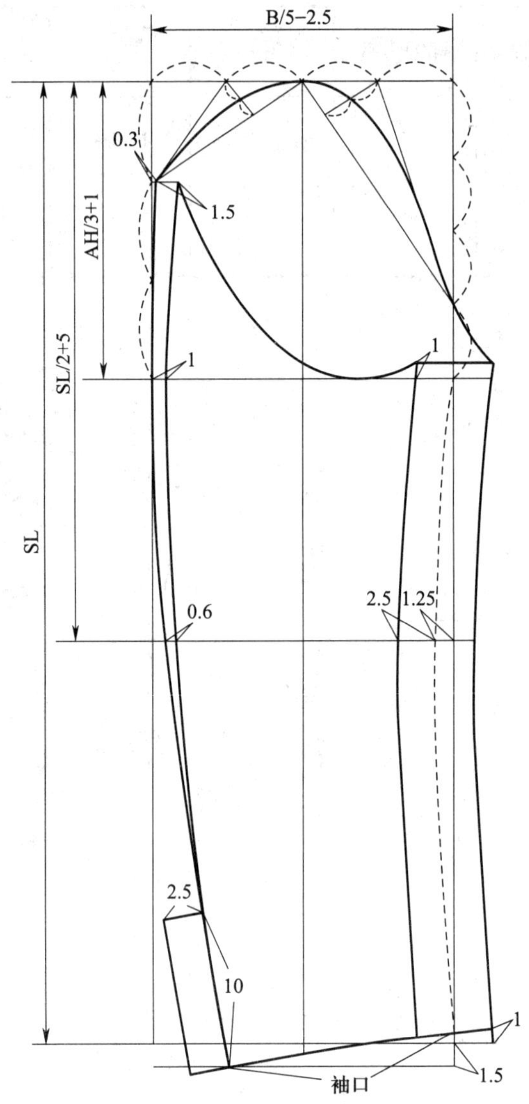

图 4-3　中山装袖子结构图

扫描二维码，观看中山装领子结构设计

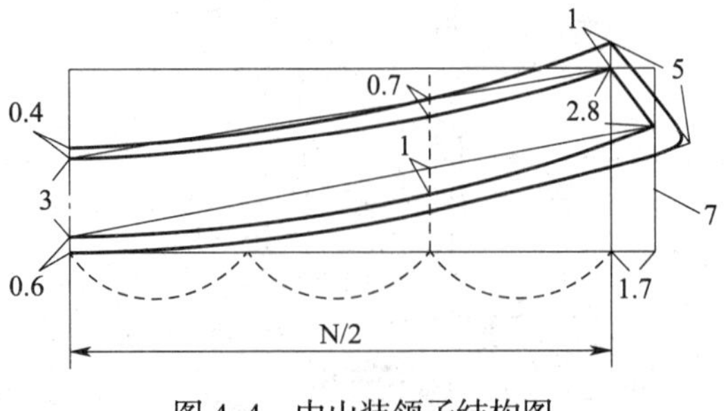

图 4-4　中山装领子结构图

引导问题

（4）劈门的确定与中山装的合体程度有什么关系？

引导问题

（5）中山装小袋和大袋的后袋角为什么要抬高 0.8 ~ 1.5 cm？对挺胸、凸肚者，后袋角抬高量应如何处理？对平胸、驼背者，后袋角抬高量又应如何处理？

引导问题

（6）中山装小袋和大袋袋底为什么都比袋口大 1.5 ~ 2 cm？如果袋口与袋底相等，那么在视觉上会产生什么效果？

引导问题

（7）制图时，如果将袋盖画成直线，成品后的袋盖就会内凹，影响袋盖的造型效果。造成该现象的原因是什么？应如何修改？

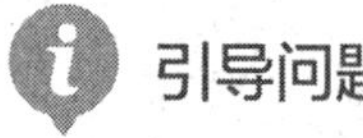

（8）偏袖量与偏袖线凹势主要是由合体程度引起的。请举例说明不同面料的偏袖量与偏袖线凹势大小。

____

____

____

引导问题

（9）在呢料中山装和布料中山装制图时，袖窿深、袖肥围宽及袖山高的确定有什么区别?

____

____

____

3. 学习检验

世赛链接

（10）请同学们在教师的指导下，参照世界技能大赛评分标准（见表 4-7），完成中山装结构图的质量检验，并将中山装结构图修改调整到位。

表 4-7　　结构制图考核评分表

序号	考评内容		分值	得分
1	页面呈现清晰整洁	每处错误扣 5 分	10	
	页面干净，无皱痕，无多余线迹，姓名、学号展现清晰、位置正确			
2	图形布局	每处错误扣 5 分	10	
	横平纵直，基础框架线与纸边的距离误差不超过 0.1 cm			

续表

序号	考评内容		分值	得分
3	用线规范 辅助线、轮廓线、对折线使用正确规范，辅助线、轮廓线区分清楚，粗细有别	每处错误扣 5 分	15	
4	制图规格表 标明工位、制图单位、号型、技术文件中要求的尺寸名称和对应的具体尺寸	每处错误扣 5 分	15	
5	线条质量 线条清晰、圆顺、流畅，对合圆顺，拼合长短一致	每处错误扣 5 分	20	
6	数据标注规范 数据标注明确具体、清晰规范，无难以识读或无法确认的点位	每处错误扣 5 分	15	
7	标注规范 裥、褶、省、抽缩、归、拔、对合、纽扣、扣眼、布纹线等制图符号标注规范齐全	每处错误扣 5 分	15	
合计			100	

评分日期：　　　　　　　　　　　　　　评分人：

引导评价、更正与完善

在教师讲评引导的基础上，对本阶段的学习活动成果进行自我评分和小组评分（100 分制），之后独立用红笔对本阶段引导问题的回答进行更正和完善。

自我评分	关键能力		小组评分	关键能力	
	专业能力			专业能力	

● 中山装样板制作

1. 知识学习

学习思考

如图 4–5 所示，中山装所有面料样板的具体放缝情况如下：

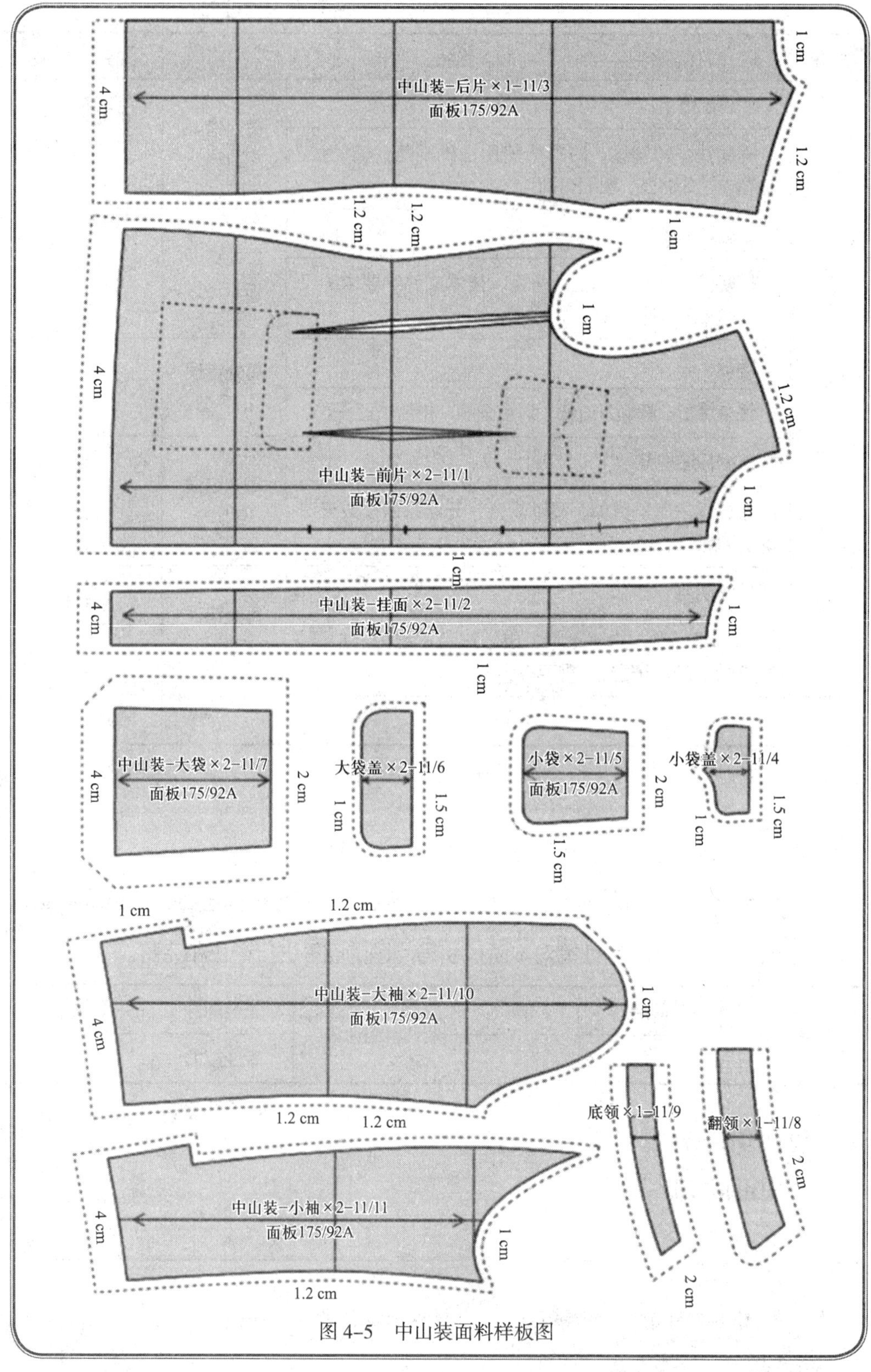

图 4-5　中山装面料样板图

（1）前片：前中加 1 cm 缝份，袖窿加 1 cm 缝份，肩缝加 1.2 cm 缝份，领圈加 1 cm 缝份，侧缝加 1.2 cm 缝份，底摆加 4 cm 缝份。

（2）后片：袖窿加 1 cm 缝份，侧缝加 1.2 cm 缝份，底摆加 4 cm 缝份，肩缝加 1.2 cm 缝份，后领圈加 1 cm 缝份。

（3）大袖：袖山缝加 1 cm 缝份，袖侧缝加 1.2 cm 缝份，袖口加 4 cm 缝份。

（4）小袖：袖山缝加 1 cm 缝份，袖侧缝加 1.2 cm 缝份，袖口加 4 cm 缝份。

（5）翻领：四周加 2 cm 缝份。

（6）底领：四周加 2 cm 缝份。

（7）小袋：小袋袋口加 2 cm 缝份，其余三边加 1.5 cm 缝份；小袋盖上口加 1.5 cm 缝份，其余三边加 1 cm 缝份。

（8）大袋：大袋上口加 2 cm 缝份，其余三边加 4 cm 缝份；大袋盖上口加 1.5 cm 缝份，其余三边加 1 cm 缝份。

（9）挂面：挂面底边加 4 cm 缝份，其余三边加 1 cm 缝份。

如图 4–6 所示，中山装所有里料样板的具体放缝情况如下：

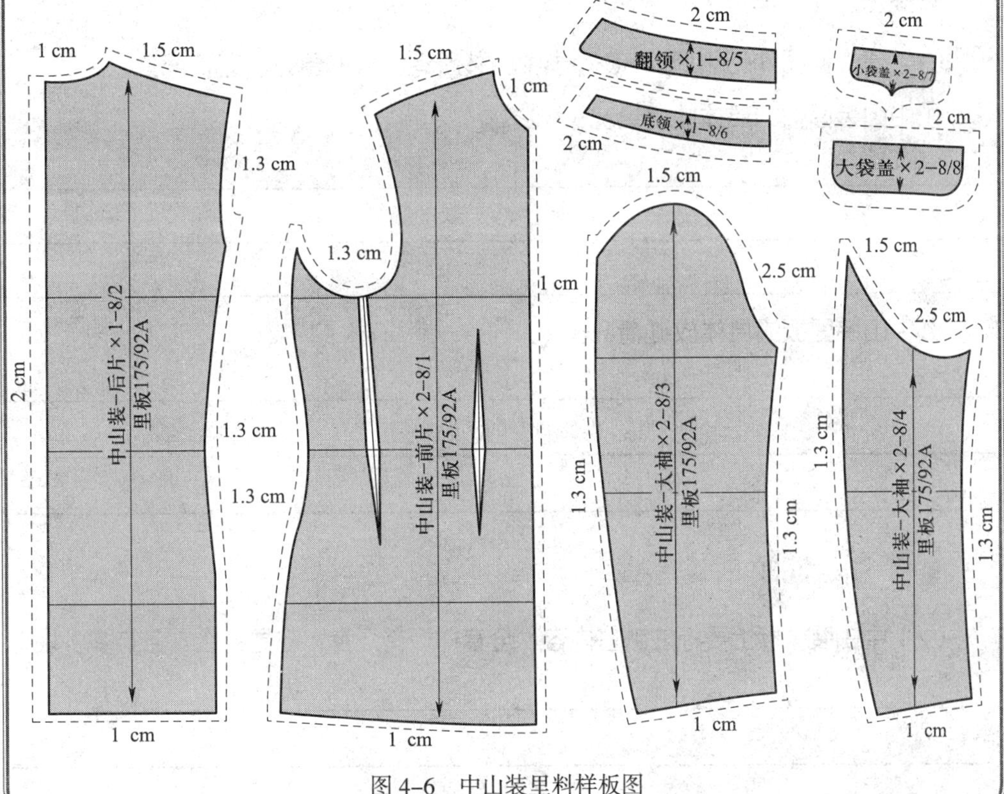

图 4–6　中山装里料样板图

（1）前片：前中加 1 cm 缝份，袖窿加 1.3 cm 缝份，肩缝加 1.5 cm 缝份，领圈加 1 cm 缝份，侧缝加 1.3 cm 缝份，底摆加 1 cm 缝份。

（2）后片：后中加 2 cm 缝份，袖窿加 1.3 cm 缝份，侧缝加 1.3 cm 缝份，底摆加 1 cm 缝份，肩缝加 1.5 cm 缝份，后领圈加 1 cm 缝份。

（3）大袖：后袖山缝加 1.5 cm 缝份，前袖山缝加 2.5 cm 缝份，袖侧缝加 1.3 cm 缝份，袖口加 1 cm 缝份。

（4）小袖：后袖山缝加 1.5 cm 缝份，前袖山缝加 2.5 cm 缝份，袖侧缝加 1.3 cm 缝份，袖口加 1 cm 缝份。

（5）翻领：翻领四周加 2 cm 缝份。

（6）底领：底领四周加 2 cm 缝份。

（7）小袋盖：四周加 2 cm 缝份。

（8）大袋盖：四周加 2 cm 缝份。

引导问题

（1）请根据图 4-5 和图 4-6 写出中山装所有样板的具体放缝情况。

①中山装面板的具体放缝情况：

______

______

______

②中山装里板的具体放缝情况：

______

______

______

引导问题

（2）中山装样板上要标注哪些内容？全套样板有几套？各是什么？各有多少块？

______

______

______

2. 技能训练

实践

（3）在教师的指导下，参考图 4-5、图 4-6，独立完成中山装的面料、里料样板图绘制和检验，然后小组讨论，回答下列问题。

①在图 4-5、图 4-6 所示的样板中，中山装下摆和袖口面、里的缝份处理有什么不同？为什么要这样处理？

____

____

____

②在图 4-5、图 4-6 所示的样板中，中山装袖窿和袖山面、里的缝份处理有什么不同？为什么要这样处理？

____

____

____

③在图 4-5、图 4-6 所示的样板中，中山装袋盖面、里的缝份处理有什么不同？为什么要这样处理？在缝制时要注意什么？

____

____

____

3. 学习检验

（4）样板制作完成后，请同学们按照自检要求进行自检，并完成表 4-8 的填写。

表 4-8　中山装样板自检表

自检项目要求	是	否	修改方案
样板的规格尺寸是否准确无误			
各细部的曲线是否圆顺、流畅			
相关结构线的大小、形状是否吻合			
样板的标记是否错漏			
丝绺标记是否遗缺			
文字说明是否准确			
样板的数量（片数）是否欠缺			

续表

自检项目要求	是	否	修改方案
各种部件是否齐全			
样板的整体结构、各部位的比例关系是否符合款式要求			

引导评价、更正与完善

在教师讲评引导的基础上，对本阶段的学习活动成果进行自我评分和小组评分（100 分制），之后独立用红笔对本阶段引导问题的回答进行更正和完善。

自我评分	关键能力		小组评分	关键能力	
	专业能力			专业能力	

● 中山装样板修改与完善

1. 知识学习

引导问题

（1）样衣上身后，发现中山装前领口有皱褶，这是什么原因造成的？应如何调整样板？

____

____

____

引导问题

（2）样衣上身后，发现中山装前肩有八字褶，这是什么原因造成的？应如何调整样板？

____

____

____

引导问题

（3）样衣上身后，发现中山装衣袖后背处绷紧，这是什么原因造成的？应如何处理？

2. 技能训练

 实践

（4）在教师的指导下，独立完成中山装样衣的尺寸复核，并将测量结果填写在表 4-9 中，写出封样意见，然后对照封样意见，将结构图和样板调整到位。

表 4-9　　成品尺寸记录表

部位	衣长	胸围	腰围	臀围	摆围	肩宽
设定尺寸（cm）	78	112	100	114	116	46
实测尺寸（cm）						
部位	袖长	领围	袖口围	后腰节长	底领宽	底领口宽
设定尺寸（cm）	61.5	43	30	45.5	3	2.8
实测尺寸（cm）						
部位	翻领宽	翻领口宽	小袋长 / 宽	小袋盖长 / 宽	大袋长 / 宽	大袋盖长 / 宽
设定尺寸（cm）	4	5	12.5/10.5	11/5.5	19/16.5	17/6
实测尺寸（cm）						

封样意见

3. 学习检验

worldskills international **世赛链接**

（5）请同学们在教师的指导下，参照世界技能大赛评分标准（见表 4-10），完成中山装样板的质量检验，并将中山装样板修改调整到位。

表 4-10　　样板制作考核评分表

序号	考评内容	评分标准	分值	得分
1	纸样呈现整洁	每处错误扣 5 分	10	
	所有样片整洁、无污垢、没有难以阅读的文字或符号，标识必须在同一版面，需用水笔标识，不包括里布			
2	样板标识清晰、正确、易识读	每处错误扣 5 分	10	
	产品名称（自定义或订单上的产品名称）			
	部位名称（如前片、后片、领子、袖子等）			
	样板功能及样板尺寸（如面板、里板、衬板、净板、175/92 A 等）			
	正确的样片数量及序号（如 1/15、2/15、3/15…15/15 等）			
3	裁剪标识	每处错误扣 5 分	10	
	裁剪数量（如前片面料 ×2，后片面料 ×1，挂面面料 ×2，大袖面料 ×2，小袖面料 ×2，大袋面料 ×2，大袋盖面料 ×2，小袋面料 ×2，小袋盖面料 ×2，翻领面料 ×1，底领面料 ×1）			
	袖与大身连折裁剪，纱向线方向合理、正确，全长展示			
4	制作标识	每处错误扣 5 分	25	
	缝份：缝份标注合理，宽窄一致			
	剪口：在需要的部位打有合适的剪口或对位点，包括所有的褶、省和拼接（但边角处不得两边都打剪口）			
	为生产提供准确信息（如归、拔、褶的位置以及方向，明线宽窄，纽扣和扣眼的位置大小等）			
5	线条流畅（包括缝份画线和边缘裁剪）	每处错误扣 5 分	15	
	所有样片线条流畅，边缘无毛刺，拼合连接后呈现出的线条平顺			

续表

序号	考评内容	评分标准	分值	得分
6	所有样片可对准（长度） 所有样片拼合连接后长度可对准，必要的归、拔，松量或抽褶部位需标明准确长度	每处错误扣 5 分	10	
7	测量（具体测量部位根据具体抽取款式现场公布） 尺寸需在规定的误差范围内（衣长误差不超过 ±1 cm；胸围误差不超过 ±1.5 cm；领围误差不超过 ±1 cm；袖长误差不超过 ±0.7 cm；总肩宽误差不超过 ±0.6 cm；袖口误差不超过 ±0.3 cm；大袋误差不超过 ±0.2 cm；小袋误差不超过 ±0.2 cm）	每处错误扣 5 分	10	
8	样片功能（必要时可参考款式图） 所有生产用样片得以呈现，样板可以做出款式图中的服装（不包括净板、里板和衬板）	每处错误扣 5 分	10	
合计			100	

评分日期：　　　　　　　　　　　　　　　评分人：

引导评价、更正与完善

在教师讲评引导的基础上，对本阶段的学习活动成果进行自我评分和小组评分（100 分制），之后独立用红笔对本阶段引导问题的回答进行更正和完善。

自我评分	关键能力		小组评分	关键能力	
	专业能力			专业能力	

● 中山装用料计算与排料方法

1. 知识学习

引导问题

（1）中山装面料的幅宽主要有哪几种规格？在排料时，哪一种幅宽的面料便于排料？为什么？

____

____

____

引导问题

（2）在中山装排料时，常将一套上衣与裤子混合套排，这样做的原因是什么？

______

______

______

讨论

（3）在中山装排料时，要严格控制偏斜和拼接。哪些部位是完全不可以偏斜的？哪些部位是允许偏斜，但不能超过一定范围的？若遇到倒顺毛的面料需要注意什么？

______

______

______

______

2. 技能训练

小贴士

中山装用料计算见表 4–11。

表 4–11　　中山装用料计算表

幅宽（cm）	用料计算（注：胸围 112 cm）
90	衣长 ×2+ 袖长 +20 cm（胸围每增大 3 cm，增加用料 3 cm）
110	衣长 ×2 +35 cm（胸围每增大 3 cm，增加用料 3 cm）
148	衣长 + 袖长 +10 cm（胸围每增大 3 cm，增加用料 3 cm）

实践

（4）在教师的指导下，参考图 4–7、图 4–8、图 4–9，独立完成中山装不同幅宽的排料并计算用料长度。

①幅宽 90 cm 用料计算：______

②幅宽 110 cm 用料计算：______

③幅宽 148 cm 用料计算：______

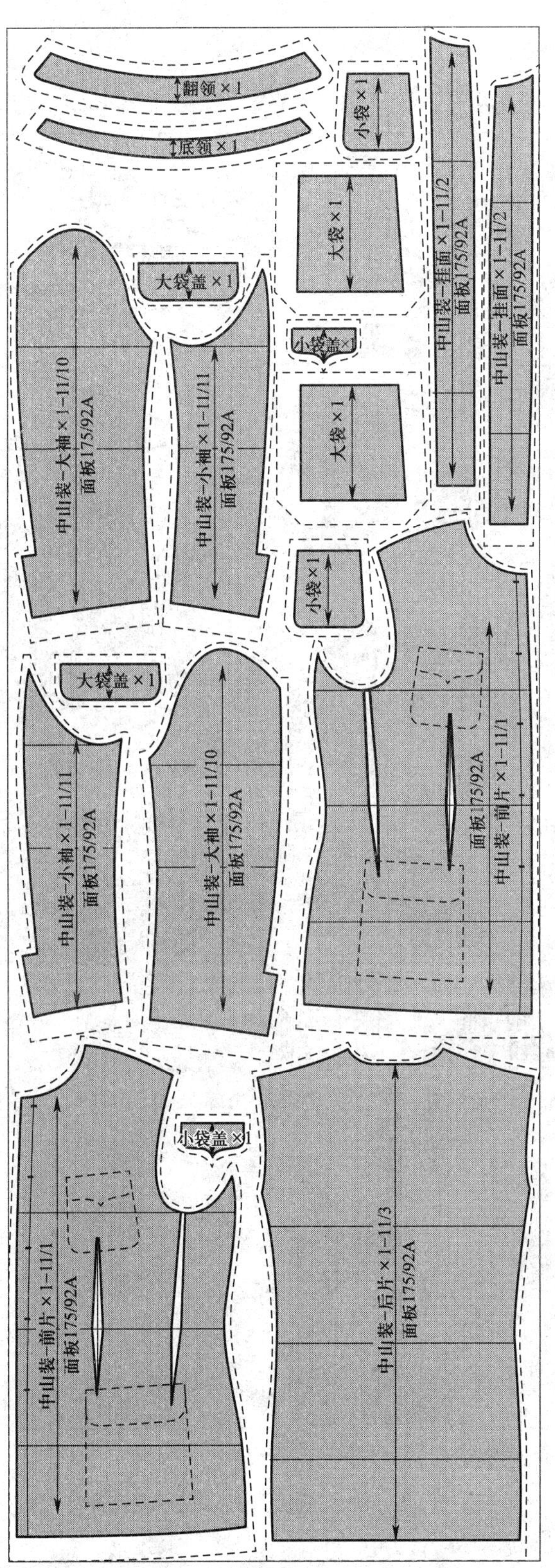

图 4-7　中山装幅宽 90 cm 面料排料图

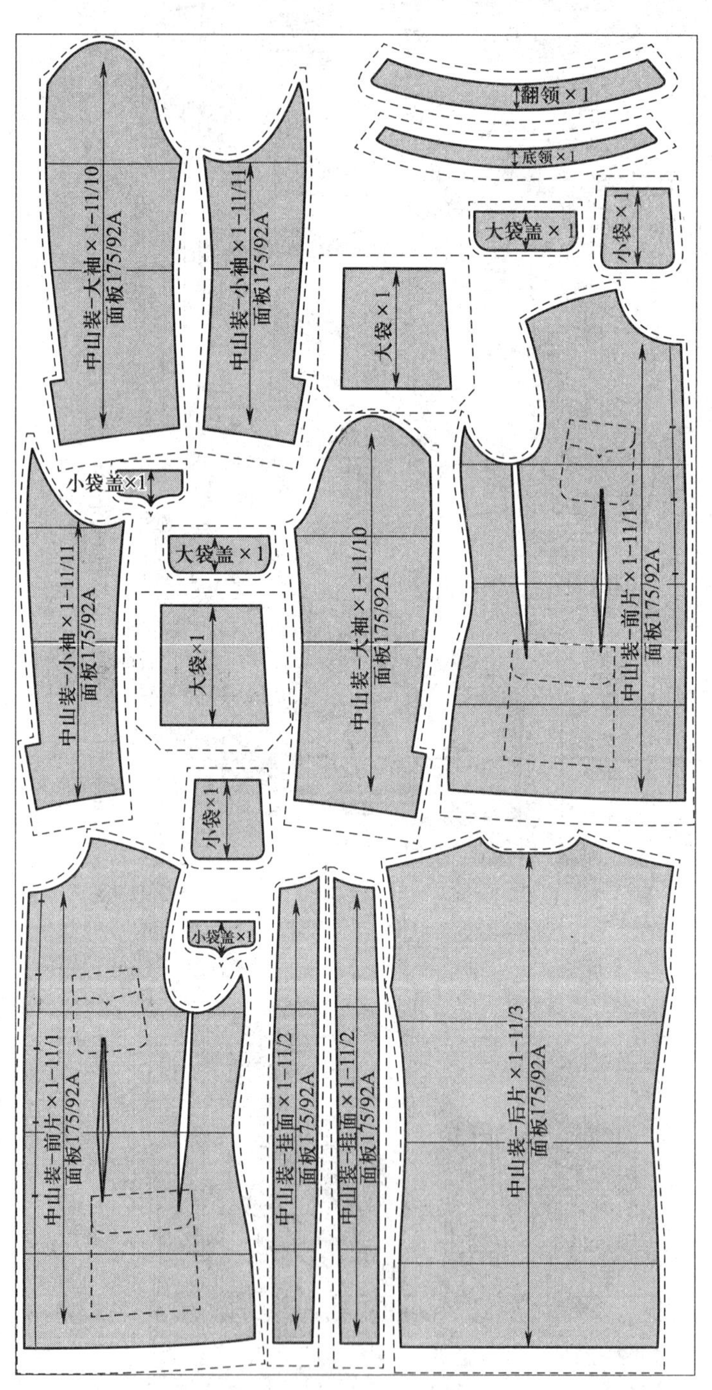

图 4-8　中山装幅宽 110 cm 面料排料图

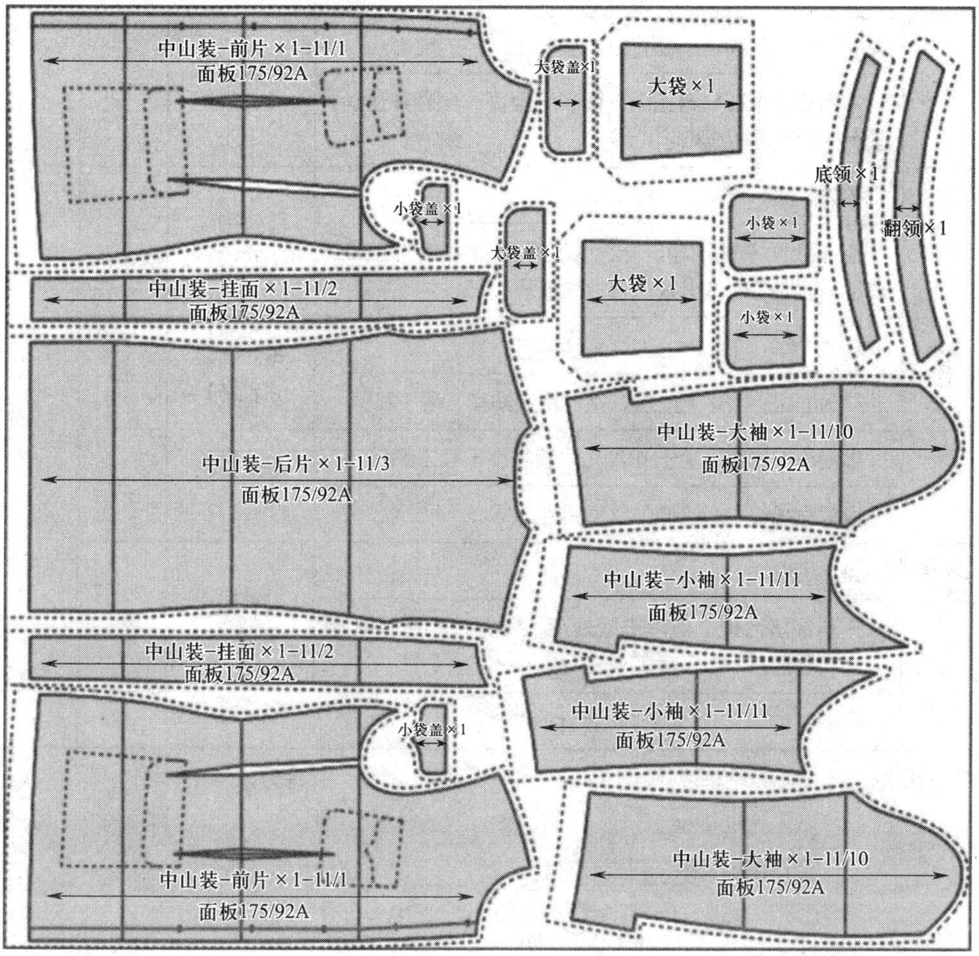

图 4–9　中山装幅宽 148 cm 面料排料图

3. 学习检验

世赛链接

（5）请同学们在教师的指导下，参照世界技能大赛评分标准（见表 4–12），完成中山装排料检验。

表 4-12　　排料考核评分表

序号	考评内容	评分标准	分值	得分
1	版面正确有效	每处错误扣 5 分	15	
	依照要求排在材料正面，面料正反面、倒顺绒正确，画有正确的幅宽线和起止线			
2	整体版面	每处错误扣 5 分	15	
	整体版面平整干净、无污垢，所有版片铺排正确，直接裁剪后可以做出款式图中的服装			
3	样片固定	每处错误扣 5 分	20	
	样板固定平服，无交叠，别针用量适宜，便于裁剪			
4	纱向线（测量不少于 4 片，误差需小于 0.2 cm）	每处错误扣 5 分	20	
	以幅宽线或中心丝道为丝道评判依据			
5	排料合理性	每处错误扣 5 分	30	
	排料经济合理；整体排版规范，遵循直对直、弧接弧，凹凸相套，便于裁剪			
合计			100	

评分日期：　　　　　　　　　　　　　　　　评分人：

引导评价、更正与完善

在教师讲评引导的基础上，对本阶段的学习活动成果进行自我评分和小组评分（100 分制），之后独立用红笔对本阶段引导问题的回答进行更正和完善。

自我评分	关键能力		小组评分	关键能力	
	专业能力			专业能力	

（四）中山装工作任务的成果展示与评价反馈

1. 知识学习

服装制版完成后，需要进行展示和评价，并作出相应反馈。

（1）展示的方法：将中山装全套样板平铺在工作台上，将制作的样衣穿在人台上一起展示。

（2）评价的方法：看样衣效果，对照评分细则检查样板质量。

世赛链接

以世界技能大赛时装技术项目服装制版、排料模块的评分标准作为评价标准。

2. 技能训练

实践

（3）将中山装全套样板平铺在干净的工作台上进行平面展示。

（4）依据评分标准，对平铺展示的中山装全套样板进行自我评价和小组评价。

3. 学习检验

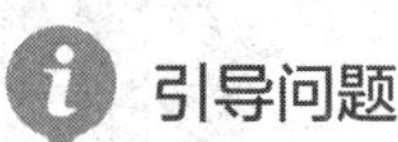

引导问题

（5）在教师的指导下，先在小组内进行作品展示，然后经小组讨论，推选出一组最佳作品，进行全班展示与评价，并由组长简要介绍推选的理由，小组其他成员做补充并记录。

小组最佳作品制作人：________________

推选理由：____

____

其他小组评价意见：______________________________________

____

教师评价意见：____

____

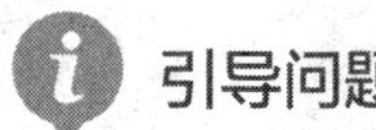

引导问题

（6）将本次学习活动出现的问题及其产生的原因和解决的办法填写在表 4-13 中。

表 4-13　问题分析表

出现的问题	产生的原因	解决的办法
1.		
2.		
3.		
……		

自我评价

（7）本次学习活动中自己最满意的地方和最不满意的地方各写一点，并简要说明原因。然后完成表 4-14 学习活动考核评价表的填写。

最满意的地方：____________________

最不满意的地方：____________________

表 4-14　　　　学习活动考核评价表

学习活动名称：中山装制版

班级：　　　　学号：　　　　姓名：　　　　指导教师：

评价项目	评价标准	评价依据（信息、佐证）	评价方式			权重	得分小计	总分
			自我评价	小组评价	教师（企业）评价			
			10%	20%	70%			
关键能力	1. 能穿戴劳动保护服装，执行安全操作规程 2. 能参与小组讨论，相互交流与评价 3. 能积极主动、勤学好问 4. 能清晰、准确地表达 5. 能清扫场地和工作台，归置物品，填写活动记录	1. 课堂表现 2. 工作页填写				40%		
专业能力	1. 能准确测量人体，制定中山装制版规格 2. 能制订中山装制版计划，准备相关制图工具与材料 3. 能识读中山装制版任务单，完成中山装平面结构制图 4. 能正确复制轮廓线，依据中山装款式特点和制作工艺要求，准确加放，完成全套裁剪样板制作	1. 课堂表现 2. 工作页填写 3. 提交的中山装结构图 4. 提交的中山装裁剪样板				60%		

续表

评价项目	评价标准	评价依据（信息、佐证）	评价方式			权重	得分小计	总分
			自我评价	小组评价	教师（企业）评价			
			10%	20%	70%			
专业能力	5. 能按照样板制作规范，完成样板编号、标注、打孔、分类等工作 6. 能记录中山装制版过程中的疑难点，在教师的指导下，通过小组讨论或独立思考与实践加以解决 7. 能按照企业标准（或世界技能大赛评分标准）对中山装样板进行检验并展示	5. 提交的中山装全套样板						
指导教师综合评价	指导教师签名：　　　　日期：							

三、学习拓展

说明：本阶段学习拓展建议学时为 8 ~ 10 学时，要求学生在课后独立完成。教师可根据本校的教学需要和学生的实际情况，选择部分或全部进行实践，也可另行选择相关拓展内容，亦可不实施本学习拓展，将其所需学时用于强化学习过程阶段的实践内容。

拓展 1

请同学们根据提供的中山装成衣（见图 4-10），在教师的指导下，测量成衣的各部位尺寸，填写在表 4-15 中，并用驳样的方式完成款式图、结构图和基础样板的绘制与检验。

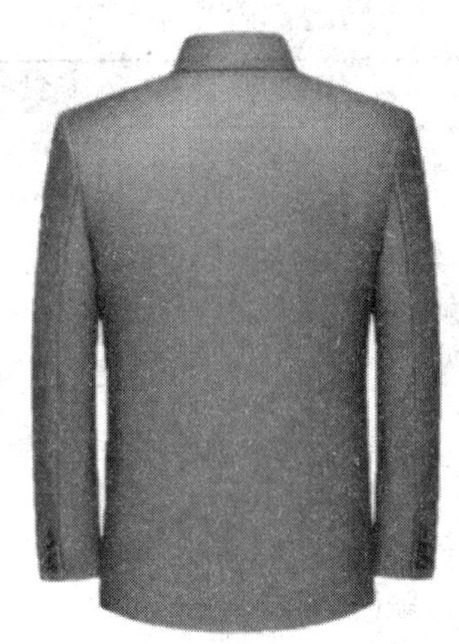

图 4–10 中山装成衣

表 4–15 中山装成衣尺寸

部位	衣长	胸围	腰围	臀围	摆围	肩宽
尺寸（cm）						
部位	袖长	领围	袖口围	后腰节长	底领宽	底领口宽
尺寸（cm）						
部位	翻领宽	翻领口宽	小袋长 / 宽	小袋盖长 / 宽	大袋长 / 宽	大袋盖长 / 宽
尺寸（cm）						

拓展 2

请同学们查阅改良版毛式中山装结构图相关知识，在教师的指导下，按号型 180/96A 制定成品规格，填写在表 4–16 中，并独立完成毛式中山装款式图、结构图和基础样板的绘制与检验。

表 4–16 中山装号型 180/96A 成衣规格

部位	衣长	胸围	腰围	臀围	摆围	肩宽
尺寸（cm）						
部位	袖长	领围	袖口围	后腰节长	底领宽	底领口宽
尺寸（cm）						
部位	翻领宽	翻领口宽	小袋长 / 宽	小袋盖长 / 宽	大袋长 / 宽	大袋盖长 / 宽
尺寸（cm）						

学习活动 2
军便装制版

学习目标

1. 能遵守工作制度，服从工作安排，按要求准备好军便装制版所需的工具、设备、材料及各项技术文件。

2. 能识读军便装制版的各项技术文件，明确制版的流程、方法和注意事项。

3. 能查阅相关资料，制订军便装制版计划，教师对计划进行指导和确认。

4. 能依据技术文件要求，结合国家标准 GB/T 29863—2013《服装制图》的规定，独立完成军便装基础样板的制版、检查与复核工作。

5. 能按照企业标准（或参照世界技能大赛评分标准）对军便装样板进行质量检验，并依据白坯试样结果，将样板修改调整到位。

6. 能记录军便装制版、试样过程中的疑难点，进行小组讨论、合作探究，并在教师的指导下，提出解决问题的方案。

7. 能按有关归档要求，进行资料归类和现场整理。

8. 能展示、评价军便装制版各阶段的成果，清扫场地和工作台，归置物品，填写设备使用记录。

一、学习准备

1. 场地：服装样板制作一体化教室（包括制版桌、排料台、制版工具、投影仪、多媒体计算机等设备）。

2. 材料：军便装制版相关学材、任务单（见表 4-17）、牛皮纸、拷贝纸等。

3. 分组：划分学习小组（每组 5～6 人），分组信息填写在表 4-18 中。

4. 课前检查

（1）检查一体化教室各项设备能否正常使用。

（2）检查各学习小组课前准备情况。

（3）检查学生工作服穿戴情况。

表 4-17　　　　　　　　军便装制版任务单

<table>
<tr><td>订单号</td><td colspan="2">JBZ-1</td><td colspan="2">客户名称</td><td colspan="4">×××</td></tr>
<tr><td>款式号</td><td>CTJBZ01</td><td>样衣尺码</td><td>M 号</td><td>制作人</td><td></td><td>日期</td><td colspan="2">年　月　日</td></tr>
<tr><td>款式名称</td><td colspan="8">军便装</td></tr>
<tr><td>款式图</td><td colspan="8"> </td></tr>
<tr><td>款式说明</td><td colspan="8">领型为立翻领，由上领和下领组成；五粒单排扣；前身四个挖袋，装有袋盖，小袋为尖角袋盖；前衣片收胸腰省、肋省，后衣片为平后背；领、袋盖、门里襟止口缉单明线；圆装袖。</td></tr>
<tr><td rowspan="6">规格尺寸</td><td rowspan="3">号型规格</td><td>部位</td><td>衣长</td><td>胸围</td><td>腰围</td><td>臀围</td><td>摆围</td><td>肩宽</td></tr>
<tr><td>尺寸（cm）</td><td>76</td><td>112</td><td>102</td><td>114</td><td>120</td><td>48</td></tr>
<tr><td>部位</td><td>袖长</td><td>领围</td><td>袖口围</td><td>后腰节长</td><td>底领宽</td><td>底领口宽</td></tr>
<tr><td rowspan="3">175/92A</td><td>尺寸（cm）</td><td>61.5</td><td>43</td><td>30</td><td>45.5</td><td>3</td><td>2.8</td></tr>
<tr><td>部位</td><td>翻领宽</td><td>翻领口宽</td><td>小袋盖长</td><td>小袋盖宽</td><td>大袋盖长</td><td>大袋盖宽</td></tr>
<tr><td>尺寸（cm）</td><td>4</td><td>5.5</td><td>10.5</td><td>5.5</td><td>17</td><td>6</td></tr>
<tr><td>制版要求</td><td colspan="8">1. 制版充分考虑款式特征、面料特性和工艺要求。
2. 结构造型合理，与款式吻合，尺寸符合规格要求。
3. 结构图干净整洁，各部位数据和文字说明标注清晰规范。
4. 辅助线、轮廓线界定清晰，线条平滑、圆顺、流畅，对合平顺，拼合长短一致。
5. 合理配置出相应的零部件，能够对样片进行合理放缝。净样板、毛样板、辅料样板齐全、数量准确、标注规范。</td></tr>
</table>

续表

制版要求	6. 样板标识正确，必须标在同一版面上，且需用水笔标识。样板标识包括产品名称、部位名称、正确的规格及样片数量序号。 7. 裁剪标识正确，包括裁剪数量、连折裁剪等。纱向线方向合理、正确，全长展示。 8. 制作标识正确，缝份标注合理，在需要的部位打有合适的剪口或对位点，为生产提供准确信息。 9. 样板轮廓光滑、顺畅，无毛刺。拼合连接后呈现出的线条平顺，所有样片拼接后长度可对准。
工艺要求	1. 军便装配全里，大身、挂面、领、袖口、袋盖、袋位均要粘衬。 2. 前片收胸腰省和肋省。 3. 左小袋盖做插笔洞一个，按小袋前端 1 cm 向里做插笔洞，插笔洞宽度 4 cm。 4. 大、小袋为挖袋，装有袋盖。
审批	日期

表 4-18　小组成员表

组号	组内成员姓名	组长姓名

二、学习过程

（一）获取军便装工作任务的相关信息

1. 知识学习

小贴士

军便装是由军服演变而成的一种便服。立翻领（与中山装领型相似），前身上下左右有四只带袋盖的挖袋，特点是袋盖表面不露纽洞，在里面装纽襻。军便装外观端庄、大方，富有生气，多用卡其布类或粗毛呢制作。

引导问题

（1）观察图 4-11，简要描述军便装的款式特征。

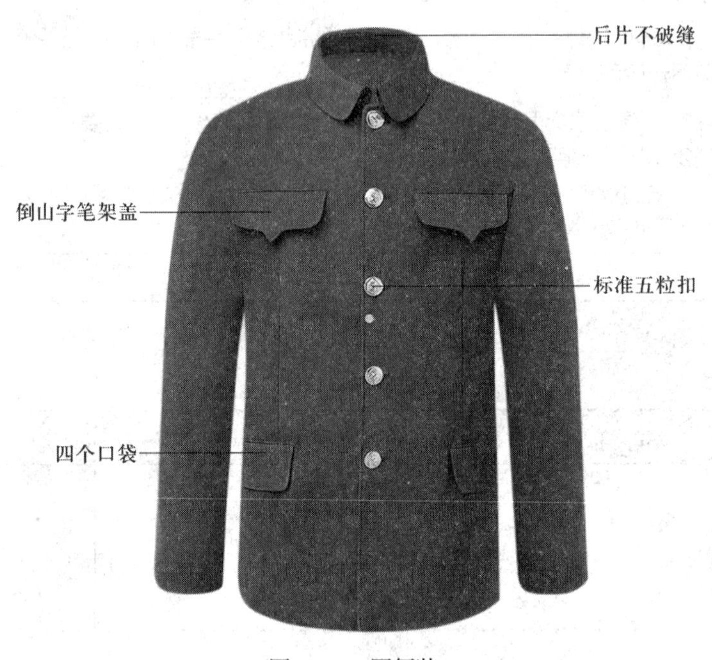

图 4-11　军便装

引导问题

（2）请同学们查阅资料，简要描述军便装的结构特点及其与中山装的区别。

2. 学习检验

引导问题

（3）在教师的引导下，独立完成表 4-19 的填写。

表 4-19　　　　学习任务与学习活动简要归纳表

本次学习任务的名称	
本次学习任务的主要目标	
本次学习任务的活动内容	
本次学习活动的名称	
本次学习活动的主要目标	
军便装的款式特征	
军便装的结构特征	
你认为本次学习活动中，哪些目标的实现难度较大？	

引导评价、更正与完善

在教师讲评引导的基础上，对本阶段的学习活动成果进行自我评分和小组评分（100 分制），之后独立用红笔对本阶段引导问题的回答进行更正和完善。

自我评分	关键能力		小组评分	关键能力	
	专业能力			专业能力	

（二）制订军便装制版计划并决策

1. 知识学习

介绍制订计划的基本方法、内容和注意事项，重点围绕学习活动展开。

（计划制订参考意见：整个工作的内容和目标是什么？整个工作分几步实施？过程中要注意什么？小组成员之间应该如何配合？出现问题应该如何处理？）

2. 学习检验

引导问题

（1）简要写出你们小组的军便装制版计划。

引导问题

（2）你在制订军便装制版计划的过程中承担了哪些工作？有什么体会？

引导问题

（3）对小组制订的军便装制版计划，教师给出了什么修改建议？为什么？

引导问题

（4）你认为军便装制版计划中哪些工作比较难实施，为什么？你有什么想法？

引导问题

（5）对军便装制版计划，小组最终做出了什么决定？是如何做出的？

引导评价、更正与完善

在教师讲评引导的基础上，对本阶段的学习活动成果进行自我评分和小组评分（100分制），之后独立用红笔对本阶段引导问题的回答进行更正和完善。

自我评分	关键能力		小组评分	关键能力	
	专业能力			专业能力	

（三）军便装制版与检验

● 人体测量与军便装松量控制

1. 知识学习

引导问题

（1）军便装测量时有哪些注意事项？ 与中山装测量有何区别？

引导问题

（2）要获得军便装规格尺寸需要测量哪些部位？各部位放松量应如何控制？

引导问题

（3）军便装一般用棉布、卡其布或粗毛呢面料制作。不同面料制作的军便装放松量相同吗？为什么？

2. 技能训练

实践

（4）分组测量人体或者在人台上测量，并记录军便装不同号型制版所需要的各部位尺寸。

①衣长________ ②背长________ ③胸围________ ④腰围________

⑤臀围________ ⑥前胸宽______ ⑦后背宽______ ⑧肩宽________

⑨领围________ ⑩领高________ ⑪袖长________ ⑫袖口围______

3. 学习检验

（5）请同学们通过测量人体或者人台，参考国家号型标准，独立完成表 4-20 军便装号型 175/92A 成品规格尺寸的填写。

表 4-20　　　　军便装号型 175/92A 的成品规格尺寸

部位	衣长	胸围	腰围	臀围	摆围	肩宽
尺寸（cm）						
部位	袖长	领围	袖口围	后腰节长	底领宽	底领口宽
尺寸（cm）						
部位	翻领宽	翻领口宽	小袋盖长	小袋盖宽	大袋盖长	大袋盖宽
尺寸（cm）						

引导评价、更正与完善

在教师讲评引导的基础上，对本阶段的学习活动成果进行自我评分和小组评分（100 分制），之后独立用红笔对本阶段引导问题的回答进行更正和完善。

自我评分	关键能力		小组评分	关键能力	
	专业能力			专业能力	

● 军便装结构制图

1. 知识学习

（1）请同学们在教师讲解的基础上，写出军便装结构制图的步骤及主要部位尺寸的计算公式。

____

____

 讨论

（2）军便装一般用棉布、卡其布或粗毛呢料制作，并采取水洗或者干洗的方式。请分析军便装制版时，需要考虑哪几个方面的缩率，缩率是如何加放的，为什么？

2. 技能训练

 实践

（3）在教师的指导下，根据号型175/92A的成品尺寸，填写制版规格尺寸（见表4-21），并参考图4-12至图4-14，独立完成军便装的结构图绘制和检验。

表4-21 军便装制版规格尺寸

部位	衣长	胸围	腰围	臀围	摆围	肩宽
成品尺寸（cm）	76	112	102	114	120	48
制版规格尺寸（cm）						
部位	袖长	领围	袖口围	后腰节长	底领宽	底领口宽
成品尺寸（cm）	61.5	43	30	45.5	3	2.8
制版规格尺寸（cm）						
部位	翻领宽	翻领口宽	小袋盖长	小袋盖宽	大袋盖长	大袋盖宽
成品尺寸（cm）	4	5.5	10.5	5.5	17	6
制版规格尺寸（cm）						

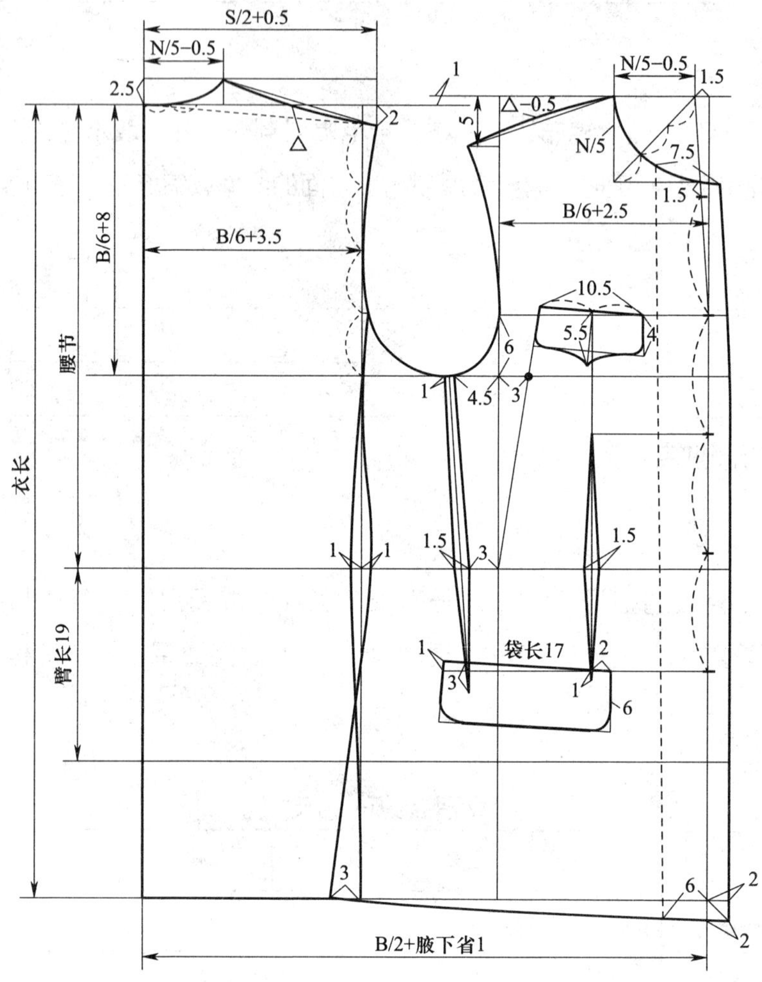

图 4–12　军便装前后片结构图

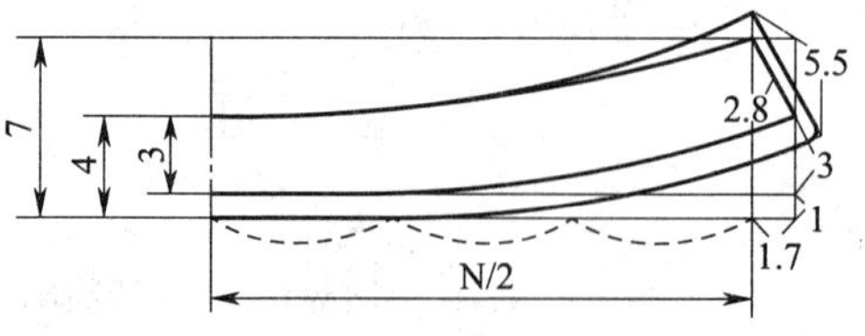

图 4–13　军便装领子结构图

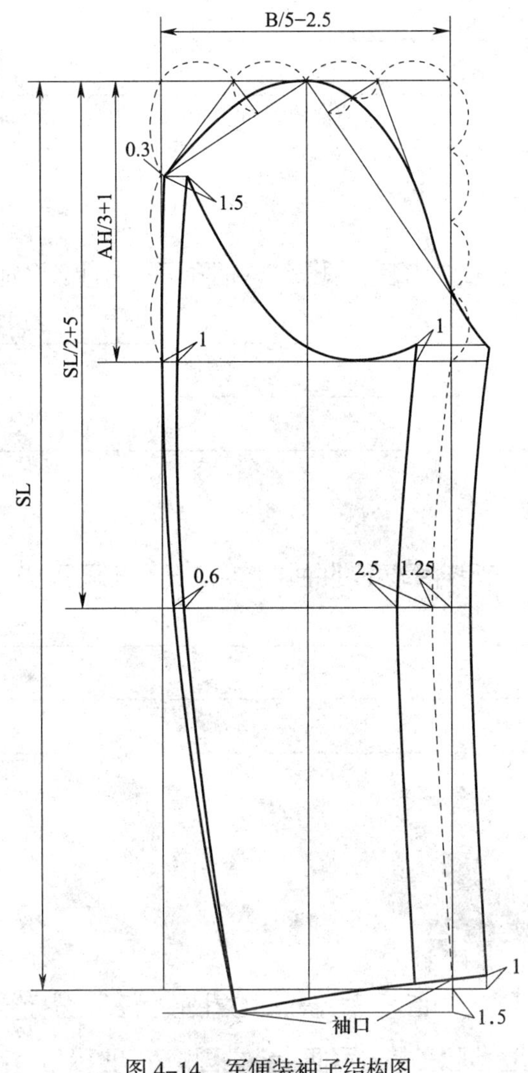

图 4–14　军便装袖子结构图

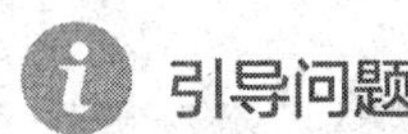

引导问题

（4）军便装的吸腰量为什么比中山装的吸腰量要小？

____

____

____

____

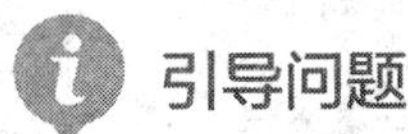

引导问题

（5）军便装的下摆为什么比中山装的下摆放量大？

引导问题

（6）军便装的领子和中山装的领子结构相同吗？有什么区别？

引导问题

（7）棉布军便装和呢料军便装的袖山吃势有什么不同？

3. 学习检验

世赛链接

（8）请同学们在教师的指导下，参照世界技能大赛评分标准（见表 4–22），完成军便装结构图的质量检验，并将军便装结构图修改调整到位。

表 4–22　结构制图考核评分表

序号	考评内容		分值	得分
1	页面呈现清晰整洁	每处错误扣 5 分	10	
	页面干净，无皱痕，无多余线迹，姓名、学号展现清晰、位置正确			
2	图形布局	每处错误扣 5 分	10	
	横平纵直，基础框架线与纸边的距离误差不超过 0.1 cm			
3	用线规范	每处错误扣 5 分	15	
	辅助线、轮廓线、对折线使用正确规范，辅助线、轮廓线区分清楚，粗细有别			

续表

<table>
<tr><th>序号</th><th colspan="2">考评内容</th><th>分值</th><th>得分</th></tr>
<tr><td rowspan="2">4</td><td>制图规格表</td><td rowspan="2">每处错误扣 5 分</td><td rowspan="2">15</td><td rowspan="2"></td></tr>
<tr><td>标明工位、制图单位、号型、技术文件中要求的尺寸名称和对应的具体尺寸</td></tr>
<tr><td rowspan="2">5</td><td>线条质量</td><td rowspan="2">每处错误扣 5 分</td><td rowspan="2">20</td><td rowspan="2"></td></tr>
<tr><td>线条清晰、圆顺、流畅，对合圆顺，拼合长短一致</td></tr>
<tr><td rowspan="2">6</td><td>数据标注规范</td><td rowspan="2">每处错误扣 5 分</td><td rowspan="2">15</td><td rowspan="2"></td></tr>
<tr><td>数据标注明确具体、清晰规范，无难以识读或无法确认的点位</td></tr>
<tr><td rowspan="2">7</td><td>标注规范</td><td rowspan="2">每处错误扣 5 分</td><td rowspan="2">15</td><td rowspan="2"></td></tr>
<tr><td>裥、褶、省、抽缩、归、拔、对合、纽扣、扣眼、布纹线等制图符号标注规范齐全</td></tr>
<tr><td colspan="3">合计</td><td>100</td><td></td></tr>
</table>

评分日期：　　　　　　　　　　　　　　　　　　评分人：

引导评价、更正与完善

在教师讲评引导的基础上，对本阶段的学习活动成果进行自我评分和小组评分（100 分制），之后独立用红笔对本阶段引导问题的回答进行更正和完善。

<table>
<tr><td rowspan="2">自我评分</td><td>关键能力</td><td></td><td rowspan="2">小组评分</td><td>关键能力</td><td></td></tr>
<tr><td>专业能力</td><td></td><td>专业能力</td><td></td></tr>
</table>

● 军便装样板制作

1. 知识学习

学习思考

如图 4–15 所示，军便装所有面料样板的具体放缝情况如下：

（1）前片：前中加 1 cm 缝份，袖窿加 1 cm 缝份，肩缝加 1.2 cm 缝份，领圈加 1 cm 缝份，侧缝加 1.2 cm 缝份，底摆加 4 cm 缝份。

（2）后片：袖窿加 1 cm 缝份，侧缝加 1.2 cm 缝份，底摆加 4 cm 缝份，肩缝加 1.2 cm 缝份，后领圈加 1 cm 缝份。

（3）大袖：袖山缝加 1 cm 缝份，袖侧缝加 1.2 cm 缝份，袖口加 4 cm 缝份。

（4）小袖：袖山缝加 1 cm 缝份，袖侧缝加 1.2 cm 缝份，袖口加 4 cm 缝份。

（5）翻领：四周加 2 cm。

（6）底领：四周加 2 cm 缝份。

（7）小袋盖：小袋盖袋口加 1.5 cm 缝份，其余三边加 1 cm 缝份。

（8）大袋盖：大袋盖袋口加 2 cm 缝份，其余三边加 1 cm 缝份。

（9）挂面：挂面底边加 4 cm 缝份，其余三边加 1 cm 缝份。

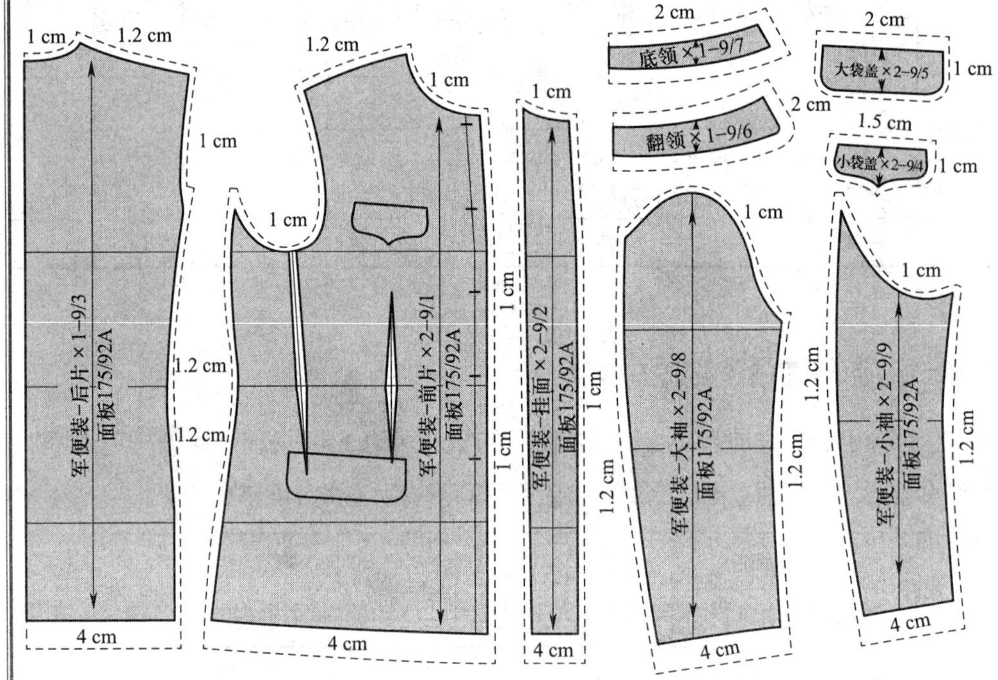

图 4–15　军便装面料样板图

如图 4–16 所示，军便装所有里料样板的具体放缝情况如下：

（1）前片：前中加 1 cm 缝份，袖窿加 1.3 cm 缝份，肩缝加 1.5 cm 缝份，领圈加 1 cm 缝份，侧缝加 1.3 cm 缝份，底摆加 1 cm 缝份。

（2）后片：后中加 2 cm 缝份，袖窿加 1.3 cm 缝份，侧缝加 1.3 cm 缝份，底摆加 1 cm 缝份，肩缝加 1.5 cm 缝份，后领圈加 1 cm 缝份。

（3）大袖：后袖山缝加 1.5 cm 缝份，前袖山缝加 2.5 cm 缝份，袖侧缝加 1.3 cm 缝份，袖口加 1 cm 缝份。

（4）小袖：后袖山缝加 1.5 cm 缝份，前袖山缝加 2.5 cm 缝份，袖侧缝加

1.3 cm 缝份，袖口加 1 cm 缝份。

（5）翻领：四周加 2 cm 缝份。

（6）底领：四周加 2 cm 缝份。

（7）小袋盖：小袋盖袋口加 1.5 cm 缝份，其余三边加 1 cm 缝份。

（8）大袋盖：大袋盖加 2 cm 缝份，其余三边加 1 cm 缝份。

（9）大袋布：四周加 1.5 cm 缝份。

（10）小袋布：四周加 1.5 cm 缝份。

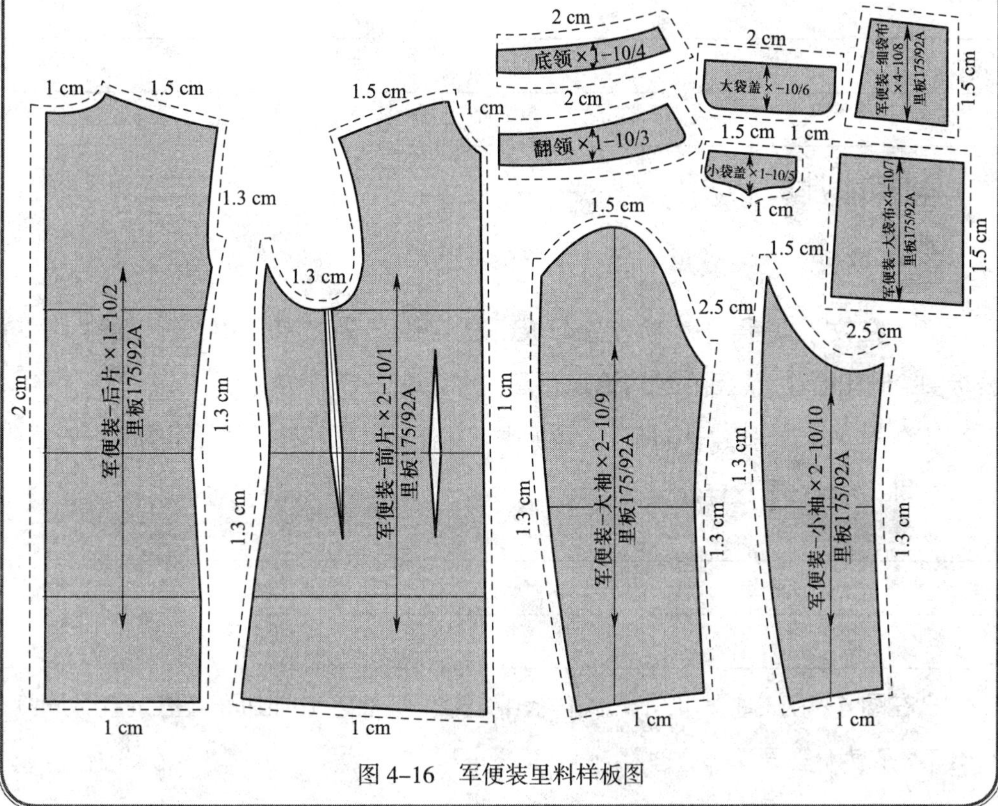

图 4-16　军便装里料样板图

引导问题

（1）请根据图 4-15 和图 4-16 写出军便装所有样板的具体放缝情况。

①军便装面板的具体放缝情况：

②军便装里板的具体放缝情况：

____

____

____

引导问题

（2）军便装样板上要标注哪些内容？全套样板有几套？各是什么？各有多少块？

____

____

____

2. 技能训练

实践

（3）在教师的指导下，参考图 4-15、图 4-16，独立完成军便装的面料、里料样板图绘制和检验，然后小组讨论，回答下列问题。

①在图 4-15、图 4-16 所示的样板中，军便装下摆和袖口面、里的缝份处理有什么不同？为什么要这样处理？

____

____

____

②在图 4-15、图 4-16 所示的样板中，军便装袖窿和袖山面、里的缝份处理有什么不同？为什么要这样处理？

____

____

____

③在图 4-15、图 4-16 所示的样板中，军便装肩缝、侧缝、大袖片和小袖片侧缝面、里的缝份处理有什么不同？为什么要这样处理？在缝制时要注意什么？

____

____

____

3. 学习检验

（4）样板制作完成后，请同学们按照自检要求进行自检，并完成表 4-23 的填写。

表 4-23　　军便装样板自检表

自检项目要求	是	否	修改方案
样板的规格尺寸是否准确无误			
各细部的曲线是否圆顺、流畅			
相关结构线的大小、形状是否吻合			
样板的标记是否错漏			
丝绺标记是否遗缺			
文字说明是否准确			
样板的数量（片数）是否欠缺			
各种部件是否齐全			
样板的整体结构、各部位的比例关系是否符合款式要求			

引导评价、更正与完善

在教师讲评引导的基础上，对本阶段的学习活动成果进行自我评分和小组评分（100 分制），之后独立用红笔对本阶段引导问题的回答进行更正和完善。

<table>
<tr><td rowspan="2">自我评分</td><td>关键能力</td><td></td><td rowspan="2">小组评分</td><td>关键能力</td><td></td></tr>
<tr><td>专业能力</td><td></td><td>专业能力</td><td></td></tr>
</table>

● 军便装样板修改与完善

1. 知识学习

引导问题

（1）样衣上身后，发现军便装侧身有倒八字褶，这是什么原因造成的？应如何调整样板？

(2)样衣上身后，发现军便装背部有横褶，这是什么原因造成的？应如何调整样板？

引导问题

(3)样衣上身后，发现军便装的衣袖偏前，这是什么原因造成的？应如何处理？

2. 技能训练

实践

(4)在教师的指导下，独立完成军便装样衣的尺寸复核，并将测量结果填写在表 4-24 中，写出封样意见，然后对照封样意见，将结构图和样板调整到位。

表 4-24　成品尺寸记录表

部位	衣长	胸围	腰围	臀围	摆围	肩宽
设定尺寸(cm)	76	112	102	114	120	48
实测尺寸(cm)						
部位	袖长	领围	袖口围	后腰节长	底领宽	底领口宽
设定尺寸(cm)	61.5	43	30	45.5	3	2.8
实测尺寸(cm)						
部位	翻领宽	翻领口宽	小袋盖长	小袋盖宽	大袋盖长	大袋盖宽
设定尺寸(cm)	4	5.5	10.5	5.5	17	6
实测尺寸(cm)						

封样意见

3. 学习检验

世赛链接

（5）请同学们在教师的指导下，参照世界技能大赛评分标准（见表 4–25），完成军便装样板的质量检验，并将军便装样板修改调整到位。

表 4–25　　　　　　　　样板制作考核评分表

序号	考评内容	评分标准	分值	得分
1	纸样呈现整洁	每处错误扣 5 分	10	
	所有样片整洁、无污垢、没有难以阅读的文字或符号，标识必须在同一版面，需用水笔标识，不包括里布			
2	样板标识清晰、正确、易识读	每处错误扣 5 分	10	
	产品名称（自定义或订单上的产品名称）			
	部位名称（如前片、后片、领子、袖子等）			
	样板功能及样板尺寸（如面板、里板、衬板、净板、175/92A 等）			
	正确的样片数量及序号（如 1/15、2/15、3/15…15/15 等）			
3	裁剪标识	每处错误扣 5 分	10	
	裁剪数量（如前片面料 ×2，后片面料 ×1，挂面面料 ×2，大袖面料 ×2，小袖面料 ×2，大袋盖面料 ×2，小袋盖面料 ×2，翻领面料 ×1，底领面料 ×1）			
	袖与大身连折裁剪，纱向线方向合理、正确，全长展示			
4	制作标识	每处错误扣 5 分	25	
	缝份：缝份标注合理，宽窄一致			
	剪口：在需要的部位打有合适的剪口或对位点，包括所有的褶、省和拼接（但边角处不得两边都打剪口）			
	为生产提供准确信息（如归、拔、褶的位置以及方向，明线宽窄，纽扣和扣眼的位置大小等）			

续表

序号	考评内容	评分标准	分值	得分
5	线条流畅（包括缝份画线和边缘裁剪） 所有样片线条流畅，边缘无毛刺，拼合连接后呈现出的线条平顺	每处错误扣 5 分	15	
6	所有样片可对准（长度） 所有样片拼合连接后长度可对准，必要的归、拔，松量或抽褶部位需标明准确长度	每处错误扣 5 分	10	
7	测量（具体测量部位根据具体抽取款式现场公布） 尺寸需在规定的误差范围内（衣长误差不超过 ±1 cm；胸围误差不超过 ±1.5 cm；领围误差不超过 ±1 cm；袖长误差不超过 ±0.7 cm；总肩宽误差不超过 ±0.6 cm；袖口误差不超过 ±0.3 cm；大袋误差不超过 ±0.2 cm；小袋误差不超过 ±0.2 cm）	每处错误扣 5 分	10	
8	样片功能（必要时可参考款式图） 所有生产用样片得以呈现，样板可以做出款式图中的服装（不包括净板、里板和衬板）	每处错误扣 5 分	10	
合计			100	

评分日期：　　　　　　　　　　　　　　　　评分人：

引导评价、更正与完善

在教师讲评引导的基础上，对本阶段的学习活动成果进行自我评分和小组评分（100 分制），之后独立用红笔对本阶段引导问题的回答进行更正和完善。

自我评分	关键能力		小组评分	关键能力	
	专业能力			专业能力	

● 军便装用料计算与排料方法

1. 知识学习

（1）军便装面料的幅宽主要有哪几种规格？在排料时，哪一种幅宽的面料便于排料？为什么？

引导问题

（2）在军便装排料时，常将一套上衣与裤子混合套排，这样做的原因是什么？

讨论

（3）在军便装排料时，要严格控制偏斜和拼接。哪些部位是完全不可以偏斜的？哪些部位是允许偏斜，但不能超过一定范围的？若遇到倒顺毛的面料需要注意什么？

2. 技能训练

小贴士

军便装用料计算见表 4–26。

表 4–26　军便装用料计算表

幅宽（cm）	用料计算（注：胸围 112 cm）
90	衣长 ×2+ 袖长 +20 cm（胸围每增大 3 cm，增加用料 3 cm）
110	衣长 ×2 +35 cm（胸围每增大 3 cm，增加用料 3 cm）
148	衣长 + 袖长 +10 cm（胸围每增大 3 cm，增加用料 3 cm）

实践

（4）在教师的指导下，参考图 4–17 至图 4–19，独立完成军便装不同幅宽的排料并计算用料长度。

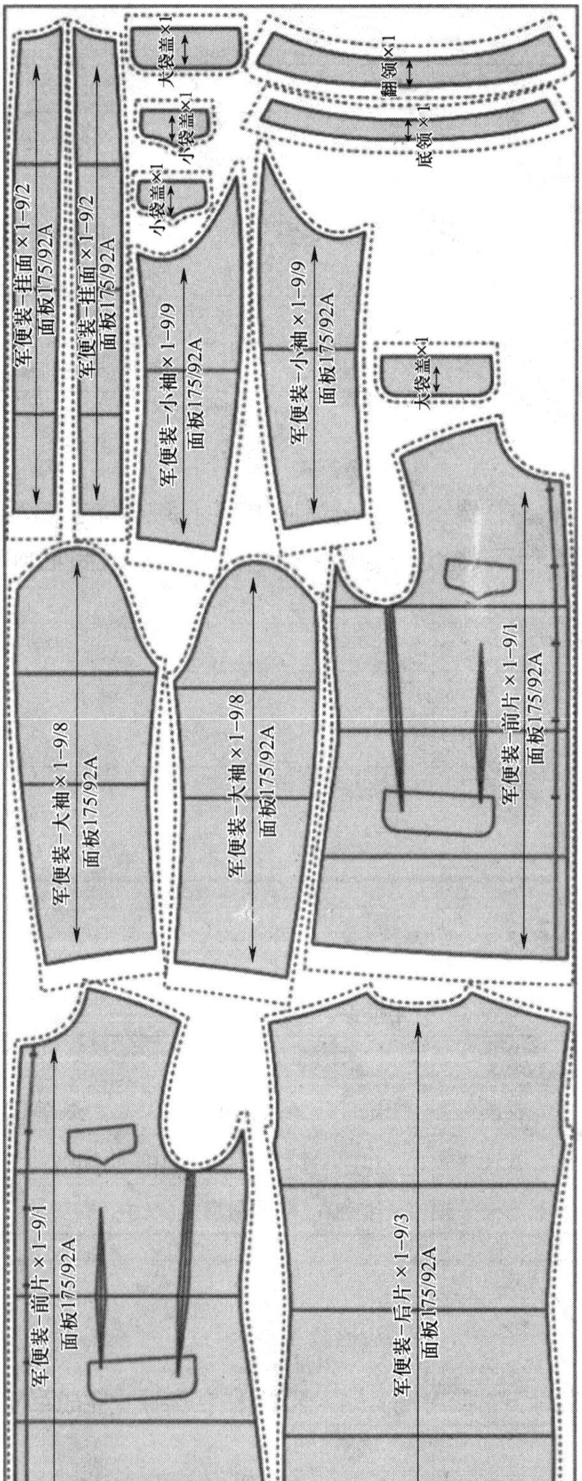

军便装-挂面×1-9/2
面板175/92A
军便装-挂面×1-9/2
面板175/92A
大袋盖×1
小袋盖×1
小袋盖×1
翻领×1
底领×1
军便装-小袖×1-9/9
面板175/92A
军便装-小袖×1-9/9
面板175/92A
大袋盖×1
军便装-大袖×1-9/8
面板175/92A
军便装-大袖×1-9/8
面板175/92A
军便装-前片×1-9/1
面板175/92A
军便装-前片×1-9/1
面板175/92A
军便装-后片×1-9/3
面板175/92A

图 4-17　军便装幅宽 90 cm 面料排料图

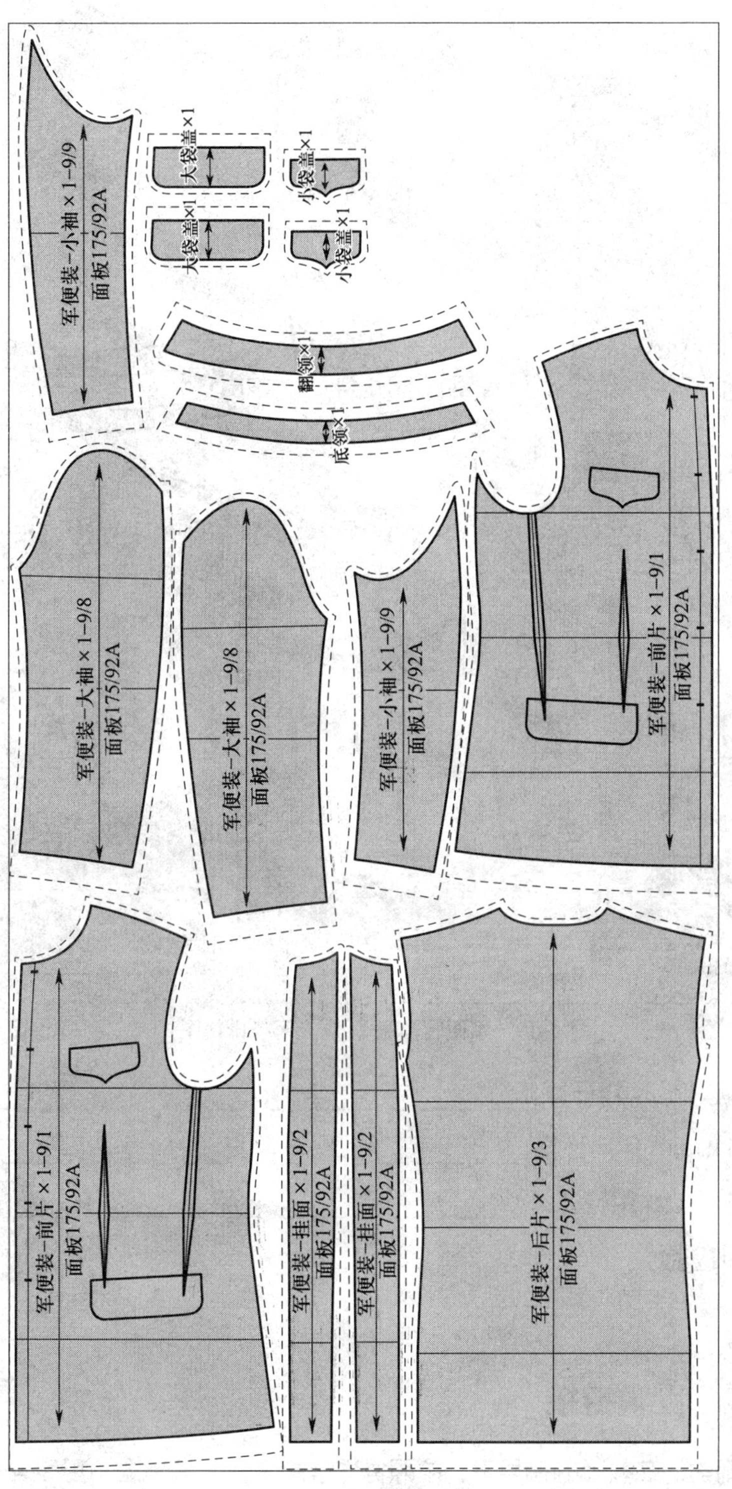

图 4-18　军便装幅宽 110 cm 面料排料图

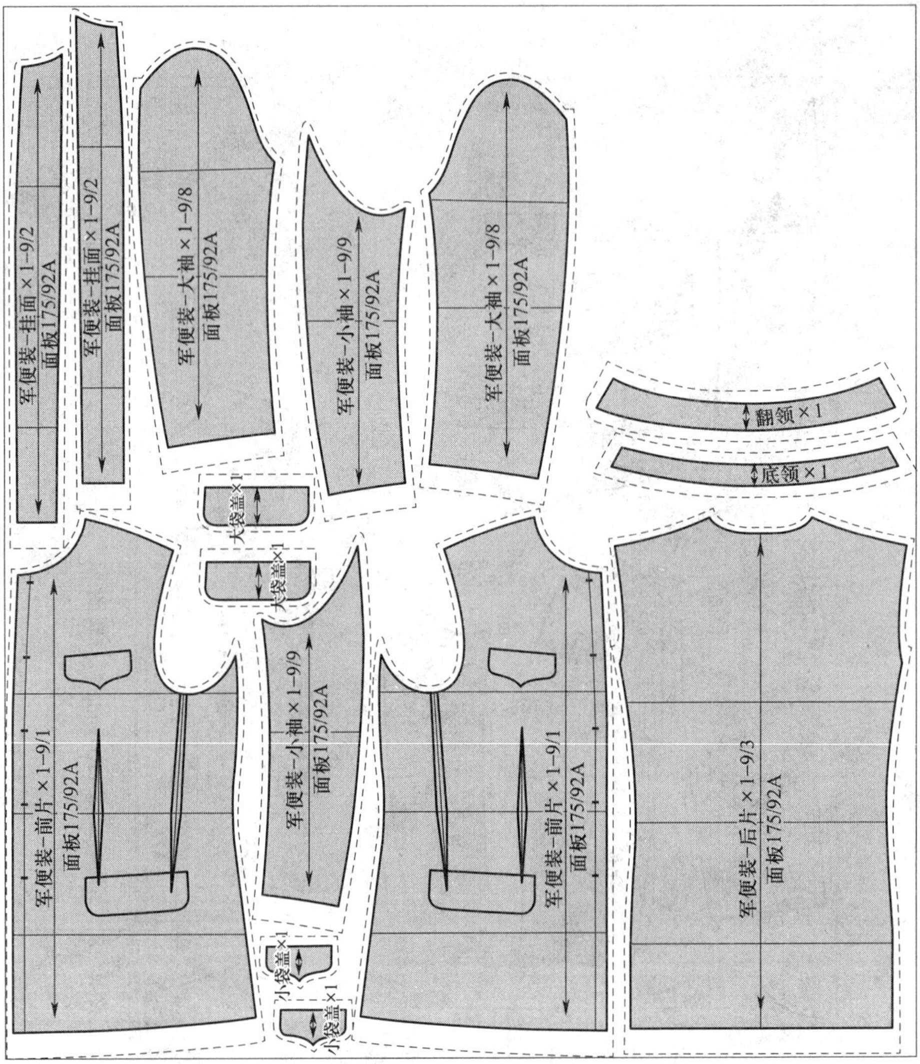

图 4-19　军便装幅宽 148 cm 面料排料图

①幅宽 90 cm 用料计算：________________

②幅宽 110 cm 用料计算：________________

③幅宽 148 cm 用料计算：________________

3. 学习检验

世赛链接

（5）请同学们在教师的指导下，参照世界技能大赛评分标准（见表 4-27），完成军便装排料检验。

表 4-27　　排料考核评分表

序号	考评内容	评分标准	分值	得分
1	版面正确有效	每处错误扣 5 分	15	
	依照要求排在材料正面，面料正反面、倒顺绒正确，画有正确的幅宽线和起止线			
2	整体版面	每处错误扣 5 分	15	
	整体版面平整干净，无污垢，所有版片铺排正确，直接裁剪后可以做出款式图中的服装			
3	样片固定	每处错误扣 5 分	20	
	样板固定平服，无交叠，别针用量适宜，便于裁剪			
4	纱向线（测量不少于 4 片，误差需小于 0.2 cm）	每处错误扣 5 分	20	
	以幅宽线或中心丝道为丝道评判依据			
5	排料合理性	每处错误扣 5 分	30	
	排料经济合理；整体排版规范，遵循直对直、弧接弧，凹凸相套，便于裁剪			
合计			100	

评分日期：　　　　　　　　　　　　　　　　评分人：

引导评价、更正与完善

在教师讲评引导的基础上，对本阶段的学习活动成果进行自我评分和小组评分（100 分制），之后独立用红笔对本阶段引导问题的回答进行更正和完善。

自我评分	关键能力		小组评分	关键能力	
	专业能力			专业能力	

（四）军便装工作任务的成果展示与评价反馈

1. 知识学习

服装制版完成后，需要进行展示和评价，并作出相应反馈。

（1）展示的方法：将军便装全套样板平铺在工作台上，将制作的样衣穿在人台上一起展示。

（2）评价的方法：看样衣效果，对照评分细则检查样板质量。

世赛链接

以世界技能大赛时装技术项目服装制版、排料模块的评分标准作为评价标准。

2. 技能训练

实践

（3）将军便装全套样板平铺在干净的工作台上进行平面展示。

（4）依据评分标准，对平铺展示的军便装全套样板进行自我评价和小组评价。

3. 学习检验

引导问题

（5）在教师的指导下，先在小组内进行作品展示，然后经小组讨论，推选出一组最佳作品，进行全班展示与评价，并由组长简要介绍推选的理由，小组其他成员做补充并记录。

小组最佳作品制作人：________

推选理由：________________________________

____

其他小组评价意见：__________________________

教师评价意见：______________________________

引导问题

（6）将本次学习活动出现的问题及其产生的原因和解决的办法填写在表 4-28 中。

表 4-28　　问题分析表

出现的问题	产生的原因	解决的办法
1.		
2.		
3.		
……		

自我评价

（7）本次学习活动中自己最满意的地方和最不满意的地方各写一点，并简要说明原因。然后完成表 4-29 学习活动考核评价表的填写。

最满意的地方：____________________

最不满意的地方：____________________

表 4-29　学习活动考核评价表

学习活动名称：军便装制版

班级：　　学号：　　姓名：　　指导教师：

评价项目	评价标准	评价依据（信息、佐证）	评价方式			权重	得分小计	总分
			自我评价	小组评价	教师（企业）评价			
			10%	20%	70%			
关键能力	1. 能穿戴劳动保护服装，执行安全操作规程 2. 能参与小组讨论，相互交流与评价 3. 能积极主动、勤学好问 4. 能清晰、准确地表达 5. 能清扫场地和工作台，归置物品，填写活动记录	1. 课堂表现 2. 工作页填写				40%		
专业能力	1. 能准确测量人体，制定军便装制版规格 2. 能制订军便装制版计划，准备相关制图工具与材料 3. 能识读军便装制版任务单，完成军便装平面结构制图 4. 能正确复制轮廓线，依据军便装款式特点和制作工艺要求，准确加放，完成全套裁剪样板制作	1. 课堂表现 2. 工作页填写 3. 提交的军便装结构图 4. 提交的军便装裁剪样板				60%		

续表

评价项目	评价标准	评价依据（信息、佐证）	评价方式			权重	得分小计	总分
			自我评价	小组评价	教师（企业）评价			
			10%	20%	70%			
专业能力	5. 能按照样板制作规范，完成样板编号、标注、打孔、分类等工作 6. 能记录军便装制版过程中的疑难点，在教师的指导下，通过小组讨论或独立思考与实践加以解决 7. 能按照企业标准（或世界技能大赛评分标准）对军便装样板进行检验并展示	5. 提交的军便装全套样板						
指导教师综合评价	指导教师签名：　　　　日期：							

三、学习拓展

说明：本阶段学习拓展建议学时为 8~10 学时，要求学生在课后独立完成。教师可根据本校的教学需要和学生的实际情况，选择部分或全部进行实践，也可另行选择相关拓展内容，亦可不实施本学习拓展，将其所需学时用于强化学习过程阶段的实践内容。

拓展 1

请同学们根据提供的军便装成衣（见图 4-20），在教师的指导下，测量成衣的各部位尺寸，填写在表 4-30 中，并用驳样的方式完成款式图、结构图和基础样板的绘制与检验。

图 4-20　军便装成衣

表 4-30　军便装成衣尺寸

部位	衣长	胸围	腰围	臀围	摆围	肩宽
尺寸（cm）						
部位	袖长	领围	袖口围	后腰节长	底领宽	底领口宽
尺寸（cm）						
部位	翻领宽	翻领口宽	小袋盖长	小袋盖宽	大袋盖长	大袋盖宽
尺寸（cm）						

拓展 2

请同学们根据提供的干部装成衣（见图 4-21），在教师的指导下，按号型 180/96A 制定成品规格，填写在表 4-31 中，并独立完成款式图、结构图和基础样板的绘制与检验。

表 4-31　干部装号型 180/96A 成品规格

部位	衣长	胸围	腰围	臀围	摆围	肩宽
尺寸（cm）						
部位	袖长	领围	袖口围	后腰节长	底领宽	底领口宽
尺寸（cm）						
部位	翻领宽	翻领口宽	小袋盖长	小袋盖宽	大袋盖长	大袋盖宽
尺寸（cm）						

图 4–21　干部装成衣

学习活动 3 青年装制版

学习目标

1. 能遵守工作制度，服从工作安排，按要求准备好青年装制版所需的工具、设备、材料及各项技术文件。

2. 能识读青年装制版的各项技术文件，明确制版的流程、方法和注意事项。

3. 能查阅相关资料，制订青年装制版计划，教师对计划进行指导和确认。

4. 能依据技术文件要求，结合国家标准 GB/T 29863—2013《服装制图》的规定，独立完成青年装基础样板的制版、检查与复核工作。

5. 能按照企业标准（或参照世界技能大赛评分标准）对青年装样板进行质量检验，并依据白坯试样结果，将样板修改调整到位。

6. 能记录青年装制版、试样过程中的疑难点，进行小组讨论、合作探究，并在教师的指导下，提出解决问题的方案。

7. 能按有关归档要求，进行资料归类和现场整理。

8. 能展示、评价青年装制版各阶段的成果，清扫场地和工作台，归置物品，填写设备使用记录。

一、学习准备

1. 场地：服装样板制作一体化教室（包括制版桌、排料台、制版工具、投影仪、多媒体计算机等设备）。

2. 材料：青年装制版相关学材、任务单（见表 4-32）、牛皮纸、拷贝纸等。

3. 分组：划分学习小组（每组 5~6 人），分组信息填写在表 4-33 中。

4. 课前检查

（1）检查一体化教室各项设备能否正常使用。

（2）检查各学习小组课前准备情况。

（3）检查学生工作服穿戴情况。

表 4-32 青年装制版任务单

<table>
<tr><td>订单号</td><td colspan="2">QNZ-1</td><td colspan="2">客户名称</td><td colspan="4">× × ×</td></tr>
<tr><td>款式号</td><td>CTQNZ01</td><td>样衣尺码</td><td>M 号</td><td>制作人</td><td></td><td>日期</td><td colspan="2">年 月 日</td></tr>
<tr><td>款式名称</td><td colspan="8">青年装</td></tr>
<tr><td>款式图</td><td colspan="8"></td></tr>
<tr><td>款式说明</td><td colspan="8">领型为立领；五粒单排扣；前身左右各一个大口袋，左前片有手巾袋；前衣片收胸腰省、肋省，后背有中缝；袖口有假袖衩，钉三粒扣。</td></tr>
<tr><td rowspan="6">规格尺寸</td><td rowspan="3">号型规格</td><td>部位</td><td>衣长</td><td>胸围</td><td>腰围</td><td>臀围</td><td>摆围</td><td>肩宽</td></tr>
<tr><td>尺寸（cm）</td><td>76</td><td>112</td><td>96</td><td>114</td><td>116</td><td>48</td></tr>
<tr><td>部位</td><td>袖长</td><td>领围</td><td>袖口围</td><td>后腰节长</td><td>领宽</td><td>领口宽</td></tr>
<tr><td rowspan="3">175/92A</td><td>尺寸（cm）</td><td>61.5</td><td>43</td><td>30</td><td>45.5</td><td>4</td><td>3.5</td></tr>
<tr><td>部位</td><td>大口袋宽</td><td>大口袋长</td><td>袋底宽</td><td>手巾袋宽</td><td>手巾袋长</td><td>袖衩</td></tr>
<tr><td>尺寸（cm）</td><td>16</td><td>19</td><td>17.5</td><td>2.5</td><td>10.5</td><td>10</td></tr>
<tr><td>制版要求</td><td colspan="8">1. 制版充分考虑款式特征、面料特性和工艺要求。
2. 结构造型合理，与款式吻合，尺寸符合规格要求。
3. 结构图干净整洁，各部位数据和文字说明标注清晰规范。</td></tr>
</table>

续表

制版要求	4. 辅助线、轮廓线界定清晰，线条平滑、圆顺、流畅，对合平顺，拼合长短一致。 5. 合理配置出相应的零部件，能够对样片进行合理放缝。净样板、毛样板、辅料样板齐全、数量准确、标注规范。 6. 样板标识正确，必须标在同一版面上，且需用水笔标识。样板标识包括产品名称、部位名称、正确的规格及样片数量序号。 7. 裁剪标识正确，包括裁剪数量、连折裁剪等。纱向线方向合理、正确，全长展示。 8. 制作标识正确，缝份标注合理，在需要的部位打有合适的剪口或对位点，为生产提供准确信息。 9. 样板轮廓光滑、顺畅，无毛刺。拼合连接后呈现出的线条平顺，所有样片拼接后长度可对准。		
工艺要求	1. 青年装配全里，大身、挂面、领、袖口、大口袋、手巾袋、袋位均要粘衬。 2. 前片收胸腰省和肋省，后背有中缝。 3. 左胸手巾袋，左右大口袋兜暗缝。		
审批		日期	

表 4-33 小组成员表

组号	组内成员姓名	组长姓名

二、学习过程

（一）获取青年装工作任务的相关信息

1. 知识学习

 引导问题

（1）请同学们查阅资料，简要描述青年装的款式特征。

____

____

____

 引导问题

（2）请同学们查阅资料，简要描述青年装的结构特点及其与中山装的区别。

2. 学习检验

引导问题

（3）在教师的引导下，独立完成表 4-34 的填写。

表 4-34　　　　　学习任务与学习活动简要归纳表

本次学习任务的名称	
本次学习任务的主要目标	
本次学习任务的活动内容	
本次学习活动的名称	
本次学习活动的主要目标	
青年装的款式特征	
青年装的结构特征	
你认为本次学习活动中，哪些目标的实现难度较大？	

引导评价、更正与完善

在教师讲评引导的基础上，对本阶段的学习活动成果进行自我评分和小组评分（100 分制），之后独立用红笔对本阶段引导问题的回答进行更正和完善。

自我评分	关键能力		小组评分	关键能力	
	专业能力			专业能力	

（二）制订青年装制版计划并决策

1. 知识学习

介绍制订计划的基本方法、内容和注意事项，重点围绕学习活动展开。

（计划制订参考意见：整个工作的内容和目标是什么？整个工作分几步实施？过程中要注意什么？小组成员之间应该如何配合？出现问题应该如何处理？）

2. 学习检验

引导问题

（1）简要写出你们小组的青年装制版计划。

______

______

______

______

引导问题

（2）你在制订青年装制版计划的过程中承担了哪些工作？有什么体会？

______

______

______

引导问题

（3）对小组制订的青年装制版计划，教师给出了什么修改建议？为什么？

______

______

______

引导问题

（4）你认为青年装制版计划中哪些工作比较难实施？为什么？你有什么想法？

______

______

______

引导问题

（5）对青年装制版计划，小组最终做出了什么决定？是如何做出的？

______

______

______

引导评价、更正与完善

在教师讲评引导的基础上，对本阶段的学习活动成果进行自我评分和小组评分（100 分制），之后独立用红笔对本阶段引导问题的回答进行更正和完善。

自我评分	关键能力		小组评分	关键能力	
	专业能力			专业能力	

（三）青年装制版与检验

● 人体测量与青年装松量控制

1. 知识学习

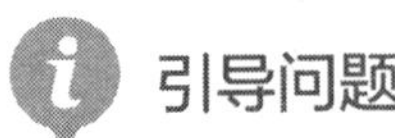
引导问题

（1）青年装测量时有哪些注意事项？与中山装测量有何区别？

______

______

______

______

引导问题

（2）要获得青年装规格尺寸需要测量哪些部位？各部位松量应如何控制？

______

______

______

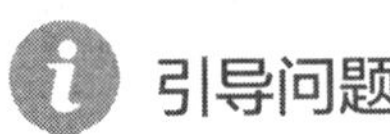
引导问题

（3）青年装一般采用毛呢、毛涤等面料制作。不同面料制作的青年装放松量相同吗？为什么？

____

____

____

2. 技能训练

实践

（4）分组测量人体或者在人台上测量，并记录青年装不同号型制版所需要的各部位尺寸。

①衣长________ ②背长________ ③胸围________ ④腰围________

⑤臀围________ ⑥前胸宽______ ⑦后背宽______ ⑧肩宽________

⑨领围________ ⑩领高________ ⑪袖长________ ⑫袖口围______

3. 学习检验

引导问题

（5）请同学们通过测量人体或者人台，参考国家号型标准，独立完成表 4-35 青年装号型 175/92A 成品规格尺寸的填写。

表 4-35　　青年装号型 175/92A 成品规格尺寸

部位	衣长	胸围	腰围	臀围	摆围	肩宽
尺寸（cm）						
部位	袖长	领围	袖口围	后腰节长	领宽	领口宽
尺寸（cm）						
部位	大口袋宽	大口袋长	袋底宽	手巾袋宽	手巾袋长	袖衩
尺寸（cm）						

引导评价、更正与完善

在教师讲评引导的基础上，对本阶段的学习活动成果进行自我评分和小组评分（100 分制），之后独立用红笔对本阶段引导问题的回答进行更正和完善。

自我评分	关键能力		小组评分	关键能力	
	专业能力			专业能力	

● 青年装结构制图

1. 知识学习

教师指导

（1）请同学们在教师讲解的基础上，写出青年装结构制图的步骤及主要部位尺寸的计算公式。

____

____

____

____

讨论

（2）青年装一般用毛呢料、毛涤料制作，并采取水洗或者干洗的方式。请分析青年装制版时，需要考虑哪几个方面的缩率，缩率是如何加放的，为什么？

____

____

____

2. 技能训练

实践

（3）在教师的指导下，根据号型175/92A的成品尺寸，填写制版规格尺寸（见表4-36），并参考图4-22至图4-24，独立完成青年装的结构图绘制和检验。

表4-36　　　　青年装制版规格尺寸

部位	衣长	胸围	腰围	臀围	摆围	肩宽
成品尺寸（cm）	76	112	96	114	116	48
制版规格尺寸（cm）						
部位	袖长	领围	袖口围	后腰节长	领宽	领口宽
成品尺寸（cm）	61.5	43	30	45.5	4	3.5
制版规格尺寸（cm）						

续表

部位	大口袋宽	大口袋长	袋底宽	手巾袋宽	手巾袋长	袖衩
成品尺寸（cm）	16	19	17.5	2.5	10.5	10
制版规格尺寸（cm）						

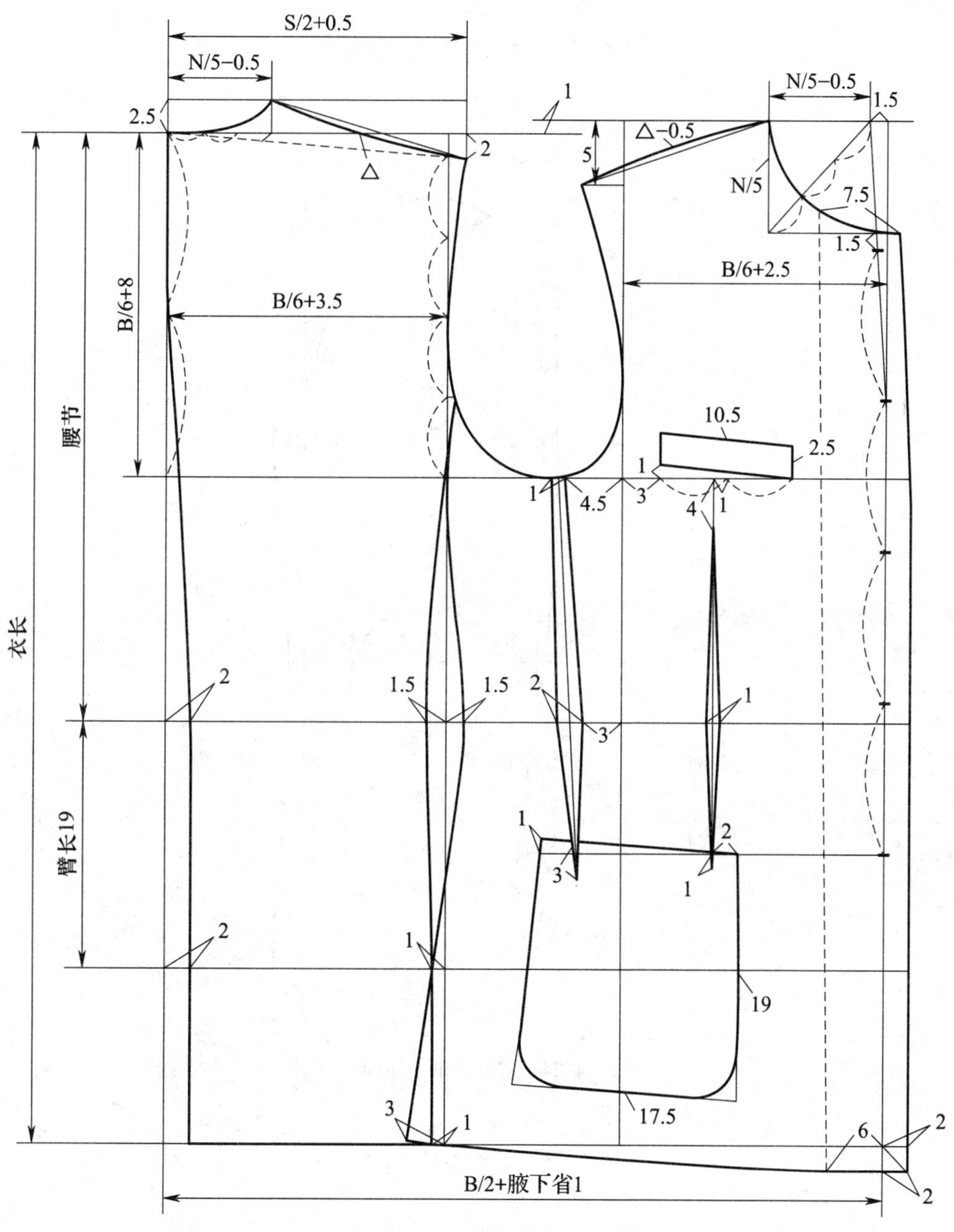

图 4–22　青年装前后片结构图

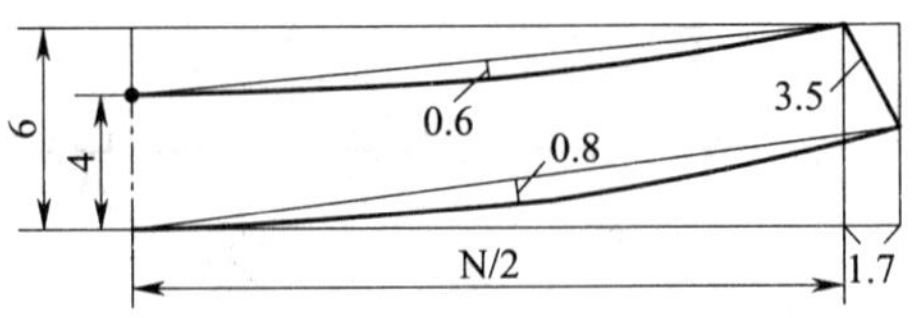

图 4-23　青年装领子结构图

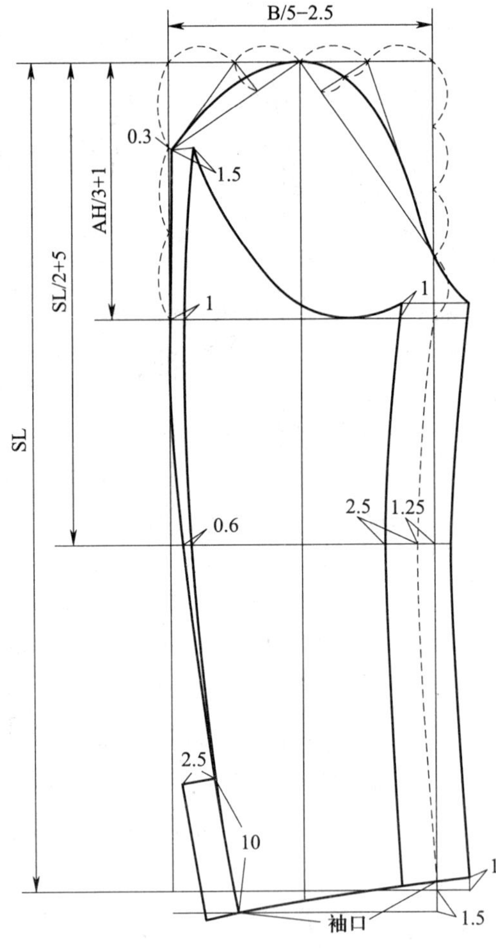

图 4-24　青年装袖子结构图

（4）青年装的后背开缝对造型起什么作用？腰围控制量是多少？

____

____

（5）青年装的立领结构如果做到合体有度？

____

____

3. 学习检验

（6）请同学们在教师的指导下，参照世界技能大赛评分标准（见表 4-37），完成青年装结构图的质量检验，并将青年装结构图修改调整到位。

表 4-37　　结构制图考核评分表

<table>
<tr><th>序号</th><th colspan="2">考评内容</th><th>分值</th><th>得分</th></tr>
<tr><td rowspan="2">1</td><td>页面呈现清晰整洁</td><td rowspan="2">每处错误扣 5 分</td><td rowspan="2">10</td><td rowspan="2"></td></tr>
<tr><td>页面干净，无皱痕，无多余线迹，姓名、学号展现清晰、位置正确</td></tr>
<tr><td rowspan="2">2</td><td>图形布局</td><td rowspan="2">每处错误扣 5 分</td><td rowspan="2">10</td><td rowspan="2"></td></tr>
<tr><td>横平纵直，基础框架线与纸边的距离误差不超过 0.1 cm</td></tr>
<tr><td rowspan="2">3</td><td>用线规范</td><td rowspan="2">每处错误扣 5 分</td><td rowspan="2">15</td><td rowspan="2"></td></tr>
<tr><td>辅助线、轮廓线、对折线使用正确规范，辅助线、轮廓线区分清楚，粗细有别</td></tr>
<tr><td rowspan="2">4</td><td>制图规格表</td><td rowspan="2">每处错误扣 5 分</td><td rowspan="2">15</td><td rowspan="2"></td></tr>
<tr><td>标明工位、制图单位、号型、技术文件中要求的尺寸名称和对应的具体尺寸</td></tr>
</table>

续表

序号	考评内容		分值	得分
5	线条质量 线条清晰、圆顺、流畅，对合圆顺，拼合长短一致	每处错误扣5分	20	
6	数据标注规范 数据标注明确具体、清晰规范，无难以识读或无法确认的点位	每处错误扣5分	15	
7	标注规范 裥、褶、省、抽缩、归、拔、对合、纽扣、扣眼、布纹线等制图符号标注规范齐全	每处错误扣5分	15	
合计			100	

评分日期：　　　　　　　　　　　　　　　　评分人：

引导评价、更正与完善

在教师讲评引导的基础上，对本阶段的学习活动成果进行自我评分和小组评分（100分制），之后独立用红笔对本阶段引导问题的回答进行更正和完善。

自我评分	关键能力		小组评分	关键能力	
	专业能力			专业能力	

● 青年装样板制作

1. 知识学习

学习思考

如图4-25所示，青年装所有面料样板的具体放缝情况如下：

（1）前片：前中加1 cm缝份，袖窿加1 cm缝份，肩缝加1.2 cm缝份，领圈加1 cm缝份，侧缝加1.2 cm缝份，底摆加4 cm缝份。

（2）后片：后中加1.5 cm缝份，袖窿加1 cm缝份，侧缝加1.2 cm缝份，底摆加4 cm缝份，肩缝加1.2 cm缝份，后领圈加1 cm缝份。

（3）大袖：袖山缝加1 cm缝份，袖侧缝加1.2 cm缝份，袖口加4 cm缝份。

（4）小袖：袖山缝加 1 cm 缝份，袖侧缝加 1.2 cm 缝份，袖口加 4 cm 缝份。

（5）立领：四周加 1 cm 缝份。

（6）大口袋：袋口加 3 cm 缝份，其余三边加 1 cm 缝份。

（7）手巾袋：下口加 1.5 cm 缝份，其余三边加 1 cm 缝份。

（8）挂面：挂面底也加 4 cm 缝份，其余三边加 1 cm 缝份。

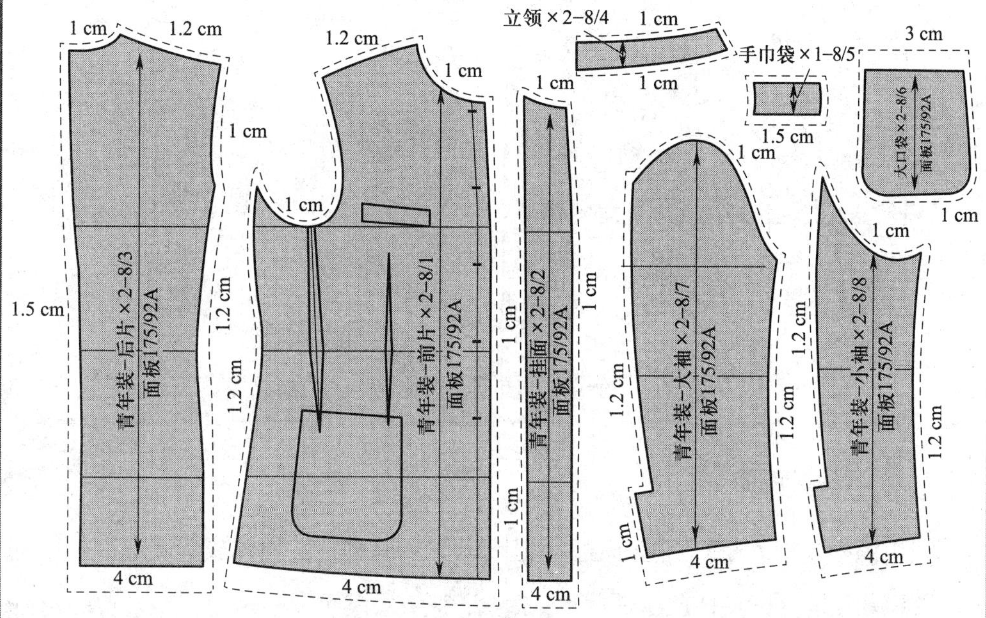

图 4–25　青年装面料样板图

如图 4–26 所示，青年装所有里料样板的具体放缝情况如下：

（1）前片：前中加 1 cm 缝份，袖窿加 1.3 cm 缝份，肩缝加 1.5 cm 缝份，领圈加 1 cm 缝份，侧缝加 1.3 cm 缝份，底摆加 1 cm 缝份。

（2）后片：后中加 2 cm 缝份，袖窿加 1.3 cm 缝份，侧缝加 1.3 cm 缝份，底摆加 1 cm 缝份，肩缝加 1.5 cm 缝份，后领圈加 1 cm 缝份。

（3）大袖：后袖山缝加 1.5 cm 缝份，前袖山缝加 2.5 cm 缝份，袖侧缝加 1.3 cm 缝份，袖口加 1 cm 缝份。

（4）小袖：后袖山缝加 1.5 cm 缝份，前袖山缝加 2.5 cm 缝份，袖侧缝加 1.3 cm 缝份，袖口加 1 cm 缝份。

（5）立领：四周加 1 cm 缝份。

（6）大口袋布：四周加 1 cm 缝份。

（7）手巾袋布：四周加 1 cm 缝份。

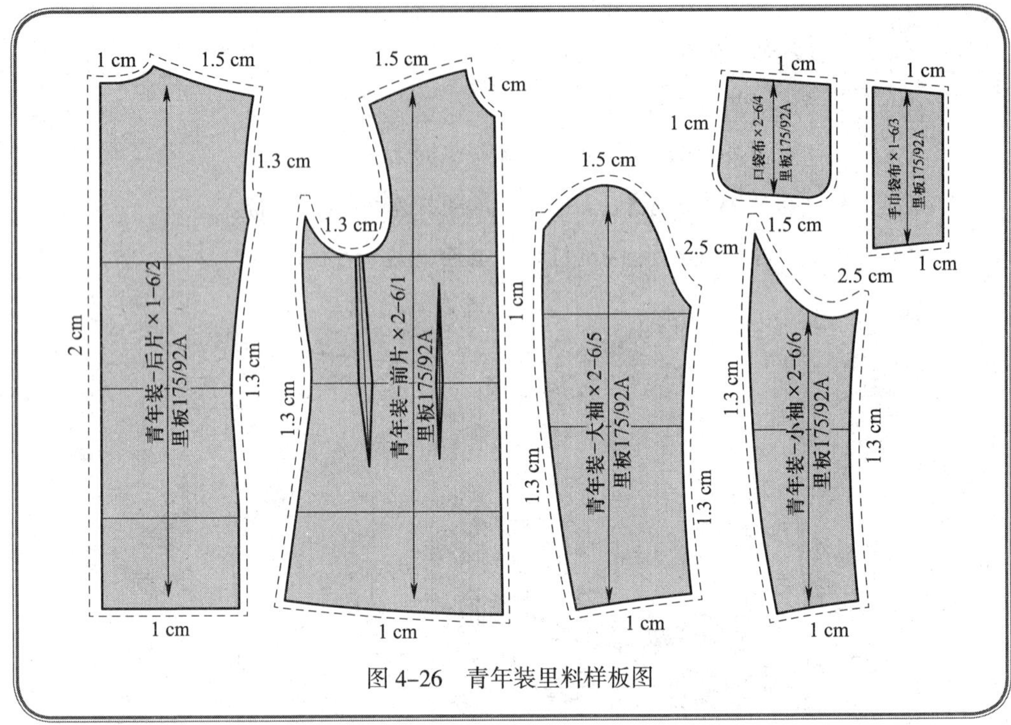

图 4-26　青年装里料样板图

引导问题

（1）请根据图 4-25 和图 4-26 写出青年装所有样板的具体放缝情况。

①青年装面板的具体放缝情况：

____

____

____

②青年装里板的具体放缝情况：

____

____

____

引导问题

（2）青年装样板上要标注哪些内容？ 全套样板有几套？各是什么？各有多少块？

____

____

____

2. 技能训练

实践

（3）在教师的指导下，参考图 4-25、图 4-26，独立完成青年装的面料、里料样板绘制和检验，然后小组讨论，回答下列问题。

①在图 4-25、图 4-26 所示的样板中，青年装下摆和袖口面、里的缝份处理有什么不同？为什么要这样处理？

____

____

____

②在图 4-25、图 4-26 所示的样板中，青年装袖窿和袖山面、里的缝份处理有什么不同？为什么要这样处理？

____

____

____

③在图 4-25、图 4-26 所示的样板中，青年装肩缝、侧缝、大袖片和小袖片侧缝面、里的缝份处理有什么不同？为什么要这样处理？在缝制时要注意什么？

____

____

____

3. 学习检验

（4）样板制作完成后，请同学们按照自检要求进行自检，并完成表 4-38 的填写。

表 4-38　　青年装样板自检表

自检项目要求	是	否	修改方案
样板的规格尺寸是否准确无误			
各细部的曲线是否圆顺、流畅			
相关结构线的大小、形状是否吻合			
样板的标记是否错漏			

续表

自检项目要求	是	否	修改方案
丝绺标记是否遗缺			
文字说明是否准确			
样板的数量（片数）是否欠缺			
各种部件是否齐全			
样板的整体结构、各部位的比例关系是否符合款式要求			

引导评价、更正与完善

在教师讲评引导的基础上，对本阶段的学习活动成果进行自我评分和小组评分（100 分制），之后独立用红笔对本阶段引导问题的回答进行更正和完善。

自我评分	关键能力		小组评分	关键能力	
	专业能力			专业能力	

● 青年装样板修改与完善

1. 知识学习

引导问题

（1）样衣上身后，发现青年装后领窝至两肩处有横向褶纹，这是什么原因造成的？应如何调整样板？

____

____

____

引导问题

（2）样衣上身后，发现青年装袖窿底部有皱褶，这是什么原因造成的？应如何调整样板？

____

____

____

引导问题

（3）样衣上身后，发现青年装的衣袖偏后，这是什么原因造成的？应如何处理？

____

____

____

2. 技能训练

实践

（4）在教师的指导下，独立完成青年装样衣的尺寸复核，并将测量结果填写在表 4-39 中，写出封样意见，然后对照封样意见，将结构图和样板调整到位。

表 4-39 成品尺寸记录表

部位	衣长	胸围	腰围	臀围	摆围	肩宽
设定尺寸（cm）	76	112	96	114	116	48
实测尺寸 (cm)						
部位	袖长	领围	袖口围	后腰节长	领宽	领口宽
设定尺寸（cm）	61.5	43	30	45.5	4	3.5
实测尺寸 (cm)						
部位	贴袋宽	贴袋长	袋底宽	手巾袋宽	手巾袋长	袖衩
设定尺寸（cm）	16	19	17.5	2.5	10.5	10
实测尺寸 (cm)						

封样意见

____

____

____

____

____

____

3. 学习检验

（5）请同学们在教师的指导下，参照世界技能大赛评分标准（见表 4-40），完成青年装样板的质量检验，并将青年装样板修改调整到位。

表 4-40　　　　　　　　样板制作考核评分表

序号	考评内容	评分标准	分值	得分
1	纸样呈现整洁	每处错误扣 5 分	10	
	所有样片整洁、无污垢、没有难以阅读的文字或符号，标识必须在同一版面，需用水笔标识，不包括里布			
2	样板标识清晰、正确、易识读	每处错误扣 5 分	10	
	产品名称（自定义或订单上的产品名称）			
	部位名称（如前片、后片、领子、袖子等）			
	样板功能及样板尺寸（如面板、里板、衬板、净板、175/92A 等）			
	正确的样片数量及序号（如 1/15、2/15、3/15…15/15 等）			
3	裁剪标识	每处错误扣 5 分	10	
	裁剪数量（如前片面料 ×2，后片面料 ×2，挂面面料 ×2，大袖面料 ×2，小袖面料 ×2，手巾袋面料 ×1，大口袋面料 ×2，立领面料 ×2）			
	袖与大身连折裁剪，纱向线方向合理、正确，全长展示			
4	制作标识	每处错误扣 5 分	25	
	缝份：缝份标注合理，宽窄一致			
	剪口：在需要的部位打有合适的剪口或对位点，包括所有的褶、省和拼接（但边角处不得两边都打剪口）			
	为生产提供准确信息（如归、拔、褶的位置以及方向，明线宽窄，纽扣和扣眼的位置大小等）			
5	线条流畅（包括缝份画线和边缘裁剪）	每处错误扣 5 分	15	
	所有样片线条流畅，边缘无毛刺，拼合连接后呈现出的线条平顺			

续表

序号	考评内容	评分标准	分值	得分
6	所有样片可对准（长度） 所有样片拼合连接后长度可对准，必要的归、拔，松量或抽褶部位需标明准确长度	每处错误扣 5 分	10	
7	测量（具体测量部位根据具体抽取款式现场公布） 尺寸需在规定的误差范围内（衣长误差不超过 ±1 cm；胸围误差不超过 ±1.5 cm；领围误差不超过 ±1 cm；袖长误差不超过 ±0.7 cm；总肩宽误差不超过 ±0.6 cm；袖口误差不超过 ±0.3 cm；大口袋误差不超过 ±0.2 cm；手巾袋误差不超过 ±0.2 cm）	每处错误扣 5 分	10	
8	样片功能（必要时可参考款式图） 所有生产用样片得以呈现，样板可以做出款式图中的服装（不包括净板、里板和衬板）	每处错误扣 5 分	10	
合计			100	

评分日期：　　　　　　　　　　　　　　　　评分人：

引导评价、更正与完善

在教师讲评引导的基础上，对本阶段的学习活动成果进行自我评分和小组评分（100 分制），之后独立用红笔对本阶段引导问题的回答进行更正和完善。

自我评分	关键能力		小组评分	关键能力	
	专业能力			专业能力	

● 青年装用料计算与排料方法

1. 知识学习

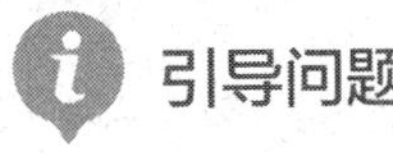

（1）青年装面料的幅宽主要有哪几种规格？在排料时，哪一种幅宽的面料便于排料？为什么？

____

____

____

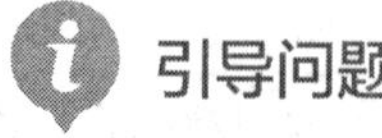

(2)在青年装排料时，常将一套上衣与裤子混合套排，这样做的原因是什么？

(3)在青年装排料时，要严格控制偏斜和拼接。哪些部位是完全不可以偏斜的？哪些部位是允许偏斜，但不能超过一定范围的？若遇到倒顺毛的面料需要注意什么？

2. 技能训练

小贴士

青年装用料计算见表 4-41。

表 4-41　青年装用料计算表

幅宽（cm）	用料计算（注：胸围 112 cm）
90	衣长 ×2+ 袖长 +20 cm（胸围每增大 3 cm，增加用料 3 cm）
110	衣长 ×2 +35 cm（胸围每增大 3 cm，增加用料 3 cm）
148	衣长 + 袖长 +10 cm（胸围每增大 3 cm，增加用料 3 cm）

实践

(4)在教师的指导下，参考图 4-27 至图 4-29，独立完成青年装不同幅宽的排料并计算用料长度。

①幅宽 90 cm 用料计算：

②幅宽 110 cm 用料计算：

③幅宽 148 cm 用料计算：

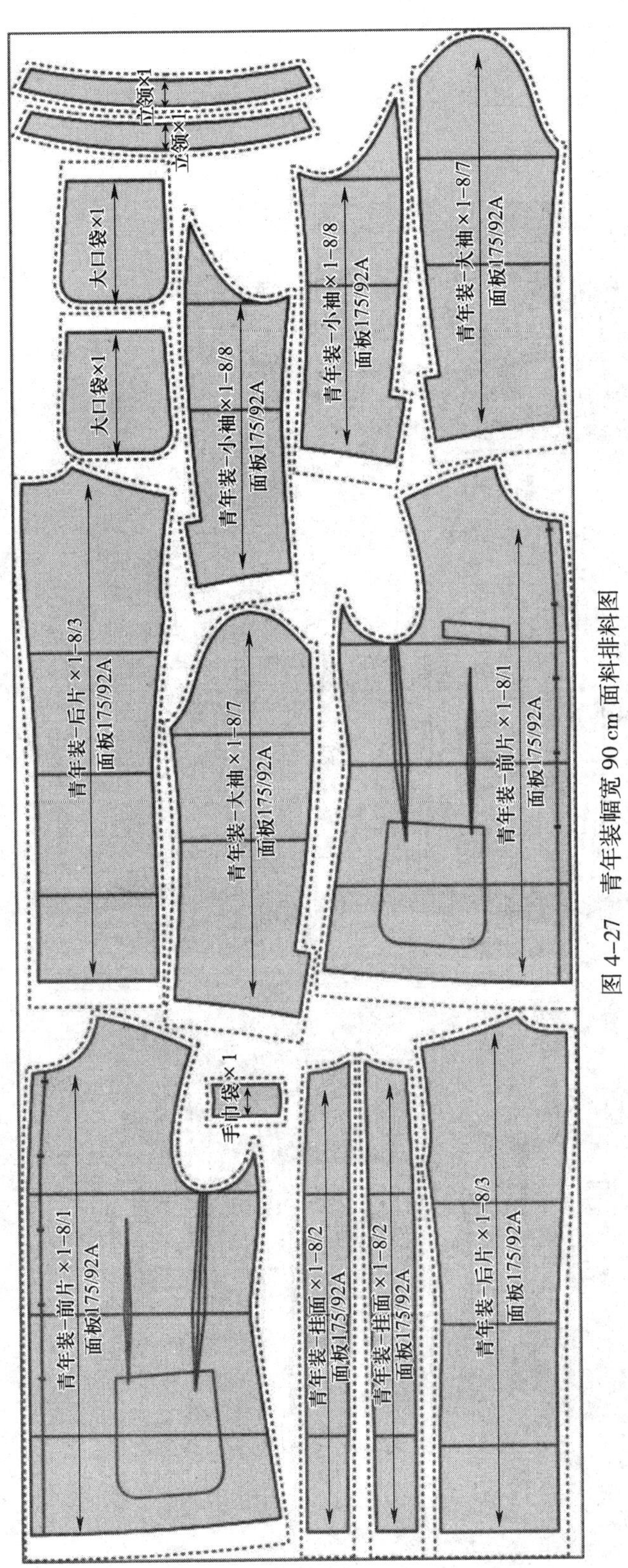

图 4-27 青年装幅宽 90 cm 面料排料图

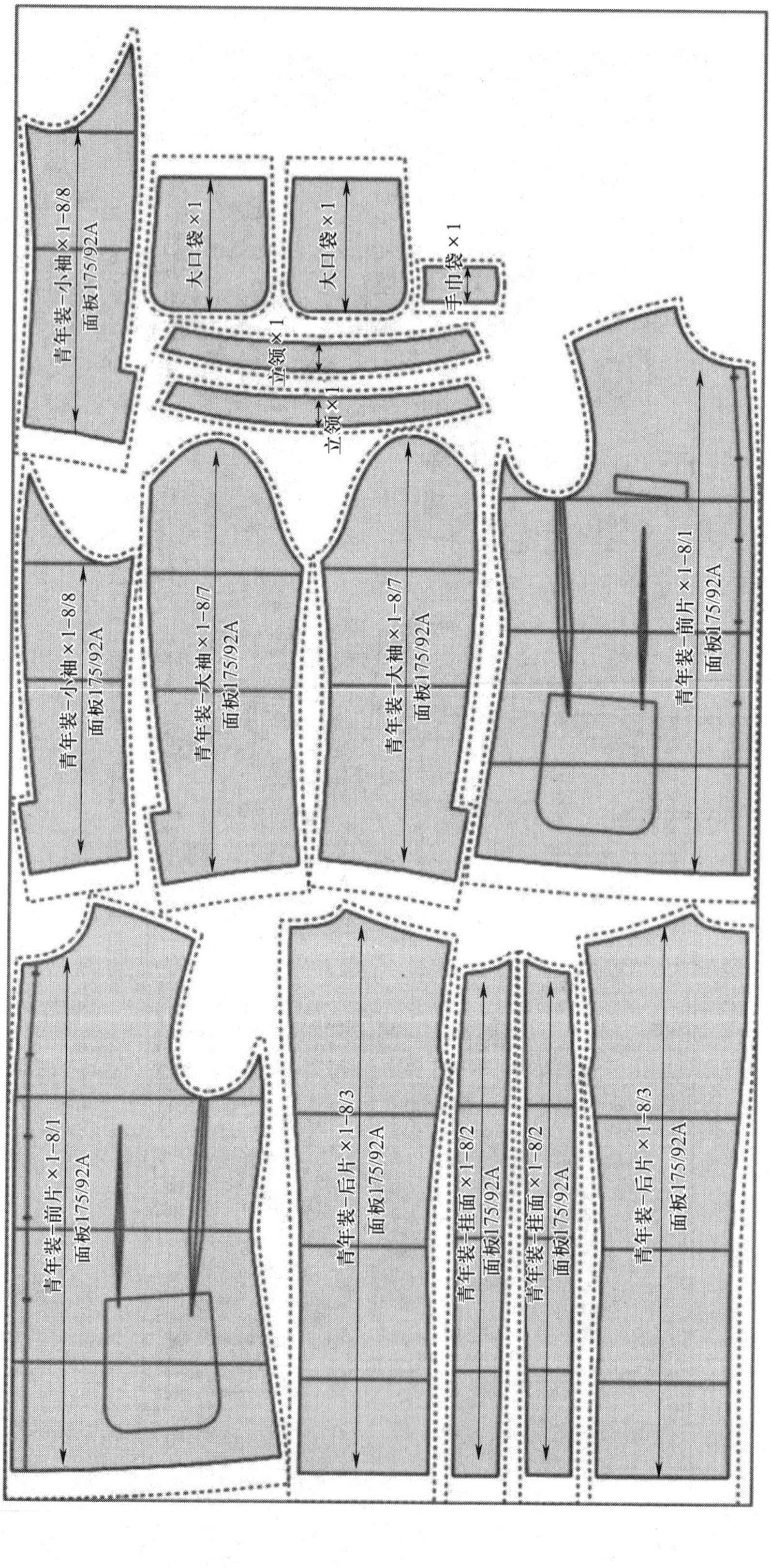

图 4-28　青年装幅宽 110 cm 面料排料图

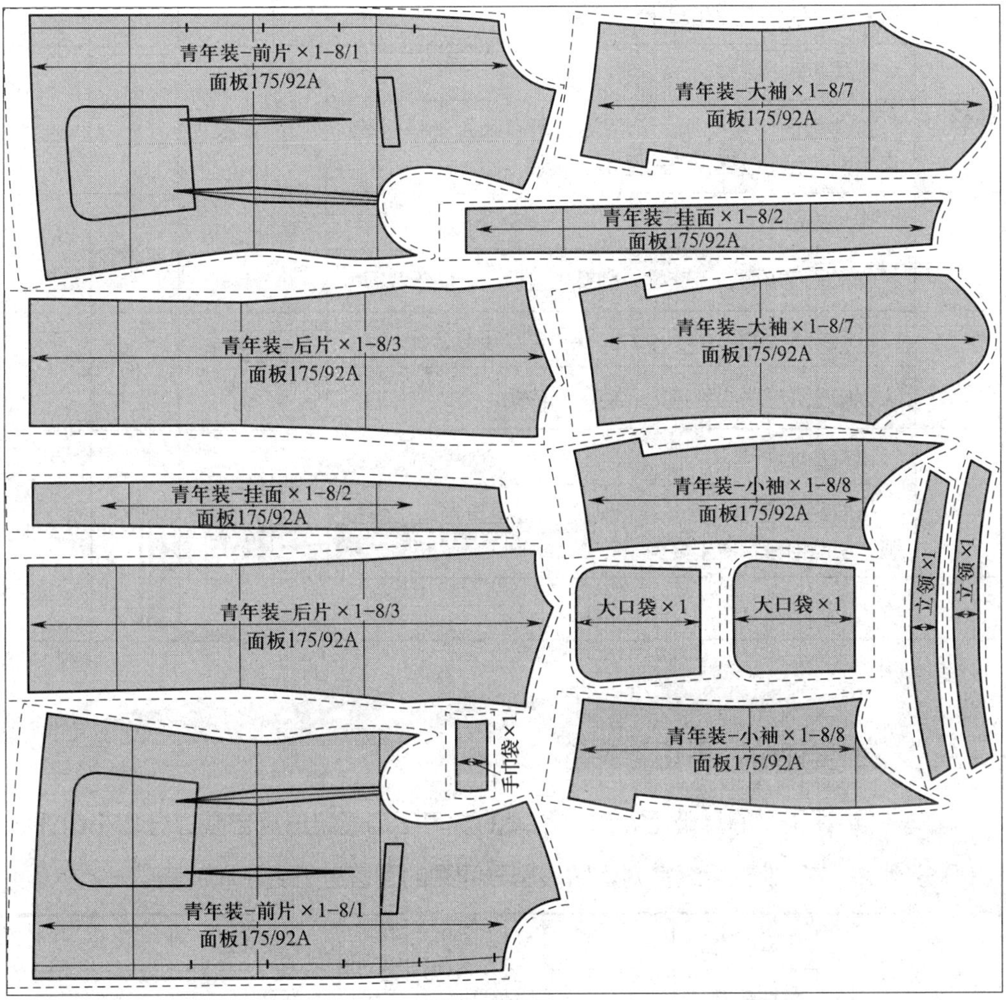

图 4-29　青年装幅宽 148 cm 面料排料图

3. 学习检验

世赛链接

（5）请同学们在教师的指导下，参照世界技能大赛评分标准（见表 4-42），完成青年装排料检验。

表 4-42　　排料考核评分表

序号	考评内容	评分标准	分值	得分
1	版面正确有效 依照要求排在材料正面，面料正反面、倒顺绒正确，画有正确的幅宽线和起止线	每处错误扣 5 分	15	
2	整体版面 整体版面平整干净，无污垢，所有版片铺排正确，直接裁剪后可以做出款式图中的服装	每处错误扣 5 分	15	
3	样片固定 样板固定平服，无交叠，别针用量适宜，便于裁剪	每处错误扣 5 分	20	
4	纱向线（测量不少于 4 片，误差需小于 0.2 cm） 以幅宽线或中心丝道为丝道评判依据	每处错误扣 5 分	20	
5	排料合理性 排料经济合理；整体排版规范，遵循直对直、弧接弧，凹凸相套，便于裁剪	每处错误扣 5 分	30	
合计			100	

评分日期：　　　　　　　　　　　　　　　　　　评分人：

引导评价、更正与完善

在教师讲评引导的基础上，对本阶段的学习活动成果进行自我评分和小组评分（100 分制），之后独立用红笔对本阶段引导问题的回答进行更正和完善。

自我评分	关键能力		小组评分	关键能力	
	专业能力			专业能力	

（四）青年装工作任务的成果展示与评价反馈

1. 知识学习

服装制版完成后，需要进行展示和评价，并作出相应反馈。

（1）展示的方法：将青年装全套样板平铺在工作台上，将制作的样衣穿在人台上一起展示。

（2）评价的方法：看样衣效果，对照评分细则检查样板质量。

世赛链接

以世界技能大赛时装技术项目服装制版、排料模块的评分标准作为评价标准。

2. 技能训练

实践

（3）将青年装全套样板平铺在干净的工作台上进行平面展示。

（4）依据评分标准，对平铺展示的青年装全套样板进行自我评价和小组评价。

3. 学习检验

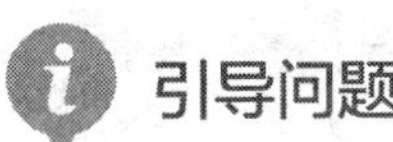

引导问题

（5）在教师的指导下，先在小组内进行作品展示，然后经小组讨论，推选出一组最佳作品，进行全班展示与评价，并由组长简要介绍推选的理由，小组其他成员做补充并记录。

小组最佳作品制作人：____________________

推选理由：____

____

其他小组评价意见：____

教师评价意见：____

引导问题

（6）将本次学习活动出现的问题及其产生的原因和解决的办法填写在表 4-43 中。

表 4-43　　问题分析表

出现的问题	产生的原因	解决的办法
1.		
2.		
3.		
……		

自我评价

（7）本次学习活动中自己最满意的地方和最不满意的地方各写一点，并简要说明原因。然后完成表 4-44 学习活动考核评价表的填写。

最满意的地方:________________________________

最不满意的地方:________________________________

表 4-44　　　　学习活动考核评价表

学习活动名称: 青年装制版

班级:　　　　学号:　　　　姓名:　　　　指导教师:

评价项目	评价标准	评价依据（信息、佐证）	评价方式			权重	得分小计	总分
			自我评价	小组评价	教师（企业）评价			
			10%	20%	70%			
关键能力	1. 能穿戴劳动保护服装，执行安全操作规程 2. 能参与小组讨论，相互交流与评价 3. 能积极主动、勤学好问 4. 能清晰、准确地表达 5. 能清扫场地和工作台，归置物品，填写活动记录	1. 课堂表现 2. 工作页填写				40%		
专业能力	1. 能准确测量人体，制定青年装制版规格 2. 能制订青年装制版计划，准备相关制图工具与材料 3. 能识读青年装制版任务单，完成青年装平面结构制图 4. 能正确复制轮廓线，依据青年装款式特点和制作工艺要求，准确加放，完成全套裁剪样板制作	1. 课堂表现 2. 工作页填写 3. 提交的青年装结构图 4. 提交的青年装裁剪样板				60%		

续表

评价项目	评价标准	评价依据（信息、佐证）	评价方式			权重	得分小计	总分
			自我评价	小组评价	教师（企业）评价			
			10%	20%	70%			
专业能力	5. 能按照样板制作规范，完成样板编号、标注、打孔、分类等工作 6. 能记录青年装制版过程中的疑难点，在教师的指导下，通过小组讨论或独立思考与实践加以解决 7. 能按照企业标准（或世界技能大赛评分标准）对青年装样板进行检验并展示	5. 提交的青年装全套样板						
指导教师综合评价	指导教师签名：　　　　日期：							

三、学习拓展

说明：本阶段学习拓展建议学时为 8～10 学时，要求学生在课后独立完成。教师可根据本校的教学需要和学生的实际情况，选择部分或全部进行实践，也可另行选择相关拓展内容，亦可不实施本学习拓展，将其所需学时用于强化学习过程阶段的实践内容。

拓展 1

请同学们根据提供的青年装成衣（见图 4-30），在教师的指导下，测量成衣的各部位尺寸，填写在表 4-45 中，并用驳样的方式完成款式图、结构图和基础样板的绘制与检验。

图 4-30　青年装成衣

表 4-45　　青年装成衣尺寸

部位	衣长	胸围	腰围	臀围	摆围	肩宽
尺寸（cm）						
部位	袖长	袖肥围	袖口围	领围	领宽	领口宽
尺寸（cm）						
部位	后腰节长	手巾袋长	手巾袋宽	大袋盖长	大袋盖宽	袖衩
尺寸（cm）						

拓展 2

请同学们根据青年装款式图（见图 4-31），在教师的指导下，按号型 180/96A 制定成品规格，填写在表 4-46 中，并独立完成款式图、结构图和基础样板的绘制与检验。

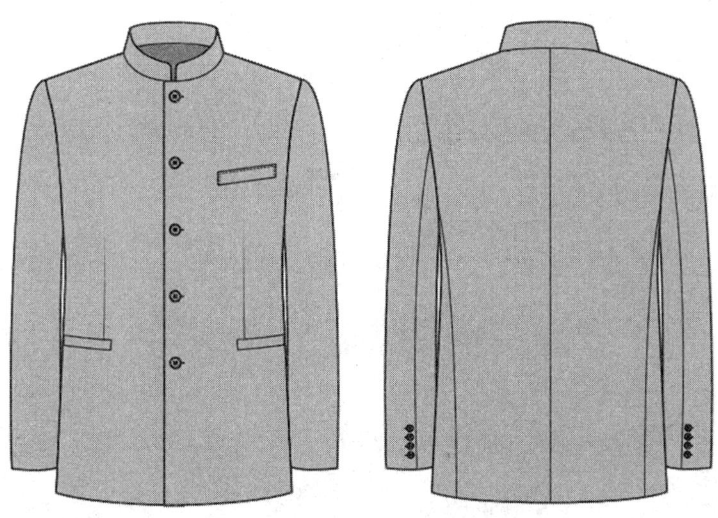

图 4-31　青年装

表 4-46　　　　　　青年装号型 180/96A 成品规格

部位	衣长	胸围	腰围	臀围	摆围	肩宽
尺寸（cm）						
部位	袖长	袖肥围	袖口围	领围	领宽	领口宽
尺寸（cm）						
部位	后腰节长	手巾袋长	手巾袋宽	嵌线袋长	嵌线袋宽	袖衩
尺寸（cm）